普通高等教育"十三五"规划教材

机械制造技术基础

▶ 张海华　赵艳红　主编
▶ 于　欢　副主编

JIXIE ZHIZAO
JISHU JICHU

化学工业出版社

·北京·

本书包括金属切削刀具、金属切削原理、金属切削机床、机床专用夹具设计、机械加工工艺规程设计、机械加工质量等内容，书中以实现各种典型零件加工为目标，通过对轴类、箱体、齿轮等零件加工工艺设计与实施内容的介绍，将金属切削刀具、机床、夹具、机械加工工艺规程基本理论、零件加工质量等知识有机地融为一体，实现"教、学、做"一体化。

本书可作为高等院校机械类及近机类专业的课程教材，也可作为职业技术院校、成人高校等相关专业的教材或参考书，还可供机械制造工程技术人员和企业管理人员参考使用。

图书在版编目（CIP）数据

机械制造技术基础/张海华，赵艳红主编．—北京：化学工业出版社，2019.12（2023.9重印）
ISBN 978-7-122-35722-9

Ⅰ.①机… Ⅱ.①张…②赵… Ⅲ.①机械制造工艺-教材 Ⅳ.①TH16

中国版本图书馆CIP数据核字（2019）第268375号

责任编辑：韩庆利
责任校对：王 静　　　　　　　　　　　装帧设计：史利平

出版发行：化学工业出版社（北京市东城区青年湖南街13号　邮政编码100011）
印　　装：北京科印技术咨询服务有限公司数码印刷分部
787mm×1092mm　1/16　印张14¾　字数369千字　2023年9月北京第1版第3次印刷

购书咨询：010-64518888　　　　　　　　售后服务：010-64518899
网　　址：http://www.cip.com.cn
凡购买本书，如有缺损质量问题，本社销售中心负责调换。

定　价：45.00元　　　　　　　　　　　　　　　　　　版权所有　违者必究

前言

本教材为适应机械类专业本科应用型人才的培养目标及课程教学大纲的要求，结合编者多年的教学实践及教学研究成果编写而成。

机械制造技术基础是我国高等学校机械类及近机类专业一门重要的技术基础课。本教材按照项目形式进行编写，从生产的实际要求出发，突出实际应用，并且结合相关理论知识，有很强的实用性和针对性。

教材以零件工艺编制为核心，主要包括金属切削刀具、各种切削加工方法的加工特点、加工时的定位装夹、零件加工工艺路线的拟定、切削工程中的质量控制等项目、模块的知识点。教材以实现各种典型零件加工为目标，通过对轴类、箱体、齿轮等零件加工工艺设计与实施内容的介绍，将金属切削刀具、机床、夹具、机械加工工艺规程基本理论、零件加工质量等知识有机地融为一体，实现"教、学、做"一体化。

本书具有以下特点：

1. 本书在知识体系设计上按照项目、模块、任务划分，分述所需的专业知识和关键点，内容清晰明了，便于读者系统地掌握和应用所学知识。

2. 本书面向应用型人才培养，理论以"够用"为度，突出实用性。

3. 每个项目后都附有习题，题型多样，便于读者全面掌握各项目内容。

本书可作为高等院校机械类及近机类专业的课程教材，也可作为职业技术院校、成人高校等相关专业的教材或参考书，还可供机械制造工程技术人员和企业管理人员参考使用。全书按48～60学时教学计划编写，各校在使用时可酌情增减有关内容。

全书由沈阳工学院张海华、沈阳理工大学赵艳红担任主编，沈阳工学院于欢担任副主编，沈阳理工大学张薇、李丽丽，沈阳工学院雷翔鹏参与编写，全书由张海华、赵艳红统稿。

沈阳工学院赵元教授担任本书主审，提出了许多宝贵建议，编者在此致以诚挚的谢意！在编写本书的过程中，参阅了多种有关机械制造技术书籍、学术论文及网络资料，在此一并向其作者表示衷心的感谢！

为方便教学，本书配套电子课件，可赠送给用书院校，如果需要可登录化学工业出版社教学资源网 www.cipedu.com.cn 下载。

由于水平有限，书中难免有疏漏和不妥之处，希望使用教材的广大师生、同行和读者提出批评指正。

编　者

目 录

项目 1 金属切削刀具 ··· 1
 模块 1 刀具结构 ··· 1
  任务 1 合理选择切削用量 ··· 1
  任务 2 合理选择刀具角度 ··· 4
 模块 2 刀具材料 ··· 11
  任务 合理选择刀具材料 ·· 11
 习题 ·· 14

项目 2 金属切削原理 ··· 16
 模块 1 金属切削过程 ··· 16
  任务 1 有效控制金属切削变形 ··· 16
  任务 2 有效控制积屑瘤 ·· 19
 模块 2 切削力和切削功率 ·· 20
  任务 1 有效控制切削力 ·· 20
  任务 2 有效控制切削功率 ··· 23
 模块 3 切削热和切削温度 ·· 24
  任务 1 有效控制切削温度 ··· 24
  任务 2 合理选择切削液 ·· 27
 模块 4 刀具磨损与刀具寿命 ·· 29
  任务 1 控制刀具损坏的措施 ·· 29
  任务 2 延长刀具寿命的措施 ·· 32
 习题 ·· 35

项目 3 金属切削机床 ··· 37
 模块 1 金属切削机床基础知识 ·· 37
  任务 1 机床分类 ·· 37
  任务 2 机床型号 ·· 38
  任务 3 机床的传动系统 ·· 42
 模块 2 车床 ··· 43
  任务 1 车床结构 ·· 43
  任务 2 车刀 ·· 51
  任务 3 工程应用 ·· 53

- 模块3 铣床 ··· 56
  - 任务1 铣床结构 ·· 57
  - 任务2 铣刀 ··· 57
  - 任务3 工程应用 ·· 59
- 模块4 磨床 ··· 63
  - 任务1 磨床结构 ·· 63
  - 任务2 砂轮 ··· 65
  - 任务3 工程应用 ·· 69
- 模块5 钻床 ··· 71
  - 任务1 钻床结构 ·· 71
  - 任务2 钻削刀具 ·· 72
  - 任务3 工程应用 ·· 75
- 模块6 镗床 ··· 76
  - 任务1 镗床结构 ·· 76
  - 任务2 镗刀 ··· 77
  - 任务3 工程应用 ·· 78
- 模块7 刨插床 ··· 81
  - 任务1 刨插床结构 ·· 81
  - 任务2 刨刀 ··· 83
  - 任务3 工程应用 ·· 83
- 模块8 拉床 ··· 85
  - 任务1 拉床结构 ·· 85
  - 任务2 拉刀 ··· 86
  - 任务3 工程应用 ·· 86
- 模块9 齿轮加工机床 ·· 88
  - 任务1 滚齿机结构 ·· 88
  - 任务2 插齿机结构 ·· 89
  - 任务3 滚刀 ··· 90
  - 任务4 插齿刀 ··· 92
  - 任务5 工程应用 ·· 93
- 习题 ··· 98

项目4 机床专用夹具设计 ··· 100

- 模块1 机床专用夹具基础知识 ··· 100
  - 任务1 机床专用夹具的用途 ·· 100
  - 任务2 机床夹具的分类 ··· 101
  - 任务3 机床夹具的组成 ··· 101
- 模块2 工件定位 ·· 102
  - 任务1 定位原理 ··· 102
  - 任务2 定位元件 ··· 105
- 模块3 定位误差 ·· 111

		任务 1 以工件平面定位时定位误差计算	113
		任务 2 以工件圆孔定位时定位误差计算	113
		任务 3 以工件外圆定位时定位误差计算	114
	模块 4	工件夹紧	114
		任务 1 夹紧机构设计原则	115
		任务 2 典型夹紧机构	117
	模块 5	其他装置	120
		任务 1 导向装置	120
		任务 2 对刀装置	122
		任务 3 对定装置	122
	模块 6	机床专用夹具设计	123
		任务 1 机床专用夹具应满足的基本要求	123
		任务 2 机床专用夹具的设计步骤	123
		任务 3 工程应用	124
	习题		129

项目 5 机械加工工艺规程设计 ········ 131

模块 1	机械加工工艺基础知识	131
	任务 1 生产过程与工艺过程	131
	任务 2 机械加工工艺过程的组成	132
	任务 3 生产类型与加工工艺过程的特点	132
	任务 4 零件获得加工精度的方法	135
模块 2	机械加工工艺规程设计	135
	任务 1 机械加工工艺规程设计的内容及步骤	136
	任务 2 零件的结构工艺性分析	138
	任务 3 毛坯	139
	任务 4 拟订工艺路线	141
模块 3	工程应用——典型零件加工工艺分析	148
模块 4	加工余量与工序尺寸	153
	任务 1 加工余量及其影响因素	153
	任务 2 确定工序尺寸的方法	155
模块 5	工艺尺寸链	156
	任务 1 尺寸链	156
	任务 2 尺寸链计算	157
	任务 3 尺寸链计算实例	157
模块 6	工艺卡片填写	160
	任务 1 机床的选择	160
	任务 2 工艺装备的选择	160
	任务 3 切削用量的确定	161
	任务 4 时间定额的确定	161
	任务 5 编制工艺规程文件	163

模块 7　机器装配工艺规程设计 ································· 163
　　任务 1　基础知识 ··· 163
　　任务 2　装配精度与装配尺寸链 ··························· 165
　　任务 3　装配工艺规程设计 ································ 173
模块 8　机械产品设计的工艺性评价 ···························· 175
　　任务 1　基础知识 ··· 175
　　任务 2　工艺性评价 ······································ 175
习题 ·· 180

项目 6　机械加工质量 ··· 183

模块 1　机械加工精度 ·· 183
　　任务 1　基础知识 ··· 183
　　任务 2　误差 ··· 184
模块 2　影响加工精度的因素及其分析 ·························· 185
　　任务 1　工艺系统几何误差 ································ 185
　　任务 2　调整误差 ··· 190
　　任务 3　工艺系统受力变形引起的误差 ···················· 192
　　任务 4　工艺系统受热变形引起的误差 ···················· 199
　　任务 5　内应力重新分布引起的误差 ······················ 203
　　任务 6　提高加工精度的途径 ······························ 204
模块 3　工艺过程的统计分析 ····································· 205
　　任务 1　误差统计性质的分类 ······························ 206
　　任务 2　工艺过程的分布图分析 ··························· 207
　　任务 3　机械制造中常见的误差分布规律 ·················· 213
　　任务 4　工艺过程的点图分析 ······························ 214
模块 4　机械加工表面质量 ······································· 218
　　任务 1　机械加工表面质量对机器使用性能的影响 ········ 218
　　任务 2　影响表面粗糙度的因素 ··························· 219
　　任务 3　影响加工表面层物理力学性能的因素 ············· 221

参考文献 ·· 225

项目 1
金属切削刀具

> **导　读**
>
> 　　金属切削过程是刀具与工件相互作用的过程，在此过程中，为了能将工件上多余的金属材料切除掉，对刀具的结构及其材料需提出相应的要求。本项目由刀具结构和刀具材料两个模块组成，主要介绍切削运动、切削用量、刀具的结构、材料等。学习本项目，应重点掌握刀具几何角度的标注；能根据生产条件和工艺要求，合理选择刀具切削部分的材料、刀具角度。学习本项目应注意理论与生产实际相结合。

模块 1　刀具结构

任务 1　合理选择切削用量

1. 切削运动

金属切削加工是利用金属切削刀具切去工件毛坯上多余的金属层（加工余量），以获得具有一定的尺寸、形状、位置精度和表面质量的机械加工方法。刀具的切削作用是通过刀具与工件之间的相互作用和相对运动来实现的。

刀具与工件间的相对运动称为切削运动，即表面成形运动。切削运动可分解为主运动和进给运动。

（1）主运动　主运动是使刀具和工件产生相对运动以进行切削的运动，是切下切屑所需的最基本的运动。在切削运动中，通常主运动的速度最高、消耗的机床功率最大。例如车削外圆柱面时工件的旋转运动、铣削时铣刀的旋转运动都是主运动。其他切削加工方法中的主运动也同样是由工件或刀具来完成的，其形式可以是旋转运动，也可以是直线运动，但每种切削加工方法的主运动通常只有一个。

（2）进给运动　进给运动是多余材料不断被切削，从而加工出完整表面所需的运动。通常，进给运动的速度与消耗的功率比主运动的小。例如车削外圆柱面时刀具的纵向或横向运动、铣削时工件的直线移动都是进给运动。其他切削加工方法中，也是由工件或刀具来完成进给运动。进给运动可以是间歇的，也可以是连续的，而且进给运动可以有一个或几个。

一般，切削运动及其方向用切削运动的速度矢量来表示。其中，主运动切削速度用 v_c 表示；进给速度用 v_f 表示；主运动与进给运动合成后的运动，称为合成切削运动，其速度用 v_e 表示（如图 1.1 所示）。切削工件外圆时，合成切削运动速度 v_e 的大小和方向由下式确定

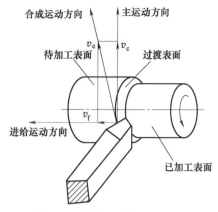

图 1.1 切削运动与切削表面

$$v_e = v_c + v_f \tag{1-1}$$

2. 切削表面

在切削过程中,工件上通常存在着三个不断变化的表面,如图 1.1 所示。

① 已加工表面:工件上已切去切屑的表面。

② 待加工表面:工件上即将被切去切屑的表面。

③ 加工表面(也称切削表面、过渡表面):工件上正在被切削的表面,它是待加工表面和已加工表面之间的过渡部位。

3. 切削要素

切削要素包括切削用量和切削层的几何参数两部分。

(1) 切削用量 切削用量是切削时各运动参数的总称,包括切削速度、进给量和背吃刀量(切削深度)三要素,它们是调整机床运动的依据。

① 切削速度 v_c 在单位时间内,工件或刀具沿主运动方向的相对位移,单位为 m/s。若主运动为旋转运动,则计算公式为

$$v_c = \frac{\pi d_w n}{1000 \times 60} \tag{1-2}$$

式中 d_w——工件待加工表面或刀具的最大直径,mm;
n——工件或刀具每分钟转数,r/min。

主运动为往复直线运动(如刨削),则常用其平均速度作为切削速度 v_c (m/s),即

$$v_c = \frac{2L n_r}{1000 \times 60} \tag{1-3}$$

式中 L——往复直线运动的行程长度,mm;
n_r——主运动每分钟的往复次数,次/min。

② 进给量 f 在主运动每转一转或每一行程时(或单位时间内),刀具与工件之间沿进给运动方向的相对位移,单位是 mm/r(用于车削、镗削等)或 mm/行程(用于刨削、磨削等)。进给运动速度还可以用进给速度 v_f(单位是 mm/s)或每齿进给量 f_z(用于铣刀、铰刀等多刃刀具,单位为 mm/z)表示。一般

$$v_f = nf = nz f_z \tag{1-4}$$

式中 n——主运动的转速,r/s;
z——刀具齿数。

③ 背吃刀量(切削深度)a_p 待加工表面与已加工表面之间的垂直距离(mm)。车削外圆时为

$$a_p = \frac{d_w - d_m}{2} \tag{1-5}$$

式中 d_w, d_m——分别为待加工表面和已加工表面的直径,mm。

(2) 切削层几何参数 切削层是指工件上正被切削刃切削的一层金属,亦即相邻两个加工表面之间的一层金属。以车削外圆为例(如图 1.2 所示),切削层是指工件每转一转,刀具从工件上切下的那一层金属。切削层的大小反映了切削刃所受载荷的大小,直接影响到加工质量、生产率和刀具的磨损等。

① 切削宽度 a_w　沿主切削刃方向度量的切削层尺寸（mm）。车外圆时

$$a_w = \frac{a_p}{\sin\kappa_r} \tag{1-6}$$

式中　κ_r——主切削刃在基面上的投影与进给运动方向之间的夹角，(°)。

② 切削厚度 a_c　两相邻加工表面间的垂直距离（mm）。车外圆时

$$a_c = f\sin\kappa_r \tag{1-7}$$

③ 切削面积 A_c　切削层垂直于切削速度截面内的面积（mm^2）。车外圆时

$$A_c = a_w a_c = a_p f \tag{1-8}$$

4. 工程应用

切削用量的选择，对生产率、加工成本和加工质量均有重要影响。合理的切削用量是指在充分利用刀具的切削性能和机床性能、保证加工质量的前提下，能取得较高的生产率和较低成本的切削速度、进给量和背吃刀量。约束切削用量选择的主要条件有：工件的加工要求，包括加工质量要求和生产效率要求；刀具材料的切削性能；机床性能，包括动力特性（功率、转矩）和运动特性；刀具寿命要求等。为了确定切削用量的选择原则，首先要了解它们对切削加工的影响。

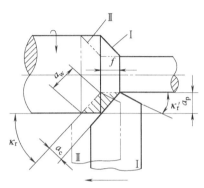

图 1.2　切削用量与切削层参数

(1) 对加工质量的影响　切削用量三要素中，背吃刀量和进给量增大，都会使切削力增大，工件变形增大，并可能引起振动，从而降低加工精度和增大表面粗糙度 Ra 值。进给量增大还会使残留面积的高度显著增大，表面更加粗糙。切削速度增大时，切削力减小，并可减小或避免积屑瘤，有利于加工质量和表面质量的提高。

(2) 对基本工艺时间的影响　以图 1.3 所示车工件外圆为例，基本工艺时间为：

$$t_m = \frac{L}{nf}i \tag{1-9}$$

因 $i = h/a_p$，$n = \frac{1000v_c}{\pi d_w}$

故

$$t_m = \frac{\pi d_w L h}{1000 v_c f a_p}$$

式中　d_w——毛坯直径，mm；
　　　L——车刀行程长度，mm，它包括工件加工面长度 l，切入长度 l_1 和切出长度 l_2；
　　　i——走刀次数；
　　　h——毛坯的加工余量，mm。

为了便于分析，可将上式简化为：

$$t_m = \frac{k}{v_c f a_p}\left(k = \frac{\pi d_w L h}{1000}\right)$$

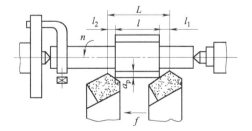

图 1.3　车外圆时基本工艺时间的计算

由此可知，切削用量三要素对基本工艺时间 t_m 的影响是相同的。

(3) 对刀具寿命和辅助时间的影响　用试验的方法，可以求出寿命与切削用量之间关系

的经验公式。例如用硬质合金车刀车削中碳钢时：

$$T=\frac{C_T}{v_c^5 f^{2.25} a_p^{0.75}} \quad (f>0.75\text{mm/r})$$

式中 C_T——耐用度系数，与刀具、工件材料和切削条件有关。

由上式可知，在切削用量中，切削速度对刀具寿命的影响最大，进给量的影响次之，背吃刀量的影响最小。也就是说，当提高切削速度时，刀具寿命下降的速度，比增大同样倍数的进给量或背吃刀量时快得多。由于刀具寿命迅速下降，势必增加磨刀或换刀的次数，这样增加了辅助时间，从而影响生产率的提高。

综合切削用量三要素对刀具寿命、生产率和加工质量的影响，选择切削用量的顺序应为：首先选尽可能大的背吃刀量，其次选尽可能大的进给量，最后尽可能大的切削速度。

粗加工时，应以提高生产率为主，同时还要保证规定的刀具寿命。因此，一般选取较大的背吃刀量和进给量，切削速度不能很高，即在机床功率足够时，应尽可能选取较大的背吃刀量，最好一次进给将该工序的加工余量切完，只有在余量太大，机床功率不足，刀具强度不够时，才分两次或多次进给将余量切完。切削表层有硬皮的铸、锻件或切削不锈钢等加工硬化较严重的材料时，应尽量使背吃刀量越过硬皮或硬化层深度；其次，根据机床-刀具-夹具-工件工艺系统的刚度，尽可能选择大的进给量；最后，根据工件的材料和刀具的材料确定切削速度。粗加工的切削速度一般选用中等或更低的数值。

精加工时，应以保证零件的加工精度和表面质量为主，同时也要考虑刀具寿命和获得较高的生产率。精加工往往采用逐渐减小背吃刀量的方法来逐步提高加工精度，进给量的大小主要依据表面粗糙度的要求来选取。选择切削速度要避开积屑瘤产生的切削速度区域，硬质合金刀具多采用较高的切削速度，高速钢刀具则采用较低的切削速度。一般情况下，精加工常选用较小的背吃刀量、进给量和较高的切削速度，这样既可保证加工质量，又可提高生产率。

切削用量的选取有计算法和查表法。但在大多数情况下，切削用量的选取是根据给定的条件按有关切削用量手册中推荐的数值选取。

任务2 合理选择刀具角度

1. 刀具切削部分的组成

切削刀具的种类很多，结构也多种多样，下面以外圆车刀为例，外圆车刀是最基本、最典型的切削刀具（如图1.4所示）。其切削部分（又称刀头）由前面、主后面、副后面、主切削刃、副切削刃和刀尖所组成，简称为"三面两刃一尖"。其定义分别为（如图1.4所示）：

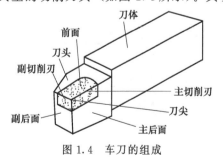

图1.4 车刀的组成

（1）前面（前刀面） 刀具上与切屑接触并相互作用的表面。

（2）主后面（主后刀面） 刀具上与工件过渡表面接触并相互作用的表面。

（3）副后面（副后刀面） 刀具上与工件已加工表面接触并相互作用的表面。

（4）主切削刃 前刀面与主后刀面的交线，它完成主要的切削工作。

（5）副切削刃 前刀面与副后刀面的交线，它配合主切削刃完成切削工作（主要起到修光的作用），并最终形成已加工表面。

(6) 刀尖 连接主切削刃和副切削刃的一段切削刃，它可以是小的直线段或圆弧。其他各类刀具，如刨刀、钻头、铣刀等，都可看作是车刀的演变和组合（如图 1.5 所示）。刨刀切削部分的形状与车刀相同［如图 1.5（a）所示］；钻头可看作是两把一正一反并在一起同时车削孔壁的车刀，因而有两个主切削刃，两个副切削刃，还增加了一个横刃［如图 1.5（b）所示］；铣刀可看作由多把车刀组合而成的复合刀具，其每一个刀齿相当于一把车刀［如图 1.5（c）所示］。

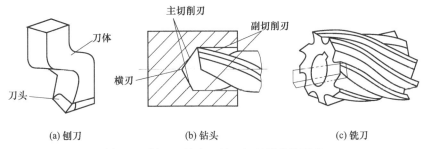

图 1.5 刨刀、钻头、铣刀切削部分的形状

2. 刀具角度的参考平面

刀具要从工件上切下金属，必须具有一定的切削角度，也正是由于切削角度才决定了刀具切削部分各表面的空间位置。要确定和测量刀具角度，必须引入三个相互垂直的参考平面（如图 1.6 所示）。

（1）基面 p_r 通过主切削刃上某一点，并与该点切削速度方向相垂直的平面。

（2）切削平面 p_s 通过主切削刃上某一点，与主切削刃相切，且垂直于基面的平面。

（3）正交平面 p_o（主剖面） 通过主切削刃上某一点，并与主切削刃在基面上的投影相垂直的平面（或者同时垂直于基面与切削平面的平面）。

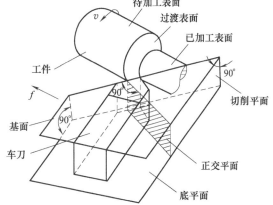

图 1.6 确定车刀角度的参考平面

基面、切削平面和正交平面共同组成标注刀具角度的正交平面参考系，常用的标注刀具角度的参考系还有法平面参考系、背平面和假定工作平面参考系。

3. 刀具的标注角度

刀具的标注角度是制造和刃磨刀具所必需的、并在刀具设计图上予以标注的角度。刀具的标注角度主要有 5 个，以车刀为例（如图 1.7 所示），表示了几个角度的定义。

（1）前角 γ_o 在正交平面内测量的前刀面与基面之间的夹角，前角表示前刀面的倾斜程度，有正、负和零值之分。当前面与基面平行时前角为零；当前面与切削平面间夹角小于 90°时，前角为正；大于 90°时，前角为负。

（2）后角 α_o 在正交平面内测量的主后刀面与切削平面之间的夹角，后角表示主后刀面的倾斜程度，一般为正值。

（3）主偏角 κ_r 在基面内测量的主切削刃在基面上的投影与进给运动方向的夹角，主偏角一般为正值。

(4) 副偏角 κ_r'　在基面内测量的副切削刃在基面上的投影与进给运动反方向的夹角,副偏角一般为正值。

(5) 刃倾角 λ_s　在切削平面内测量的主切削刃与基面之间的夹角(如图1.8所示)。当主切削刃呈水平时,$\lambda_s=0$[如图1.8(a)所示],此时切削刃与基面(车刀底平面)平行;当刀尖为主切削刃上最低点时,$\lambda_s<0$[如图1.8(b)所示],此时刀尖相对车刀的底平面处于最低点;当刀尖为主切削刃上最高点时,$\lambda_s>0$[如图1.8(c)所示],此时刀尖相对车刀的底平面处于最高点。需要说明的是,此时刀具的标注角度是在刀尖与工件回转轴线等高、刀杆纵向轴线垂直于进给方向,并且不考虑进给运动的影响等条件下描述的。

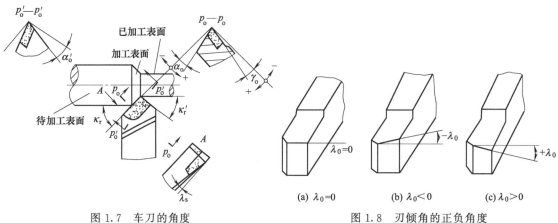

图1.7　车刀的角度　　　　　图1.8　刃倾角的正负角度

4. 刀具的工作角度

在实际的切削加工中,由于刀具安装位置和进给运动的影响,刀具的标注角度会发生一定的变化,其原因是切削平面、基面和正交平面位置会发生变化。以切削过程中实际的切削平面、基面和正交平面为参考平面所确定的刀具角度称为刀具的工作角度,又称实际角度。

(1) 刀具安装位置对工作角度的影响　以车刀车外圆为例(如图1.9所示),若不考虑进给运动,当刀尖安装得高于[如图1.9(a)所示]或低于[如图1.9(b)所示]工件轴线时,刀具的工作前角 γ_{oe} 和工作后角 α_{oe} 产生变化。当车刀刀杆的纵向轴线与进给方向不垂直时(如图1.10所示),刀具的工作主偏角 κ_{re} 和工作副偏角 κ_{re}' 产生变化。

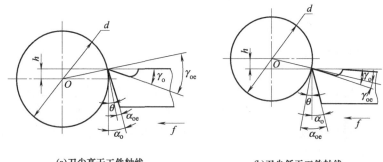

(a)刀尖高于工件轴线　　　　(b)刀尖低于工件轴线

图1.9　车刀安装高度对工作角度的影响

(2) 进给运动对工作角度的影响　车削时由于进给运动的存在,使车外圆及车螺纹的加工表面实际上是一个螺旋面;车端面或切断时,加工表面是阿基米德螺旋面(如图1.11

所示)。因此，实际的切削平面和基面都要偏转一个附加的螺旋升角 μ，使车刀的工作前角 γ_{oe} 增大，工作后角 α_{oe} 减小。一般车削时，进给量比工件直径小很多，故螺旋升角 μ 很小，它对车刀工作角度影响不大，可忽略不计。但在车端面、切断和车外圆进给量（或加工螺纹的导程）较大时，则应考虑螺旋升角的影响。

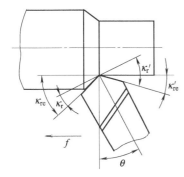

图 1.10 车刀安装偏斜对工作角度的影响
（θ 为切削时刀杆纵向轴线的偏转角）

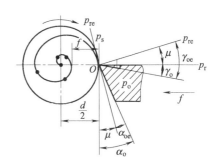

图 1.11 横向进给运动对工作角度的影响

5. 工程应用

刀具合理几何参数是在保证加工质量的前提下，能够满足刀具使用寿命长、生产效率高、加工成本低等实践应用。刀具合理几何参数的选择主要决定于工件材料、刀具材料、刀具类型及其他具体工艺条件，如切削用量、工艺系统刚性及机床功率等。

（1）前角的选择　前角是刀具上重要的几何参数之一。增大前角可以减小切屑变形和摩擦，从而降低切削力、切削温度，减少刀具磨损，提高刀具使用寿命，改善加工质量，抑制积屑瘤等。但前角过大，楔角变小，会削弱刀刃强度，易发生崩刃，同时刀头散热体积减小，致使切削温度升高，刀具寿命反而下降。

从以上分析可知，增大或减小前角，各有其有利和不利的影响。在一定切削条件下，存在一个刀具使用寿命为最大的前角，即合理前角 γ_{opt}。

合理前角的选择应综合考虑刀具材料、工件材料、具体的加工条件等。选择前角的原则是以保证加工质量和足够的刀具使用寿命为前提，应尽量选择大的前角。具体选择时要考虑的因素有以下几方面：

① 根据工件材料的性质选择前角　如图 1.12 所示，加工材料的塑性愈大，前角的数值应选得愈大。因为增大前角可以减小切削变形，降低切削温度。加工脆性材料，一般得到崩碎切屑，切削变形很小，切屑与前刀面的接触面积小，前角愈大，刀刃强度愈差，为避免崩刃，应选择较小的前角。工件材料的强度、硬度愈高时，为使刀刃有足够的强度和散热面积，防止崩刃和刀具磨损过快，前角应小些。

② 根据刀具材料的性质选择前角　如图 1.13 所示，使用强度和韧性较好的刀具材料（如高速钢），可采用较大的前角；使用强度和韧性差的刀具材料（如硬质合金），应采用较小的前角。

③ 根据加工性质选择前角　粗加工时，选择的背吃刀量和进给量较大，为了减小切削变形，提高刀具耐用度，本应选择较大的前角，但由于毛坯不规则和表皮很硬等情况，为增强刀刃的强度，应选择较小的前角；精加工时，选择的背吃刀量和进给量较小，切削力较小，为了使刃口锋利，保证加工质量，可选取较大的前角。表 1.1 是硬质合金车刀合理前角参考值。

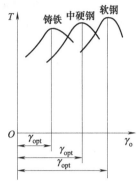 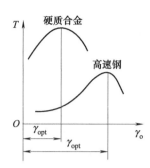

图 1.12 加工材料不同时前角的合理数值　　图 1.13 刀具材料不同时前角的合理数值

（2）后角的选择　后角的主要功用是减小后刀面与加工表面之间的摩擦。增大后角，能减小后刀面与加工表面间的摩擦，减小刀具磨损，提高已加工表面质量和刀具使用寿命；增大后角，还可以减小切削刃钝圆半径，使刀刃锋利，易于切下切屑，可减小表面粗糙度值。但后角过大，由于楔角减小，将使切削刃和刀头强度削弱，导热面积和容热体积减小，从而降低刀具使用寿命。因此，在一定切削条件下，存在一个刀具使用寿命为最大的后角，即合理后角 α_{opt}。

表 1.1　硬质合金车刀合理前角参考值

工件材料	合理前角	
	粗车	精车
低碳钢	20°～25°	25°～30°
中碳钢	10°～15°	15°～20°
合金钢	10°～15°	15°～20°
淬火钢	−15°～−5°	
不锈钢（奥氏体）	15°～20°	20°～25°
灰铸铁	10°～15°	5°～10°
铜及铜合金	10°～15°	5°～10°
铝及铝合金	30°～35°	35°～40°
钛合金 $\sigma_b \leqslant 1.177 GPa$	5°～10°	

合理后角值选择时具体应考虑如下因素：

① 根据工件材料的性质选择后角。工件材料强度、硬度较高时，为保证切削刃强度，宜取较小的后角；工件材料较软、塑性较大时，后刀面摩擦对已加工表面质量及刀具磨损影响较大，应适当加大后角；加工脆性材料，切削力集中在刃区，宜取较小的后角。

② 根据加工性质选择后角。粗加工、强力切削及承受冲击载荷的刀具，要求切削刃有足够的强度，应取较小的后角；精加工，应以减小后刀面上的摩擦为主，宜取较大的后角，可延长刀具使用寿命和提高已加工表面质量。

③ 工艺系统刚性差，容易产生振动时，应适当减小后角，有增加阻尼的作用。

④ 定尺寸刀具（如圆孔拉刀、铰刀等）应选较小的后角，以增加重磨次数，延长刀具使用寿命。表 1.2 是硬质合金车刀合理后角参考值。

（3）副后角的选择　副后角通常等于后角的数值。但一些特殊刀具，如切断刀，为了保证刀具强度，可选 $\alpha_0' = 1° \sim 2°$。

（4）主偏角和副偏角的选择　主偏角和副偏角对刀具使用寿命的影响很大。减小主偏角和副偏角，可使刀尖角增大，刀尖强度提高，散热条件改善，因此刀具使用寿命得以提高；减小主偏角和副偏角，可降低残留面积的高度，故可减小加工表面的粗糙度；在背吃刀量和进给量一定的情况下，减小主偏角会使切削厚度减小，切削宽度增加，切削刃单位长度上的负荷下降；主偏角和副偏角还会影响各切削分力的大小和比例，例如，主偏角 κ_r 影响切削分力的大小，增大 κ_r 会使 F_f 力增加，F_p 力减小；主偏角也影响工件表面形状，车削阶梯轴时，选用 $\kappa_r = 90°$，车削细长轴时，选用 $\kappa_r = 75° \sim 90°$；为增加通用性，车外圆、端面和倒角可选用 $\kappa_r = 45°$。

表 1.2　硬质合金车刀合理后角参考值

工件材料	合理后角	
	粗车	精车
低碳钢	8°～10°	10°～12°
中碳钢	5°～7°	6°～8°
合金钢	5°～7°	6°～8°
淬火钢	8°～10°	
不锈钢（奥氏体）	6°～8°	8°～10°
灰铸铁	4°～6°	6°～8°
铜及铜合金（脆）	6°～8°	6°～8°
铝及铝合金	8°～10°	10°～12°
钛合金 $\sigma_b \leqslant 1.177\text{GPa}$	10°～15°	

合理主偏角选择时具体应考虑如下因素：

① 根据工件材料的性质选择主偏角。加工很硬的材料时，如淬硬钢和冷硬铸铁，为减轻单位长度切削刃上的负荷，同时为改善刀头导热和容热条件，延长刀具使用寿命，宜取较小的主偏角。

② 根据加工性质选择主偏角。粗加工和半精加工时，硬质合金车刀一般选用较大的主偏角，以利于减小振动、延长刀具使用寿命、断屑和采用较大的切削深度。

③ 工艺系统刚性较好时，较小主偏角可延长刀具使用寿命；刚性不足（如车细长轴）时，应取较大的主偏角，甚至大于 90°，以减小背向力。在生产实践中，主要按工艺系统刚性选取，见表 1.3。

副偏角的大小主要根据表面粗糙度的要求选择，一般取 $\kappa_r' = 5° \sim 15°$，粗加工时取大值，精加工时取小值；如切断刀，为了保证刀头强度，可选 $\kappa_r' = 1° \sim 2°$。

（5）刃倾角的选择

① 刃倾角的功用

a. 控制切屑的流向。控制切屑的流向如图 1.14 所示，当 $\lambda_s = 0°$ 时 [如图 1.14（a）所示]，切屑垂直于切削刃流出；当 λ_s 为负值时 [如图 1.14（b）所示]，切屑流向已加工表面；当 λ_s 为正值时 [如图 1.14（c）所示]，切屑流向待加工表面。

b. 控制切削刃切入时首先与工件接触的位置。如图 1.15（a）所示，在切削有断续表面的工件时，若刃倾角为负，刀尖为切削刃上最低点，首先与工件接触的是切削刃上的点，而不是刀尖，这样切削刃承受着冲击负荷，起到保护刀尖的作用；刃倾角为正值，首先与工件接触的是刀尖，可能引起崩刃或打刀。

表1.3 主偏角的参考值

工作条件	主偏角 κ_r
系统刚性大、背吃刀量较小、进给量较大、工件材料硬度高	10°～30°
系统刚性大、加工盘类零件	30°～45°
系统刚性较小、背吃刀量较大或有冲击时	60°～75°
系统刚性小、车台阶轴、车槽及切断	90°～95°

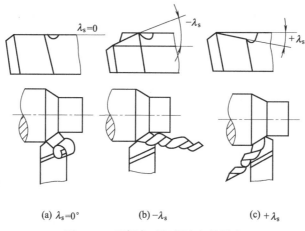

(a) $\lambda_s=0°$ (b) $-\lambda_s$ (c) $+\lambda_s$

图1.14 刃倾角对切屑流向的影响

c. 控制切削刃在切入与切出时的平稳性。切削刃切入与切出工件时的情况如图1.15所示,当刃倾角不等于零[如图1.15(a)、(b)所示]时,则切削刃上各点逐渐切入工件和逐渐切离工件,故切削过程平稳;当刃倾角等于零时,在断续切削情况下,切削刃与工件同时接触,同时切离,会引起振动。

d. 控制背向力与进给力的比值。刃倾角为正值,背向力减小,进给力增大;刃倾角为负值,背向力增大,进给力减小。

② 刃倾角的选择 选择刃倾角时,按照具体加工条件进行具体分析,一般情况可按加工性质选取。精车 $\lambda_s=0°\sim5°$;粗车 $\lambda_s=0°\sim-5°$;断续车削 $\lambda_s=-30°\sim-45°$;大刃倾角精刨刀 $\lambda_s=75°\sim80°$。

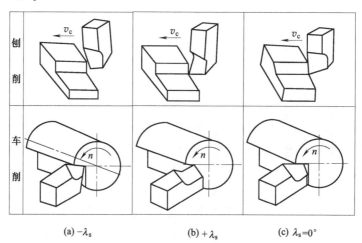

(a) $-\lambda_s$ (b) $+\lambda_s$ (c) $\lambda_s=0°$

图1.15 刃倾角对切削刃接触工件的影响

模块 2　刀具材料

为了完成切削，除了要求刀具具有合理的角度和适当的结构外，刀具的材料是切削的重要基础。在切削过程中，刀具在强切削力和高温下工作，同时与切屑和工件表面都产生剧烈的摩擦，因此工作条件极为恶劣。为使刀具具有良好的切削能力，必须选用合适的材料，刀具材料对加工质量、生产率和加工成本影响极大。

任务　合理选择刀具材料

1. 刀具材料应该具备的基本性能

（1）高的硬度　刀具材料的硬度必须高于工件的硬度，以便切入工件，在常温下，刀具材料的硬度一般应该在 60HRC 以上。硬度是刀具材料应具备的基本特性。一般硬度越高，可允许的切削速度越高，而韧性越大，可承受的切削力越大。

（2）高的耐磨性　即抵抗磨损的能力，一般情况下，刀具材料硬度越高，耐磨性越好。材料中硬质点（碳化物、氯化物等）的硬度越高、数量越多、颗粒越小、分布越均匀，则耐磨性越高。

（3）高的耐热性　指刀具在高温下仍能保持硬度、强度、韧性和耐磨性的能力。通常用高温硬度值来衡量，也可以用刀具切削时允许的耐热温度值来衡量。它是影响刀具材料切削性能的重要指标。耐热性越好的材料允许的切削速度就越高。

（4）足够的强度和韧性　只有具备足够的强度和韧性，刀具才能承受切削力和切削时产生的振动，以防脆性断裂和崩刃。

（5）良好的工艺性与经济性　为便于刀具本身的制造，刀具材料还应具有一定的工艺性能，如切削性能、磨削性能、焊接性能及热处理性能等。

（6）良好的热物理性能和耐热冲击性能　要求刀具的导热性要好，不会因受到大的热冲击，产生刀具内部裂纹而导致刀具断裂。

此外，在满足以上性能要求的同时，应尽可能满足资源丰富、价格低廉的要求。

应该指出，上述要求中有些是相互矛盾的，如硬度越高、耐磨性越好的材料的韧性和抗破损能力就越差，耐热性好的材料韧性也较差。所以要求刀具材料在保持有足够的强度与韧性条件下，尽可能有高的硬度与耐磨性。实际工作中，应根据具体的切削对象和条件，选择最合适的刀具材料。

2. 常用刀具材料

在切削加工中常用的刀具材料有：工具钢（包括碳素工具钢、合金工具钢、高速钢）、硬质合金、涂层硬质合金、陶瓷（包括金属陶瓷和非金属陶瓷）、金刚石、立方氮化硼等。一般机加工中使用最多的是高速钢与硬质合金。各种刀具材料的特性，如表 1.4 所示。

（1）碳素工具钢与合金工具钢

① 碳素工具钢是含碳量最高的优质钢（碳的质量分数为 0.7%～1.2%），如 T10A。碳素工具钢淬火后具有较高的硬度，而且价格低廉。但这种材料的耐热性较差，当温度达到 200℃ 时，即失去它原有的硬度，并且淬火时容易产生变形和裂纹。

② 合金工具钢是在碳素工具钢中加入少量的 Cr、W、Mn、Si 等合金元素形成的刀具材料（如 9SiCr）。由于合金元素的加入，与碳素工具钢相比，其热处理变形有所减小，耐热性也有所提高。

表1.4 常用刀具材料的特性

种类	牌号	硬度	维持切削性能的最高温度/℃	抗弯强度/GPa	工艺性能	用途
碳素工具钢	T8A T10A T12A	60~64HRC (81~83HRA)	~200	2.25~2.75	可冷热加工成形，工艺性能良好，磨削性好，须热处理	只用于手动刀具，如手动丝锥、板牙、铰刀、锯条、锉刀等
合金工具钢	9CrSi CrWMn 等	60~65HRC (81~83HRA)	250~300	2.25~2.75		只用于手动或低速机动刀具，如丝锥、板牙、拉刀等
高速钢	W18Cr4V W6Mo5Cr4V2Al W10Mo4Cr4V3Al	62~70HRC (82~87HRA)	540~600	2.25~4.41	可冷热加工成形，工艺性能良好，须热处理，磨削性好，但高钒类较差	用于各种刀具，特别是形状较复杂的刀具，如钻头、铣刀、拉刀、齿轮刀具、丝锥、板牙、刨刀等
硬质合金	钨钴类：YG3,YG6,YG8 钨钴钛类 YT5,YT15,YT30	89~94HRA	800~1000	0.88~2.25	压制烧结后使用，不能冷热加工，多镶片使用，无须热处理	车刀刀头大部分采用硬质合金，铣刀、钻头、滚刀、丝锥等亦可镶刀片使用。钨钴类可加工铸铁、非铁金属；钨钴钛类加工碳素钢、合金钢、淬硬钢等
陶瓷材料		91~94HRA	>1200	0.441~0.833		多用于车刀，性脆，适于连续切削
立方氮化硼		7300~9000HV			压制烧结而成，可用金刚石砂轮磨削	用于硬度、强度较高材料的精加工。在空气中达1300℃时仍保持稳定
金刚石		10000HV			用天然金刚石砂轮刃磨困难	用于非铁金属的高精度、小表面化粗糙度切削，700~800℃时易碳化

以上两种刀具材料因其耐热性都比较差，所以常用于制造手工工具和一些形状较简单的低速刀具，如锉刀、锯条、铰刀等。

(2) 高速钢 又称为锋钢或风钢，它是含有较多 W、Cr、V 合金元素的高合金工具钢，如 W18Cr4V。与碳素工具钢和合金工具钢相比，高速钢具有较高的耐热性，温度达 600℃ 时，仍能正常切削，其许用切削速度为 30～50m/min，是碳素工具钢的 5～6 倍，而且它的强度、韧性和工艺性都较好，可广泛用于制造中速切削及形状复杂的刀具，如麻花钻、铣刀、拉刀、各种齿轮加工工具。

为了提高高速钢的硬度和耐磨性，常采用如下措施来提高其性能：

① 在高速钢中增添新的元素。如我国制成的铝高速钢，增添了铝元素，使其硬度达 70HRC，耐热性超过 600℃，被称之为高性能高速钢或超高速钢。

② 用粉末冶金法制造的高速钢称为粉末冶金高速钢。它可消除碳化物的偏析并细化晶粒，提高了材料的韧性、硬度，并减小了热处理变形，适用于制造各种高精度刀具。

(3) 硬质合金 它是以高硬度、高熔点的金属碳化物（WC，TiC，TaC，NbC）为基体，以金属 Co、Ni 等为黏结剂，用粉末冶金方法制成的一种合金。

硬质合金的物理性能取决于合金的成分、粉末颗粒的粗细以及合金的烧结工艺。含高硬度、高熔点的硬质相愈多，合金的硬度与高温硬度愈高。含黏结剂愈多，强度愈高。合金中加入 TaC、NbC 有利于细化晶粒，提高合金的耐热性。常用的硬质合金牌号中含有大量的 WC、TiC，因此其硬度、耐磨性、耐热性均高于工具钢。常温硬度达 89～94HRA，能耐 800～1000℃ 的高温。切削钢时，切削速度可达 220m/min 左右。在合金中加入熔点更高的 TaC、NbC，可使耐热性提高到 1000～1100℃，切削钢时，切削速度可进一步提高到 200～300m/min，耐磨、耐热性好，许用切削速度是高速钢的 6 倍，但强度和韧性比高速钢低、工艺性差。硬质合金常用于制造形状简单的高速切削刀片，经焊接或机械夹固在车刀、刨刀、面铣刀、钻头等刀体（刀杆）上使用。

硬质合金按其化学成分与使用性能分为三类：

K 类——钨钴类（WC+Co）（原冶金部标准 YG 类）；

P 类——钨钛钴类（WC+TiC+Co）（原冶金部标准 YT 类）；

M 类——添加稀有金属碳化物类［WC＋TiC＋TaC(NbC)＋Co］（原冶金部标准 YW 类）。

① K 类合金 K 类合金抗弯强度与韧性比 P 类高，能承受对刀具的冲击，可减少切削时的崩刃，但耐热性比 P 类差，因此主要用于加工铸铁、非铁材料与非金属材料。在加工脆性材料时切屑呈崩碎状。K 类合金导热性能较好，有利于降低切削温度。常用的牌号有 YG3、YG6、YG8 等，其中数字表示 Co 的质量分数。

合金中含钴量愈高，韧性愈好，适于粗加工；钴量少的用于精加工。

② P 类合金 P 类合金有较高的硬度，特别是有较好的抗黏结、抗氧化能力。它主要用于加工以钢为代表的塑性材料。加工钢时塑性变形大、摩擦剧烈，切削温度较高。P 类合金磨损慢，刀具寿命高。合金中含 TiC 量较多者，含 Co 量就少，耐磨性、耐热性就更好，适合精加工。但含 TiC 量较少者，则适合粗加工。常用的牌号有 YT5、YT15、YT30 等，其中数字表示 TiC 的质量分数。

③ M 类合金 M 类合金加入了适量稀有难熔金属碳化物，以提高合金的性能。其中效果显著的是加入 TaC 或 NbC，一般质量分数在 4% 左右。

TaC 或 NbC 在合金中的主要作用是提高合金的高温硬度与高温强度。在 YG 类合金中加入TaC，可使800℃时强度提高约0.15～0.2GPa。在YT类合金中加入TaC，可使高温硬度提高约50～100HV。

为了克服常用硬质合金强度和韧性低、脆性大、易崩刃的缺点，常采用如下措施改善其性能：

调整化学成分。增添少量的碳化钽（TaC）、碳化铌（NbC），使硬质合金既有高的硬度又有好的韧性。

细化合金的晶粒。如超细晶粒硬质合金，硬度可达90～93HRC，抗弯强度可达2.0GPa。

采用涂层刀片。在韧性较好的硬质合金（如YG类）基体表面，涂敷5～10μm厚的一层TiC或TiN，以提高其表层的耐磨性。

3. 新型刀具材料

近年来，随着高硬度难加工材料的出现，对刀具材料提出了更高的要求，这就推动了刀具新材料的不断开发。

（1）陶瓷　陶瓷是以氧化铝（Al_2O_3）或氮化硅（Si_3N_4）等为主要成分，经压制成形后烧结而成的刀具材料。陶瓷的硬度高、化学性能高、耐氧化，所以被广泛用于高速切削加工中。但由于其强度低、韧性差，长期以来主要用于精加工。

陶瓷刀具与传统硬质合金刀具相比，具有以下优点：可加工硬度高达65HRC的高硬度难加工材料；可进行扒荒粗车及铣、刨等大冲击间断切削；耐用度可提高几倍至几十倍；切削效率提高3～10倍，可实现以车、铣代磨。

（2）立方氮化硼（CBN）　立方氮化硼是20世纪70年代发展起来的一种人工合成的新型刀具材料，它是由立方氮化硼在高温、高压下加入催化剂转变而成的。其硬度很高，可达800～9000HV，仅次于金刚石，并具有很好的热稳定性，可承受1000℃以上的切削温度。其最大优点是在高温（1200～1300℃）时也不会与铁族金属起反应，因此，既能胜任淬硬钢、冷硬铸铁的粗车和精车，又能胜任高温合金、热喷涂材料、硬质合金及其他难加工材料的高速切削。

（3）人造金刚石　人造金刚石是通过合金催化剂的作用，在高温高压下由石墨转化而成，可以达到很高的硬度，显微硬度可达10000HV，因此具有很高的耐磨性，其摩擦因数小，切削刃可以做得非常锋利。但人造金刚石的热稳定性差，不得超过700～800℃，特别是它与铁元素的化学亲和力很强，因此它不宜用来加工钢铁件。人造金刚石主要用来制作模具磨料，用作刀具材料时，多用于在高速下精细车削或镗削非铁金属及非金属材料。尤其用它切削加工硬质合金、陶瓷、高硅铝合金及高硬度、高耐磨性的材料时，具有很大的优越性。

习题

1.1　什么是切削运动、主运动和进给运动？

1.2　什么是已加工表面、待加工表面和加工表面（过渡表面）？

1.3　什么是切削用量三要素？其计算方法如何？

1.4　什么是切削宽度、切削厚度和切削面积？如何计算？画图标注车削外圆时的切削层参数。

1.5　画图标注车刀的一尖、二刃、三面。

1.6 实测一把直头外圆车刀各静止参考系的刀具角度。

1.7 画图标注 45°外圆车刀的各个角度。

1.8 对刀具材料有哪些性能要求？它们对刀具的切削性能有何影响？

1.9 刀具材料主要有哪些？各种刀具材料的应用如何？

1.10 按下列用途选用刀具材料种类或牌号：(1) 45 钢锻件粗车；(2) HT1200 铸件精车；(3) 低速精车合金钢蜗杆；(4) 高速精车调质钢长轴；(5) 高速精密镗削铝合金缸套；(6) 中速车削淬硬钢轴；(7) 加工 65HRC 冷硬铸铁。

1.11 刀具有哪几种新型材料？性能如何？

项目 2
金属切削原理

> **导 读**
>
> 金属切削过程是指刀具从工件表面上切下多余金属层形成切屑和已加工表面的过程，在这个过程中产生切削变形、切削力、切削热、切削温度和刀具磨损等现象。本项目主要介绍各种现象的成因、作用和变化规律，以便为合理选用刀具和切削参数、保证加工质量、降低成本及提高生产效率打下基础。

模块 1　金属切削过程

任务 1　有效控制金属切削变形

1. 金属切削变形过程及其特点

对塑性金属进行切削时，切屑的形成过程就是切削层金属的变形过程。如图 2.1 所示为在低速直角自由切削（是指刃倾角为 0°时只有一条切削刃的切削）工件侧面时，用显微镜观察得到的切削层金属变形的情况，由该图 2.1（a）可绘制出如图 2.1（b）、（c）所示的滑移线和流线示意图。

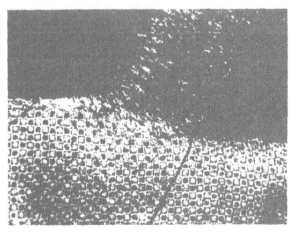
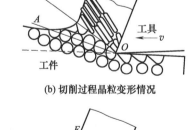
(b) 切削过程晶粒变形情况
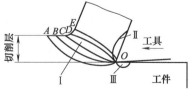
(c) 切削过程3个变形区

(a) 金属切削层变形图像

图 2.1　切屑的形成过程

当工件受到刀具的挤压以后，切削层金属在始滑移面 OA 以左发生弹性变形，愈靠近

OA 面，弹性变形愈大。在 OA 面上，应力达到材料的屈服点 σ_s，则发生塑性变形，产生滑移现象。随着刀具的连续移动，原来处于始滑移面上的金属不断向刀具靠拢，应力和变形也逐渐加大。在终滑移面 OE 上，应力和变形达到最大值。越过 OE 面，切削层金属将脱离工件基体，沿着前刀面流出而形成切屑，完成切离过程。经过塑性变形的金属，其晶粒沿大致相同的方向伸长。可见，金属切削过程实质是一种挤压过程，在这一过程中产生的许多物理现象，都是由切削过程中的变形和摩擦所引起的。

切削塑性金属材料时，刀具与工件接触的区域可分为 3 个变形区。OA 与 OE 之间是切削层的塑性变形区Ⅰ，称为第一变形区，或称基本变形区。基本变形区的变形量最大，常用它来说明切削过程的变形情况。在一般的切削速度范围内，第一变形区的宽度约为 $0.02\sim 0.2\text{mm}$，切削速度越高，其宽度越窄。

切屑与前刀面摩擦的区域Ⅱ称为第二变形区，或称摩擦变形区。切屑形成后与前刀面之间存在压力，所以沿前刀面流出时必然有很大的摩擦，因而使切屑底层又一次产生塑性变形。

工件已加工表面与后刀面接触的区域Ⅲ称为第三变形区，或称加工表面变形区。已加工表面受到切削刃钝圆部分和后面的挤压和摩擦，产生变形和回弹，造成已加工表面金属纤维化和加工硬化。

这三个变形区汇集在切削刃附近，此处的应力比较集中而复杂，金属的被切削层就在此处与工件基体发生分离，大部分变成切屑，很小一部分留在已加工表面上。

2. 切屑的种类及控制

由于工件材料不同，切削过程中的变形程度也就不同，因而产生的切屑种类也就多种多样，如图 2.2 所示，图 2.2（a）、（b）、（c）所示为切削塑性材料的切屑，图 2.2（d）所示为切削脆性材料的切屑。

（1）带状切屑　这是最常见的一种切屑［如图 2.2（a）所示］。它的内表面是光滑的，外表面是毛茸的。如用显微镜观察，在外表面上也可看到剪切面的条纹，但每个单元很薄，肉眼看来大体上是平整的。加工塑性金属材料，当切削厚度较小、切削速度较高、刀具前角较大时，一般常得到这类切屑。它的切削过程平稳、切削力波动较小、已加工表面粗糙度较小。

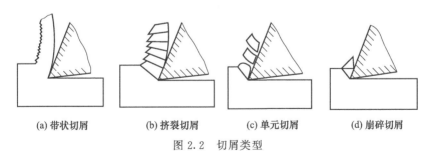

图 2.2　切屑类型
(a) 带状切屑　(b) 挤裂切屑　(c) 单元切屑　(d) 崩碎切屑

（2）挤裂切屑　这类切屑与带状切屑不同之处在于外表面呈锯齿形，内表面有时有裂纹［如图 2.2（b）所示］。这类切屑之所以呈锯齿形，是由于它的第一变形区较宽，在剪切滑移过程中滑移量较大。由滑移变形所产生的加工硬化使剪切力增加，在局部地方达到材料的破裂强度。这种切屑大多在切削速度较低、切削厚度较大、刀具前角较小时产生。

（3）单元切屑　如果在挤裂切屑的剪切面上，裂纹扩展到整个面上，则整个单元被切离，成为梯形的单元切屑［如图 2.2（c）所示］。

以上三种切屑只有在加工塑性材料时才可能得到。其中，带状切屑的切削过程最平稳，单元切屑的切削力波动最大。在生产中最常见的是带状切屑，有时得到挤裂切屑，单元切屑则很少见。假如改变挤裂切屑的条件，如进一步减小刀具前角，降低切削速度，或加大切削厚度，就可以得到单元切屑。反之，则可以得到带状切屑。这说明切屑的形态是可以随切削条件而转化的。掌握了它的变化规律，就可以控制切屑的变形、形态和尺寸，以达到卷屑和断屑的目的。

（4）崩碎切屑　这是属于脆性材料的切屑。这种切屑的形状是不规则的，加工表面是凸凹不平的［如图 2.2（d）所示］。从切削过程来看，切屑在破裂前变形很小，和塑性材料的切屑形成机理也不同，它的脆断主要是由于材料所受应力超过了它的抗拉极限。加工脆硬材料，如高硅铸铁、白口铸铁等，特别是当切削厚度较大时常得到这种切屑。由于它的切削过程很不平稳，容易破坏刀具，也有损于机床，已加工表面又粗糙，因此在生产中应力求避免。其方法是减小切削厚度，使切屑成针状或片状；同时适当提高切削速度，以增加工件材料的塑性。

以上是 4 种典型的切屑，但加工现场获得的切屑，其形状是多种多样的。在现代切削加工中，切削速度与金属切除率达到了很高的水平，切削条件很恶劣，常常产生大量"不可接受"的切屑。这类切屑或拉伤工件的已加工表面，使表面粗糙度恶化；或划伤机床，卡在机床运动副之间；或造成刀具的早期破损；有时甚至影响操作者的安全。特别对于数控机床、生产自动线及柔性制造系统，如不能进行有效的切屑控制，轻则限制了机床能力的发挥，重则使生产无法正常进行。所谓切屑控制（又称切屑处理，工厂中一般简称为"断屑"），是指在切削加工中采取适当的措施来控制切屑的卷曲、流出与折断，使形成"可接受"的良好屑形。从切屑控制的角度出发，国际标准化组织（ISO）制订了切屑分类标准（如图 2.3 所示）。

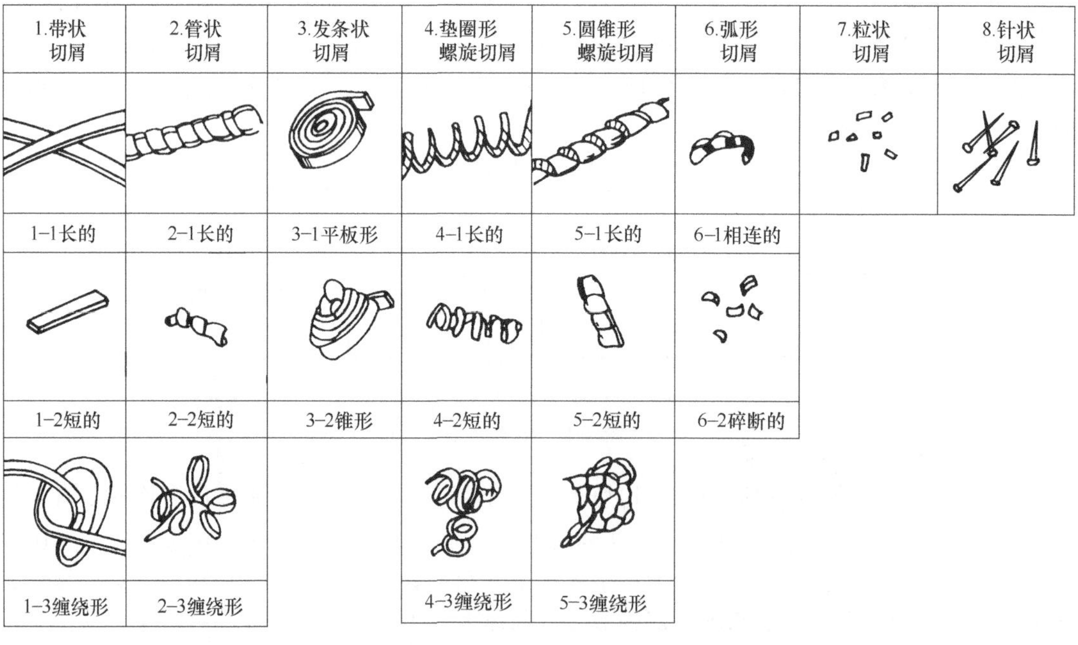

1.带状切屑	2.管状切屑	3.发条状切屑	4.垫圈形螺旋切屑	5.圆锥形螺旋切屑	6.弧形切屑	7.粒状切屑	8.针状切屑
1-1长的	2-1长的	3-1平板形	4-1长的	5-1长的	6-1相连的		
1-2短的	2-2短的	3-2锥形	4-2短的	5-2短的	6-2碎断的		
1-3缠绕形	2-3缠绕形		4-3缠绕形	5-3缠绕形			

图 2.3　国际标准化组织（ISO）的切屑分类法

衡量切屑可控性的主要标准是：不妨碍正常的加工，即不缠绕在工件、刀具上，不飞溅到机床运动部件中；不影响操作者的安全；易于清理、存放和搬运。ISO 分类法中的 3-1、2-2、3-2、4-2、5-2、6-2 类切屑单位重量所占空间小，易于处理，属于良好的屑形。对于不同的加工场合，例如不同的机床、刀具或者不同的被加工材料，有相应的可接受屑形。因而，在进行切屑控制时，要针对不同情况采取相应的措施，以得到相应的可接受的良好屑形。

在实际加工中，应用最广的是使用可转位刀具，并且在前刀面上磨制出断屑槽或使用压块式断屑器。

任务 2 有效控制积屑瘤

1. 积屑瘤现象

在切削速度不高而又能形成连续切屑的情况下，加工一般钢料或其他塑性材料时，常常在前刀面处粘着一块剖面有时呈三角状的硬块。它的硬度很高，通常是工件材料的 2~3 倍，在处于比较稳定的状态时，能够代替切削刃进行切削。这块冷焊在前刀面上的金属称为积屑瘤或刀瘤。它形成在第 II 变形区，是由摩擦和变形形成的物理现象。积屑瘤剖面的金相磨片如图 2.4 所示。

2. 积屑瘤作用

积屑瘤对切削加工的好处是能保护刀刃刃口，增大实际工作前角（如图 2.5 所示），减小切削变形、切削力和切削热。坏处是造成过切，加剧了前刀面的磨损，造成切削力的波动，影响加工精度和表面粗糙度。积屑瘤对粗加工是有利的，对于精加工则相反。

图 2.4 积屑瘤现象

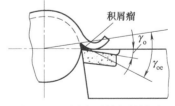

图 2.5 积屑瘤对前角的影响

3. 减小或避免积屑瘤的措施

① 避免采用产生积屑瘤的速度进行切削，即宜采用低速或高速切削，但低速加工效率低，故多用高速切削。

② 采用大前角刀具切削，以减少刀具与切屑接触的压力。

③ 提高工件的硬度，减少加工硬化倾向。

④ 减少进给量，减少前刀面的粗糙度值，合理使用切削液等。

模块 2　切削力和切削功率

任务 1　有效控制切削力

分析和计算切削力,是计算功率消耗,进行机床、刀具、夹具的设计,制订合理的切削用量、优化刀具几何参数的重要依据。在自动化生产中,还可通过切削力来监控切削过程和刀具工作状态,如刀具折断、磨损、破损等。

在金属切削时,刀具切入工件,使被加工材料发生变形并成为切屑所需的力,称为切削力。由前面对切削变形的分析可知,切削力来源于三个方面(如图 2.1 所示):

① 克服被加工材料弹性变形的抗力;
② 克服被加工材料塑性变形的抗力;
③ 克服切屑对前刀面的摩擦力和刀具后刀面对过渡表面与已加工表面之间的摩擦力。

上述各力的总和形成作用在刀具上的合力 F。为了实际应用,F 可分解为相互垂直的 F_f、F_p、F_c 三个分力(如图 2.6 所示)。

在车削时:

F_c——主切削力或切向力。它的方向与过渡表面相切并与基面垂直。F_c 是计算车刀强度,设计机床零件,确定机床功率所必需的。

F_f——进给力、轴向力。它是处于基面内并与工件轴线平行、与进给方向相反的力。F_f 是设计进给机构,计算车刀进给功率所必需的。

F_p——背向力。它是处于基面内并与工件轴线垂直的力。F_p 用来确定与工件加工精度有关的工件挠度,计算机床零件和车刀强度。工件在切削过程中产生的振动往往与 F_p 有关。

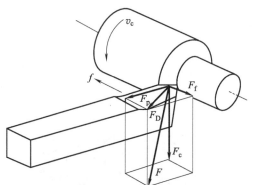

图 2.6　切削合力和分力

由图 2.6 可以看出:

$$F=\sqrt{F_c^2+F_D^2}=\sqrt{F_c^2+F_f^2+F_p^2} \tag{2-1}$$

式中　F_D——总合力在切削层尺寸平面上的投影。

根据实验,当 $k_r=45°$,$\lambda_s=0°$ 和 $\gamma_o\approx15°$ 时,F_f 和 F_p 之间有以下近似关系:

$$F_p=(0.4\sim0.5)F_c$$
$$F_f=(0.3\sim0.4)F_c$$

由此可得:

$$F=(1.12\sim1.18)F_c$$

随车刀材料、车刀几何参数、切削用量、工件材料和车刀磨损情况的不同,F_f、F_p、F_c 之间的比例可在较大范围内变化。

1. 切削力的测量

对于一种具体的切削条件(如工件材料、切削用量、刀具材料和刀具几何角度以及周围介质等),切削力究竟有多大?关于切削力的理论计算,近百余年来国内外学者作了大量的工作。但由于实际的金属切削过程非常复杂,影响因素很多,因而现有的一些理论公式都是在一些假设的基础上得出的,还存在着较大的缺点,计算结果与实验结果不能很好地吻合。

所以在生产实际中,切削力的大小一般采用由实验结果建立起来的经验公式计算。在需要较为准确地知道某种切削条件下的切削力时,还需进行实际测量。随着测试手段的现代化,切削力的测量方法有了很大的发展,在很多场合下已经能很精确地测量切削力。

目前采用的切削力测量手段主要有以下几方面:

(1) 测定机床功率,计算切削力　用功率表测出机床电动机在切削过程中所消耗的功率 P_e 后,计算出切削功率 P_c。这种方法只能粗略估算切削力的大小,不够精确。当要求精确知道切削力的大小时,通常采用测力仪直接测量。

(2) 用测力仪测量切削力　测力仪的测量原理是利用切削力作用在测力仪的弹性元件上所产生的变形,或作用在压电晶体上产生的电荷经过转换处理后,读出 F_c、F_f 和 F_p 的值。近代先进的测力仪常与微机配套使用,直接进行数据处理,自动显示被测力值和建立切削力的经验公式。在自动化生产中,还可利用测力传感装置产生的信号优化和监控切削过程。

按测力仪的工作原理可以分为机械、液压和电气测力仪。目前常用的是电阻应变片式测力仪和压力测力仪。如图 2.7 所示为计算机辅助测量切削力的系统框图。

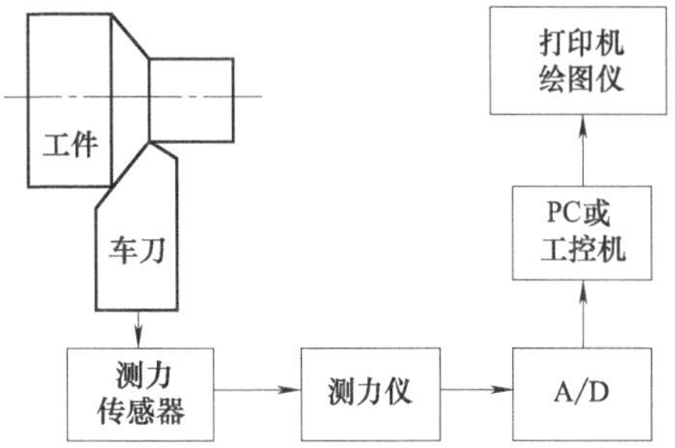

2. 切削力的经验公式和切削力估算

目前,人们已经积累了大量的切削力实验数据,对于一般加工方法,如车削、孔加工和铣削等已建立起了可直接利用的经验公式。常用的经验公式约可分为两类:一类是指数公式;一类是按单位切削力进行计算的公式。

图 2.7 车削力计算机辅助测量系统框图

(1) 计算切削力的指数公式　在金属切削中广泛应用指数公式计算切削力。常用的指数公式的形式为:

$$F_c = C_{F_c} a_p^{x_{F_c}} f^{y_{F_c}} v_c^{n_{F_c}} K_{F_c} \tag{2-2}$$

$$F_p = C_{F_p} a_p^{x_{F_p}} f^{y_{F_p}} v_c^{n_{F_p}} K_{F_p} \tag{2-3}$$

$$F_f = C_{F_f} a_p^{x_{F_f}} f^{y_{F_f}} v_c^{n_{F_f}} K_{F_f} \tag{2-4}$$

式中　C_{F_c}, C_{F_p}, C_{F_f} ——系数,由被加工的材料性质和切削条件所决定;

x_{F_c}, y_{F_c}, n_{F_c}; x_{F_p}, y_{F_p}, n_{F_p}; x_{F_f}, y_{F_f}, n_{F_f} ——分别为三个分力公式中,背吃刀量 a_p、进给量 f 和切削速度 v_c 的指数;

K_{F_c}, K_{F_p}, K_{F_f} ——分别为三个分力公式中,当实际加工条件与求得经验公式时的条件不符时,各种因素对切削力的修正系数的积。

式(2-2)~式(2-4)中的系数 C_{F_c}、C_{F_p}、C_{F_f} 和指数 x_{F_c}、y_{F_c}、n_{F_c}、x_{F_p}、y_{F_p}、n_{F_p}、x_{F_f}、y_{F_f}、n_{F_f} 可在切削用量手册中查得。手册中的数值是在特定的刀具几何参数(包括几何角度和刀尖圆弧半径等)下针对不同的加工材料、刀具材料和加工形式,由大量的实验结果处理而来的。表 2.1 列出了计算车削切削力的指数公式中的系数和指数,其中对硬质合金刀具 $\kappa_r = 45°$,$\gamma_o = 10°$,$\lambda_s = 0°$;对高速钢刀具 $\kappa_r = 45°$,$\gamma_o = 20° \sim 25°$,刀尖圆弧半径 $r_\varepsilon = 1.0$mm。当刀具的几何参数及其他条件与上述不符时,各个因素都可用相应的修正系数进行修正,对于 F_c、F_f 和 F_p,所有相应修正系数的乘积就是 K_{F_c}、K_{F_f}、K_{F_p},各个修正系数的值或者计算公式也可由切削用量手册查得。

表 2.1 计算车削切削力的指数公式中的系数和指数

加工材料	刀具材料	加工形式	切削力 F_c				背向力 F_p				进给力 F_f			
			C_{F_c}	x_{F_c}	y_{F_c}	n_{F_c}	C_{F_p}	x_{F_p}	y_{F_p}	n_{F_p}	C_{F_f}	x_{F_f}	y_{F_f}	n_{F_f}
结构钢及铸钢 $\sigma_b=0.637$GPa	硬质合金	外圆纵车、横车及镗孔	1433	1.0	0.75	−0.15	572	0.9	0.6	−0.3	561	1.0	0.5	−0.4
		切槽及切断	3600	0.72	0.8	0	1393	0.73	0.67	0	—	—	—	—
		切螺纹	23879	—	1.7	0.71	—	—	—	—	—	—	—	—
	高速钢	外圆纵车、横车及镗孔	1766	1.0	0.75	0	922	0.9	0.75	0	530	1.2	0.65	0
		切槽及切断	2178	1.0	1.0	0	—	—	—	—	—	—	—	—
		成形车削	1874	1.0	0.75	0	—	—	—	—	—	—	—	—
不锈钢 1Cr18Ni9Ti 141HBS	硬质合金	外圆纵车、横车及镗孔	2001	1.0	0.75	0	—	—	—	—	—	—	—	—
灰铸铁 190HBS	硬质合金	外圆纵车、横车及镗孔	903	1.0	0.75	0	530	0.9	0.75	0	451	1.0	0.4	0
		切螺纹	29013	—	1.8	0.82	—	—	—	—	—	—	—	—
	高速钢	外圆纵车、横车及镗孔	1118	1.0	0.75	0	1167	0.9	0.75	0	500	1.2	0.65	0
		切槽及切断	1550	1.0	1.0	0	—	—	—	—	—	—	—	—
可锻铸铁 150HBS	硬质合金	外圆纵车、横车及镗孔	795	1.0	0.75	0	422	0.9	0.75	0	373	1.0	0.4	0
	高速钢	外圆纵车、横车及镗孔	981	1.0	0.75	0	863	0.9	0.75	0	392	1.2	0.65	0
		切槽及切断	1364	1.0	1.0	0	—	—	—	—	—	—	—	—
中等硬质不均质铜合金 120HBS	高速钢	外圆纵车、横车及镗孔	540	1.0	0.66	0	—	—	—	—	—	—	—	—
		切槽及切断	736	1.0	1.0	0	—	—	—	—	—	—	—	—
铝及铝硅合金	高速钢	外圆纵车、横车及镗孔	392	1.0	0.75	0	—	—	—	—	—	—	—	—
		切槽及切断	491	1.0	1.0	0	—	—	—	—	—	—	—	—

由表2.1可见，除切螺纹外，切削力 F_c 中切削速度 v_c 的指数 n_{F_c} 几乎全为0，这说明切削速度对切削力影响不明显（经验公式中反映不出来）。这一点在后面还要进行说明。对于最常见的外圆纵车、横车或镗孔，$x_{F_c}=1.0$，$y_{F_c}=0.75$，这是一组典型的值，不仅计算切削力有用，还可用于分析切削中的一些现象。

现在，就可以容易地估算某种具体加工条件下的切削力和切削功率了。例如用YT15硬质合金车刀外圆纵车 $\sigma_b=0.637\text{GPa}$ 的结构钢，车刀几何参数为：$\kappa_r=45°$，$\gamma_o=10°$，$\lambda_s=0°$，切削用量 $a_p=4\text{mm}$，$f=0.4\text{mm/r}$，$v_c=1.7\text{m/s}$。把由表2.1查出的系数和指数代入式（2-2）～式（2-4）（由于所给条件与表2.1条件相同，故 $K_{F_c}=K_{F_p}=K_{F_f}=1$）

$$F_c = C_{F_c} a_p^{x_{F_c}} f^{y_{F_c}} v_c^{n_{F_c}} = (1433 \times 4^{1.0} \times 0.4^{0.75} \times 1.7^{-0.15} \times 1)\text{N} = 2662.5\text{N}$$

$$F_p = C_{F_p} a_p^{x_{F_p}} f^{y_{F_p}} v_c^{n_{F_p}} = (572 \times 4^{0.9} \times 0.4^{0.6} \times 1.7^{-0.3} \times 1)\text{N} = 980.3\text{N}$$

$$F_f = C_{F_f} a_p^{x_{F_f}} f^{y_{F_f}} v_c^{n_{F_f}} = (561 \times 4^{1.0} \times 0.4^{0.5} \times 1.7^{-0.4} \times 1)\text{N} = 1147.8\text{N}$$

由式（2-7）得，切削功率 P_c 为：

$$P_c = F_c v_c \times 10^{-3} = (2662.5 \times 1.7 \times 10^{-3})\text{kW} \approx 4.5\text{kW}$$

(2) 按单位切削力计算切削力　单位切削力是指单位切削面积上的切削力：

$$k_c = \frac{F_c}{A_c} = \frac{F_c}{a_p f} = \frac{F_c}{a_c a_w} \tag{2-5}$$

式中　k_c——单位切削力，N/mm^2；

A_c——切削面积，mm^2；

a_p——背吃刀量，mm；

f——进给量，mm/r；

a_c——切削厚度，mm；

a_w——切削宽度，mm。

如单位切削力为已知，则可由式（2-5）求出切削力 F_c。

任务2　有效控制切削功率

消耗在切削过程中的切削功率称为有效控制切削功率 P_e。切削功率为力 F_c 和 F_f 所消耗的功率之和，因 F_p 方向没有位移，所以不消耗功率。于是：

$$P_e = \left(F_c v_c + \frac{F_f n_w f}{1000}\right) \times 10^{-3} \tag{2-6}$$

式中　P_e——切削功率，kW；

F_c——主切削力，N；

v_c——切削速度，m/s；

F_f——进给力，N；

n_w——工件转速，r/s；

f——进给量，mm/r。

在切削力的计算公式中，右侧的第二项是消耗在进给运动中的功率，它相对于 F_c 所消耗的功率很小，一般为1%～2%，因此可以略去不计，则：

$$P_e \approx P_c = F_c v_c \times 10^{-3} \tag{2-7}$$

在求得切削功率后，还可以计算出主运动电动机的功率 P_E，但需要考虑机床的传动效

率 η，即：

$$P_E \geq \frac{P_c}{\eta} \tag{2-8}$$

一般 η 取为 $0.75\sim0.85$，大值适用于新机床，小值适用于旧机床。

模块 3 切削热和切削温度

任务 1 有效控制切削温度

1. 切削热的产生和传导

切削热是切削过程中的重要物理现象之一。切削时所消耗的能量，除了 1%～2% 用以形成新表面和以晶格扭曲等形式形成潜藏能外，有 98%～99% 转换为热能，因此可以近似地认为切削时所消耗的能量全部转换为热。大量的切削热使得切削温度升高，这将直接影响刀具前刀面上的摩擦因数、积屑瘤的形成和消退、刀具的磨损、工件加工精度和已加工表面质量等，所以研究切削热和切削温度也是分析工件加工质量和刀具寿命的重要内容。

被切削的金属在刀具的作用下，发生弹性和塑性变形而耗功，这是切削热的一个重要来源。此外，切屑与前刀面、工件与后刀面之间的摩擦也要耗功，也产生出大量的热量。因此，切削时共有三个发热区域，即剪切面、切屑与前刀面接触区、后刀面与过渡表面接触区（如图 2.8 所示），三个发热区与三个变形区相对应，所以，切削热的来源就是切屑变形功和前、后刀面的摩擦功。

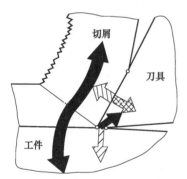

图 2.8 切削热的产生与传导

切削塑性材料时，变形和摩擦都比较大，所以发热较多。切削速度提高时，因切屑的变形减小，所以塑性变形产生的热量百分比降低，而摩擦产生热量的百分比增高，切削脆性材料时，后刀面上摩擦产生的热量在切削热中所占的百分比增大。

对磨损量较小的刀具，后刀面与工件的摩擦较小，所以在计算切削热时，如果将后刀面的摩擦功所转化的热量忽略不计，则切削时所做的功，可按下式计算：

$$P_c = F_c v_c$$

式中 P_c——切削功率，也是每秒所产生的切削热，J/s。

在用硬质合金车刀车削 $\sigma_b = 0.637 \text{GPa}$ 的结构钢时，将切削力 F_c 的经验公式代入后得：

$$P_c = F_c v_c = C_{F_c} a_p f^{0.75} v_c^{-0.15} K_{F_c} v_c = C_{F_c} a_p f^{0.75} v_c^{0.85} K_{F_c} \tag{2-9}$$

由式（2-9）可知，在切削用量中 a_p 增加一倍时，P_c 相应地增大一倍，因而切削热也增大一倍；切削速度 v_c 的影响次之，进给量 f 的影响最小；其他因素对切削热的影响和它们对切削力的影响完全相同。

切削区域的热量被切屑、工件、刀具和周围介质传出。向周围介质直接传出的热量，由于切削（不用切削液）时，所占比例在 1% 以下，故在分析和计算时可忽略不计。

工件材料的导热性能是影响热量传导的重要因素。工件材料的热导率越低，通过工件和切屑传导出去的切削热量越少，这就必然会使通过刀具传导出去的热量增加。例如切削航空工业中常用的钛合金时，因为它的热导率只有碳素钢的 1/3～1/4，切削产生的热量不易传出，切削温度因而随之增高，刀具就容易磨损。

刀具材料的热导率较高时，切削热易从刀具方面导出，切削区域温度随之降低，这有利于刀具寿命的提高。切屑与刀具接触时间的长短，也影响刀具的切削温度。外圆车削时，切屑形成后迅速脱离车刀而落入机床的容屑盘中，故切屑的热量传给刀具不多。钻削或其他半封闭式容屑的切削加工，切屑形成后仍与刀具及工件相接触，切屑将所带的切削热再次传给工件和刀具，使切削温度升高。

切削热由切屑、刀具、工件及周围介质传出的比例，可举例如下：

① 车削加工时，切屑带走的切削热为 50%～86%，车刀传出 40%～10%，工件传出 9%～3%，周围介质（如空气）传出 1%。切削速度愈高或切削厚度愈大，则切屑带走的热量愈多。

② 钻削加工时，切屑带走切削热 28%，刀具传出 14.5%，工件传出 52.3%，周围介质传出 5%。

2. 切削温度的测量

上面分析讨论了切削热的产生与传导。尽管切削热是切削温度升高的根源，但直接影响切削过程的却是切削温度。切削温度一般指前刀面与切屑接触区域的平均温度。前刀面的平均温度可近似地认为是剪切面的平均温度和前刀面与切屑接触面摩擦温度之和。

与切削力不同，对于切削温度已经有很多理论推算方法可以较为准确地（与实验结果比较一致）计算，但这些方法都具有一定的局限性，且应用较繁。值得指出的是，现在已经可以用有限元方法求出切削区域的近似温度场，但由于工程问题的复杂性，难免有一些假设。所以，最为可靠的方法是对切削温度进行实际测量。切削温度的测量是切削实验研究中的重要技术，不但可以用该项技术直接研究各因素对切削温度的影响，也可用来校核切削温度理论计算的准确性，以评判理论计算方法的正确性，在现代生产过程中，还可以把测得的切削温度作为控制切削过程的信号源。

切削温度的测量方法很多，大致可分为热电偶法、辐射温度计法以及其他测量方法。目前应用较广的是自然热电偶法和人工热电偶法。

3. 影响切削温度的主要因素

根据理论分析和大量的实验研究可知，切削温度主要受切削用量、刀具几何参数、工件材料、刀具磨损和切削液的影响。以下对这几个主要因素加以分析。

(1) 切削用量的影响　实验得出的切削温度经验公式如下：

$$\theta = C_\theta v_c^{z_\theta} f^{y_\theta} a_p^{x_\theta} \tag{2-10}$$

式中　　θ——实验测出的前刀面接触区平均温度，℃；

C_θ——切削温度系数；

v_c——切削速度，m/mm；

f——进给量，mm/r；

a_p——背吃刀量，mm；

z_θ、y_θ、x_θ——相应的指数。

实验得出，用高速钢和硬质合金刀具切削中碳钢时，切削温度系数 C_θ 及指数 z_θ、y_θ、x_θ 见表 2.2。

表 2.2 切削温度的系数及指数

刀具材料	加工方法	C_θ	z_θ		y_θ	x_θ
高速钢	车削	140~170	0.35~0.45		0.2~0.3	0.08~0.10
	铣削	80				
	钻削	150				
硬质合金	车削	320	f/(mm/r)	z_θ	0.15	0.05
			0.1	0.41		
			0.2	0.31		
			0.3	0.26		

分析各因素对切削温度的影响,主要应从这些因素对单位时间内产生的热量和传出的热量的影响入手。如果产生的热量大于传出的热量,则这些因素将使切削温度增高;某些因素使传出的热量增大,则这些因素将使切削温度降低。

由表 2.2 可知,在切削用量三要素中,v_c 的指数最大,f 次之,a_p 最小。这说明切削速度对切削温度影响最大,随切削速度的提高,切削温度迅速上升。而背吃刀量 a_p 变化时,散热面积和产生的热量亦作相应变化,故 a_p 对切削温度的影响很小。因此为了有效地控制切削温度以提高刀具寿命,在机床允许的条件下,选用较大的背吃刀量和进给量,比选用大的切削速度更为有利。

(2) 工件材料的影响　工件材料对切削温度的影响与材料的强度、硬度及导热性有关。材料的强度、硬度愈高,切削时消耗的功愈多,切削温度也就愈高。材料的导热性好,可以使切削温度降低。例如,合金结构钢的强度普遍高于 45 钢,而热导率又多低于 45 钢,故切削温度一般均高于切削 45 钢的切削温度。

(3) 刀具角度的影响　前角和主偏角对切削温度影响较大。前角加大,变形和摩擦减小,因而切削热少。但前角不能过大,否则刀头部分散热体积减小,不利于切削温度的降低。主偏角减小将使切削刃工作长度增加,散热条件改善,因而使切削温度降低。

(4) 刀具磨损的影响　在后刀面的磨损值达到一定数值后,对切削温度的影响增大;切削速度愈高,影响就愈显著。合金钢的强度大,热导率小,所以切削合金钢时刀具磨损对切削温度的影响,就比切削碳素钢时大。

(5) 切削液的影响　切削液对切削温度的影响,与切削液的导热性能、比热容、流量、浇注方式以及本身的温度有很大的关系。从导热性能来看,油类切削液不如乳化液,乳化液不如水基切削液。如果用乳化液来代替油类切削液,加工生产率可提高 50%~100%。

流量充沛与否对切削温度的影响很大。切削液本身的温度越低,就能越明显地降低切削温度,如果将室温(20℃)的切削液降温至 5℃,则刀具寿命可提高 50%。

4. 切削温度对工件、刀具和切削过程的影响

切削温度高是刀具磨损的主要原因,它将限制生产率的提高;切削温度还会使加工精度降低,使已加工表面产生残余应力以及其他缺陷。

(1) 切削温度对工件材料强度和切削力的影响　切削时的温度虽然很高,但是切削温度对工件材料硬度及强度的影响并不很大;切削温度对剪切区域的应力影响不很明显。这一方面是因为在切削速度较高时,变形速度很高,其对增加材料强度的影响,足以抵消高的切削温度使材料强度降低的影响;另一方面,切削温度是在切削变形过程中产生的,因此对剪切面上的应力应变状态来不及产生很大的影响,只对切屑底层的剪切强度产生影响。

工件材料预热至 500~800℃后进行切削时,切削力下降很多。但在高速切削时,切削

温度经常达到 800~900℃，切削力下降却不多，这也间接证明，切削温度对剪切区域内工件材料强度影响不大。目前加热切削是切削难加工材料的一种较好的方法。

(2) 对刀具材料的影响　适当地提高切削温度，对提高硬质合金的韧性是有利的。硬质合金在高温时，冲击强度比较高，因而硬质合金不易崩刃，磨损强度亦将降低。实验证明，各类刀具材料在切削各种工件材料时，都有一个最佳切削温度范围。在最佳切削温度范围内，刀具的寿命最高，工件材料的切削加工性也符合要求。

(3) 对工件尺寸精度的影响　车削外圆时，工件本身受热膨胀，直径发生变化，切削后冷却至室温，就可能不符合要求的加工精度。

刀杆受热膨胀，切削时实际背吃刀量增加使直径减小。

工件受热变长，但因夹固在机床上不能自由伸长而发生弯曲，车削后工件中部直径变化。

在精加工和超精加工时，切削温度对加工精度的影响特别突出，所以必须注意降低切削温度。

(4) 利用切削温度自动控制切削速度或进给量　上面已经提到，各种刀具材料切削不同的工件材料都有一个最佳切削温度范围。因此，可利用切削温度来控制机床的转速或进给量，保持切削温度在最佳范围内，以提高生产率及工件表面质量。

(5) 利用切削温度与切削力控制刀具磨损　运用刀具-工件热电偶，能在几分之一秒内指示出一个较显著的刀具磨损的发生。跟踪切削过程中的切削力以及切削分力之间比例的变化，也可反映切屑碎断、积屑瘤变化或刀具前、后刀面及钝圆处的磨损情况。切削力和切削温度这两个参数可以互相补充，以用于分析切削过程的状态变化。

任务 2　合理选择切削液

在切削加工中，合理使用切削液可改善切屑、工件和刀具之间的摩擦状况，降低切削力和切削温度，延长刀具使用寿命，并能减小工件热变形，控制积屑瘤和鳞刺的生长，从而提高加工精度，改善已加工表面质量。

1. 切削液的作用

(1) 切削液的冷却作用　切削液能降低切削温度，从而可以提高刀具使用寿命和加工质量。在刀具材料的耐磨性较差、工件材料的热膨胀系数较大以及二者的导热性较差的情况下，切削热的冷却作用尤为重要。切削液冷却性能的好坏，取决于它的热导率、比热容、汽化热、汽化速度、流量、流速等。水溶液的冷却性能最好，油类最差，乳化液介于二者之间。

(2) 切削液的润滑作用　金属切削时切屑、工件与刀具界面的摩擦可分为干摩擦、流体润滑摩擦和边界润滑摩擦三类。不用切削液（干摩擦），则形成金属与金属的干摩擦，此时摩擦系数较大。如果在加切削液后，切屑、工件与刀面之间形成完全的润滑油膜，金属直接接触面积很小或接近于零，则成为流体润滑。流体润滑时摩擦系数很小。但在很多情况下，由于切屑、工件与刀具界面承受载荷（压力很高），温度也较高，流体油膜大部分被破坏，造成部分金属直接接触；由于润滑液的渗透和吸附作用，部分接触面仍存在着润滑液的吸附膜，起到降低摩擦系数的作用，这种状态称之为边界润滑摩擦。边界润滑摩擦时的摩擦系数大于流体润滑，但小于干切削。金属切削加工中，大多属于边界润滑。一般的切削油在200℃左右即失去流体润滑能力，此时形成低温低压边界润滑摩擦；而在某些切削条件下，切屑、刀具界面间可达到 600~1000℃ 高温和 1.47~1.96GPa 的高压，形成了高温高压边界润滑，或称极压润滑。在切削液中加入极压添加剂可形成极压化学吸附膜。切削液的润滑性能与其渗透性以及行程吸附膜的牢固程度有关。

（3）切削液的清洗作用　在切削铸铁或磨削时，会产生碎屑或粉屑，极易进入机床导轨面，所以要求切削液能将其冲洗掉。清洗性能的好坏取决于切削液的渗透性、流动性和压力。为了改善切削液的清洗性能，应加入剂量较大的表面活性剂和少量矿物油，制成水溶液或乳化液来提高其清洗效果。

（4）切削液的防锈作用　为了减小工件、机床、刀具受周围介质（水、空气等）的腐蚀，要求切削液具有一定的防锈作用。防锈作用的好坏取决于切削液本身的性能和加入的防锈剂的作用。

除上述作用外，切削液还有满足廉价，配置方便，性能稳定，不污染环境和对人体无害等要求。

2. 切削液的种类

金属切削加工中常用的切削液分为三大类：水溶液、乳化液和切削油。

（1）水溶液　水溶液的主要成分是水，其冷却性能好，呈现透明状。但是单纯的水易使金属生锈，且润滑性能欠佳。因此，经常在水溶液中加入一定量的添加剂，使其既能保持冷却性能又有良好的防锈性能和一定的润滑性能。水溶液冷却性能最好，常在磨削中使用。

（2）乳化液　它是将乳化油用水稀释而成，呈乳白色，为使油和水混合均匀，常加入一定量的乳化剂（如油酸钠皂等）。乳化液具有良好的冷却和清洗性能，并且有一定的润滑性能，适用于粗加工及磨削。

（3）切削油　它主要是矿物油，特殊情况下也采用动、植物油或复合油，其润滑性能好，但冷却性能差，常用于精加工工序。切削液的品种很多，性能各异，通常应根据加工性质、工件材料和刀具材料等来选择合适的切削液，才能收到良好的效果。

3. 切削液的选择

粗加工时，主要要求冷却，也希望降低一些切削力及切削功率，一般应选用冷却作用较好的切削液，如低浓度的乳化液等。精加工时，主要希望提高工件的表面质量和减少刀具磨损，一般应选用润滑作用较好的切削液，如高浓度的乳化液或切削油等。

加工一般钢材时，通常选用乳化液或硫化切削油。加工铜合金和有色金属时，一般不宜采用含硫化油的切削液，以免腐蚀工件。加工铸铁、青铜、黄铜等脆性材料时，为避免崩碎切屑进入机床运动部件之间，一般不使用切削液。在低速精加工（如宽刀精刨、精铰、攻螺纹）时，为了提高工件的表面质量，可用煤油作为切削液。

高速钢刀具的耐热性较差，为了提高刀具的耐用度，一般要根据加工性质和工件材料选用合适的切削液。硬质合金刀具由于耐热性和耐磨性都较好，一般不用切削液。

4. 切削液的使用方法

（1）浇注法　切削加工时，切削液以浇注法使用最多。这种方法使用方便，设备简单，但流速慢、压力低，难于直接渗透入最高温度区，因此，冷却效果不理想。

（2）高压冷却法　高压冷却法是利用高压（1～10MPa）切削液直接作用于切削区周围进行冷却润滑并冲走切屑，效果比浇注法好得多。深孔加工中的切削液常用高压冷却法。

（3）喷雾冷却法　喷雾冷却法是以 0.3～0.6MPa 的压缩空气，通过喷雾装置使切削液雾化，高速喷射到切削区。高速气流带着雾化成微小液滴的切削液，渗透到切削区，在高温下迅速汽化，吸收大量热，从而获得良好的冷却效果。

模块 4 ▶ 刀具磨损与刀具寿命

任务 1 控制刀具损坏的措施

1. 刀具磨损的形态及原因

(1) 刀具磨损形态 切削金属时，刀具一方面切下切屑，另一方面刀具本身也要发生损坏。刀具损坏到一定程度，就要换刀或更换新的切削刃，才能进行正常切削。刀具损坏的形式主要有磨损和破损两类。前者是连续的逐渐磨损；后者包括脆性破损（如崩刃、碎断、剥落、裂纹破损等）和塑性破损两种。刀具磨损后，使工件加工精度降低，表面粗糙度增大，并导致切削力加大、切削温度升高，甚至产生振动，不能继续正常切削。因此，刀具磨损直接影响加工效率、质量和成本。刀具磨损的形式有以下几种。

① 前刀面磨损 切削塑性材料时，如果切削速度和切削厚度较大，由于切屑与前刀面完全是新鲜表面相互接触和摩擦，化学活性很高，反应很强烈；如前所述，接触面又有很高的压力和温度，接触面积中有80%以上是实际接触，空气或切削液渗入比较困难，因此在前刀面上形成月牙洼磨损（如图2.9所示）；开始时前缘离切削刃还有一小段距离，以后逐渐向前、后扩大，但长度变化并不显著（取决于切削宽度），主要是深度不断增大，其最大深度的位置即相当于切削温度最高的地方。图2.10所示是月牙洼磨损的发展过程。当月牙洼宽度发展到其前缘与切削刃之间的棱边变得很窄时，切削刃强度降低，易导致切削刃破损。刀具磨损测量位置如图2.11所示，前刀面月牙洼磨损值以其最大深度 KT 表示 [如图2.11 (a) 所示]。

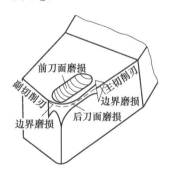

图2.9 刀具的磨损形态

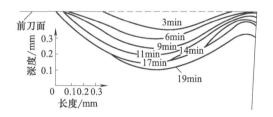

图2.10 前刀面的磨损痕迹随时间的变化

② 后刀面磨损 切削时，工件的新鲜加工表面与刀具后刀面接触，相互摩擦，引起后刀面磨损。后刀面虽然有后角，但由于切削刃不是理想的锋利，而有一定的钝圆，后刀面与工件表面的接触压力很大，存在着弹性和塑性变形；因此，后刀面与工件实际上是小面积接触，磨损就发生在这个接触面上。切削铸铁和以较小的切削厚度切削塑性材料时，主要发生这种磨损，后刀面磨损带往往是不均匀的，其磨损值以最大平均磨损长度 [如图2.11 (b) 所示] VB_{max} 表示。

③ 边界磨损 切削钢料时，常在主切削刃靠近工件外表皮处以及副切削刃靠近刀尖处的后刀面上，磨出较深的沟纹。此两处分别是在主、副切削刃与工件待加工或已加工表面接触的地方 [如图2.11 (b) 所示]。

(2) 刀具磨损原因

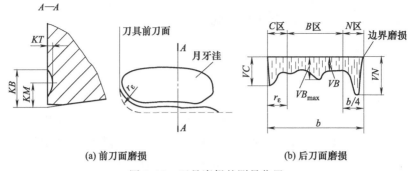

(a) 前刀面磨损　　　　(b) 后刀面磨损

图 2.11　刀具磨损的测量位置

① 磨料磨损　磨料磨损是由于工件材料中的杂质、材料基体组织中的碳化物、氮化物和氧化物等硬质点对刀具表面的刻划作用引起的机械磨损。在各种切削速度下，刀具都存在磨料磨损。在低速切削时，其他各种形式的磨损还不显著，磨料磨损便成为刀具磨损的主要原因。一般认为，磨料磨损量与切削路程成正比。

② 黏结磨损　黏结是指刀具与工件材料接触达到原子间距离时所产生的黏结现象，又称冷焊。在切削过程中，由于刀具与工件材料的摩擦面上具有高温、高压和新鲜表面的条件，极易发生黏结。在继续相对运动时，黏结点受到较大的剪切或拉伸应力而被破裂，一般发生于硬度较低的工件材料一侧。但刀具材料往往因为存在组织不均匀，内应力、微裂纹以及空隙、局部软点等缺陷，所以刀具表面常发生破裂而被工件材料带走，形成黏结磨损。各种刀具材料都会发生黏结磨损。例如，硬质合金刀具切削钢件时，在形成不稳定积屑瘤的条件下，切削刃可能很快就因黏结磨损而损坏。

在中、高切削速度下，切削温度为 600～700℃，又形成不稳定积屑瘤时，黏结磨损最为严重；刀具与工件材料的硬度比越小，相互间的亲和力越大，黏结磨损就越严重；刀具的表面刃磨质量差，也会加剧黏结磨损。

③ 扩散磨损　由于切削温度很高，刀具与工件被切出的新鲜表面相接触，化学活性很大，刀具与工件材料的化学元素有可能互相扩散，使两者的化学成分发生变化，削弱刀具材料的性能，加速磨损过程。例如，用硬质合金刀具切削钢件时，切削温度常达 800～1000℃，扩散磨损成为硬质合金刀具主要磨损原因之一。自 800℃开始，硬质合金中的 Co、C、W 等元素会扩散到切屑中而被带走；同时切屑中的 Fe 也会扩散到硬质合金中，使 WC 等硬质相发生分解，形成低硬度、高脆性的复合碳化物；由于 Co 的扩散，会使刀具表面上 WC、TiC 等硬质相的黏结强度降低，因此加速刀具磨损。

扩散速度随切削温度的升高而按指数规律增加。即切削温度升高，扩散磨损会急剧增加。不同元素的扩散速度不同，例如 Ti 的扩散速度比 C、Co、W 等元素低得多，故 YT 类硬质合金抗扩散能力比 YG 类强。此外，扩散速度与接触表面相对滑动速度有关，相对滑动速度越高，扩散越快。所以切削速度越高，刀具的扩散磨损越快。

④ 化学磨损　化学磨损是在一定温度下，刀具材料与某些周围介质（如空气中的氧、切削液中的极压添加剂硫、氯等）起化学作用，在刀具表面形成一层硬度较低的化合物，而被切屑带走，加速刀具磨损。化学磨损主要发生在较高的切削速度下。

除上述几种主要磨损外，还有热电磨损，即在切削产生的高温的作用下，刀具与工件材料形成热电偶，产生热电势，使刀具与切屑及工件之间有电流通过，可能加快扩散的速度，从而加剧刀具磨损。

2. 刀具破损

刀具破损和刀具磨损一样，也是刀具失效的一种形式。刀具在一定的切削条件下使用时，如果它经受不住强大的应力（切应力或热应力），就可能发生突然损坏（此时刀具可能没有达到磨钝标准，甚至刀具尚未产生明显磨损），使刀具提前失去切削能力，这种情况就称为刀具破损。

破损是相对于磨损而言的。从某种意义上讲，破损可认为是一种非正常的磨损。因为刀具破损和刀具磨损都是在切削力和切削热作用下发生的，磨损是一个比较缓慢的逐渐发展的刀具表面损伤过程，而破损则是一个突发过程，刹那间使刀具失效。

（1）刀具破损的形式 刀具破损的形式分脆性破损和塑性破损两种。硬质合金和陶瓷刀具在切削时，在机械和热冲击作用下，经常发生脆性破损。脆性破损又分为崩刃、碎断、剥落和裂纹破损等。

① 切削刃微崩 当工件材料组织、硬度、余量不均匀，前角偏大导致切削刃强度偏低，工艺系统刚性不足产生振动，或进行断续切削，刃磨质量欠佳时，切削刃容易发生微崩，即刃区出现微小的崩落、缺口或剥落。出现这种情况后，刀具将失去一部分切削能力，但还能继续工作。继续切削中，刃区损坏部分可能迅速扩大，导致更大的破损。

② 切削刃或刀尖崩碎 这种破损方式常在比造成切削刃微崩更为恶劣的切削条件下产生，或者是微崩的进一步的发展。崩碎的尺寸和范围都比微崩大，使刀具完全丧失切削能力，而不得不终止工作。刀尖崩碎的情况常称为掉尖。

③ 刀片或刀具折断 当切削条件极为恶劣，切削用量过大，有冲击载荷，刀片或刀具材料中有微裂，由于焊接、刃磨在刀片中存在残余应力时，加上操作不慎等因素，可能造成刀片或刀具产生折断。发生这种破损形式后，刀具不能继续使用，以致报废。

④ 刀片表层剥落 对于脆性很大的材料，如 TiC 含量很高的硬质合金、陶瓷、PCBN 等，由于表层组织中有缺陷或潜在裂纹，或由于焊接、刃磨而使表层存在着残余应力，在切削过程中不够稳定或刀具表面承受交变接触应力时极易产生表层剥落。剥落可能发生在前刀面，也可能发生在后刀面，剥落物呈片状，剥落面积较大。涂层刀具剥落可能性较大。刀片轻微剥落后，尚能继续工作，严重剥落后将丧失切削能力。

⑤ 切削部位塑性变形 高速钢由于强度小、硬度低，在其切削部位可能发生塑性变形。硬质合金在高温和三向压应力状态下工作时，也会产生表层塑性流动，甚至使切削刃或刀尖发生塑性变形而造成塌陷。塌陷一般发生在切削用量较大和加工硬材料的情况下。TiC 基硬质合金的弹性模量小于 WC 基硬质合金，故前者抗塑性变形能力加快，或迅速失效。PCD、PCBN 基本不会发生塑性变形现象。

⑥ 刀片的热裂 当刀具承受交变的机械载荷和热负荷时，切削部分表面因反复热胀冷缩，不可避免地产生交变的热应力，从而使刀片发生疲劳而开裂。例如，硬质合金铣刀进行高速铣削时，刀齿不断受到周期性地冲击和交变热应力，而在前刀面产生梳状裂纹。有些刀具虽然并没有明显的交变载荷与交变应力，但因表层、里层温度不一致，也将产生热应力，加上刀具材料内部不可避免地存在缺陷，故刀片也可能产生裂纹。裂纹形成后刀具有时还能继续工作一段时间，有时裂纹迅速扩展导致刀片折断或刀面严重剥落。

（2）刀具防止破损的方法

① 针对被加工材料和零件的特点，合理选择刀具材料的种类和牌号。在具备一定硬度和耐磨性的前提下，必须保证刀具材料具有必要的韧性。

② 合理选择刀具几何参数。通过调整前后角、主副偏角、刃倾角等角度，保证切削刃

和刀尖有较好的强度。在切削刃上磨出负倒棱,是防止崩刀的有效措施。

③ 保证焊接和刃磨的质量,避免因焊接、刃磨不善而带来的各种疵病。关键工序所用的刀具,其刀刃应经过研磨以提高表面质量,并检查有无裂纹。

④ 合理选择切削用量,避免过大的切削力和过高的切削温度,以防止刀具破损。

⑤ 尽可能保证工艺系统具有较好的刚性,减小振动。

⑥ 采取正确的操作方法,尽量使刀具不承受或少承受突变性的负荷。

任务 2　延长刀具寿命的措施

1. 刀具磨损过程及磨钝标准

随着切削时间的延长,刀具磨损增加。根据切削实验,可得如图 2.12 所示的刀具正常磨损过程的典型磨损曲线。该图分别以切削时间和后刀面磨损量 VB(或前刀面月牙洼磨损深度 KT)为横坐标与纵坐标。从图 2.12 可知,刀具磨损过程可分为 3 个阶段。

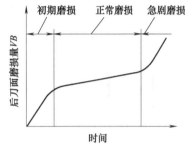

图 2.12　典型的磨损曲线

(1) 初期磨损阶段　因为新刃磨的刀具后刀面存在粗糙不平之处以及显微裂纹、氧化或脱碳层等缺陷,而且切削刃较锋利,后刀面与加工表面接触面积较小,压应力较大,所以这一阶段的磨损较快,一般初期磨损量为 0.05~0.1mm,其大小与刀具刃磨质量直接相关,研磨过的刀具初期磨损量较小。

(2) 正常磨损阶段　经初期磨损后,刀具毛糙表面已经磨平,刀具进入正常磨损阶段。这个阶段的磨损比较缓慢均匀,后刀面磨损量随切削时间延长而近似地成比例增加,正常切削时,这阶段时间较长。

(3) 急剧磨损阶段　当磨损带宽度增加到一定限度后,加工表面粗糙度增大,切削力与切削温度均迅速升高,磨损速度增加很快,以致刀具损坏而失去切削能力。生产中为合理使用刀具,保证加工质量,应当避免达到这个磨损阶段。在这个阶段到来之前,就要及时换刀或更换新切削刃。

刀具磨损到一定限度就不能继续使用,这个磨损限度称为磨钝标准。

在评定刀具材料切削性能和试验研究时,都以刀具表面的磨损量作为衡量刀具的磨钝标准。因为一般刀具的后刀面都发生磨损,而且测量也比较方便。因此,国际标准 ISO 统一规定以 1/2 背吃刀量处后刀面上测定的磨损带宽度 VB 作为刀具磨钝标准(如图 2.13 所示)。

在生产实际中,经常卸下刀具来测量磨损量会影响生产的正常进行,因而不能直接以磨损量的大小,而是根据切削中发生的一些现象来判断刀具是否已经磨钝。例如粗加工时,观察加工表面是否出现亮带,切屑的颜色和形状的变化,以及是否出现振动和不正常的声音等来判断刀具是否已经磨钝。精加工时可观察加工表面粗糙度变化以及测量加工零件的形状与尺寸精度等来判断刀具是否已经磨钝。如发现异常现象,就要及时换刀。

自动化生产中用的精加工刀具,常以沿工件径向的刀具磨损尺寸作为衡量刀具的磨钝标准,称为刀具径向磨损量 NB(如图 2.13 所示)。

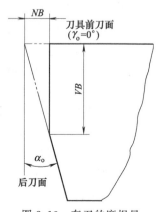

图 2.13　车刀的磨损量

由于加工条件不同，所定的磨钝标准也有变化。例如精加工的磨钝标准较小，而粗加工则取较大值；当机床-夹具-刀具-工件系统刚度较低时，还应该考虑在磨钝标准内是否会产生振动。此外，工件材料的可加工性，刀具制造刃磨难易程度等都是确定磨钝标准时应考虑的因素。

磨钝标准的具体数值可查阅有关手册。

2. 刀具寿命

确定了磨钝标准之后，就可以定义刀具寿命。一把新刀（或重新刃磨过的刀具）从开始使用直至达到磨钝标准所经历的实际切削时间，称为刀具寿命。对于可重磨刀具，刀具寿命指的是刀具两次刃磨之间所经历的实际切削时间；而对其从第一次投入使用直至完全报废（经刃磨后亦不可再用）时所经历的实际切削时间，叫做刀具总寿命。显然，对于不重磨刀具，刀具总寿命即等于刀具寿命；而对于可重磨刀具，刀具总寿命则等于其平均寿命乘以刃磨次数。应当明确的是，刀具寿命和刀具总寿命是两个不同的概念。

（1）切削速度与刀具寿命的关系　对于某一切削加工，当工件、刀具材料和刀具几何形状选定之后，切削速度是影响刀具寿命的最主要因素，提高切削速度，刀具寿命就降低，这是由于切削速度对切削温度影响最大，因而对刀具磨损影响最大。固定其他切削条件，在常用的切削速度范围内，取不同的切削速度 v_1、v_2、v_3、$\cdots$，进行刀具磨损试验，得出如图 2.14 所示的一组磨损曲线，经处理后得

$$v_c T^m = C \tag{2-11}$$

式中　v_c——切削速度，m/min；

T——刀具寿命，min；

m——指数，表示 v-T 间影响的程度；

C——系数，与刀具、工件材料和切削条件有关。

上式为重要的刀具寿命方程式。如果 v_c-T 画在双对数坐标系中得一直线，m 就是该直线的斜率（如图 2.15 所示）。耐热性愈低的刀具材料，斜率应该愈小，切削速度对刀具寿命影响应该愈大。也就是说，切削速度稍稍改变一点，而刀具寿命的变化就很大。如图 2.15 所示为各种刀具材料加工同一种工件材料时的后刀面磨损寿命曲线，其中陶瓷刀具的寿命曲线的斜率比硬质合金和高速钢的都大，这是因为陶瓷刀具的耐热性很高，所以在非常高的切削速度下仍然有较高的刀具寿命。但是在低速时，其刀具寿命比硬质合金的还要低。

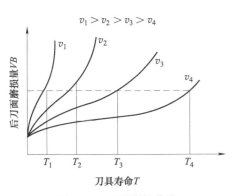

图 2.14　刀具磨损曲线

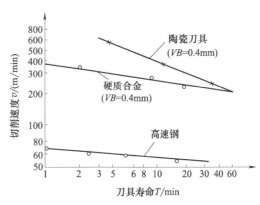

图 2.15　各种刀具材料的寿命曲线比较

（2）进给量和背吃刀量与切削速度的关系　固定其他切削条件，只变化进给量 f 或切削深度 a_p，分别得到与 v_c-T 类似的关系，即

$$f T^m = C_1 \tag{2-12}$$

$$a_p T^m = C_2 \tag{2-13}$$

综合式（2-11）~式（2-13），可得到切削用量与刀具耐用度的一般关系式，为：

$$T = \frac{C_r}{v_c^{\frac{1}{m}} f^{\frac{1}{m_1}} a_p^{\frac{1}{m_2}}} \tag{2-14}$$

令 $x=1/m$，$y=1/m_1$，$z=1/m_2$，则

$$T = \frac{C_r}{v_c^x f^y a_p^z} \tag{2-15}$$

式中　C_r——耐用度系数，与刀具、工件材料和切削条件有关；

x，y，z——指数，分别表示各切削用量对刀具耐用度的影响程度。

用 YT5 硬质合金车刀，切削 $\sigma_b = 0.637\text{GPa}$ 的碳钢时，且 $f > 0.7\text{mm/r}$，切削用量与刀具耐用度的关系为：

$$T = \frac{C_r}{v_c^5 f^{2.25} a_p^{0.75}} \tag{2-16}$$

切削时，增加进给量 f 和背吃刀量 a_p，刀具寿命也要减小，切削速度 v_c 对刀具寿命影响最大，进给量 f 次之，背吃刀量 a_p 最小。这与三者对切削温度的影响顺序完全一致。这也反映出切削温度对刀具磨损和刀具寿命有着最重要的影响。

刀具磨损寿命与切削用量之间的关系是以刀具的平均寿命为依据建立的。实际上，切削时，由于刀具和工件材料的分散性，所用机床及工艺系统动、静态性能的差别，以及工件毛坯余量不均等条件的变化，刀具磨损寿命是存在不同分散性的随机变量。通过刀具磨损过程的分析和实验表明，刀具磨损寿命的变化规律服从正态分布或对数正态分布。

3. 工件材料的切削加工性

（1）工件材料切削加工性的概念　工件材料被切削加工的难易程度，称为材料的切削加工性。

衡量材料切削加工性的指标很多，一般地说，良好的切削加工性是指：刀具寿命较长或一定寿命下的切削速度较高；在相同的切削条件下切削力较小，切削温度较低；容易获得好的表面质量；切屑形状容易控制或容易断屑。但衡量一种材料切削加工性的好坏，还要看具体的加工要求和切削条件。例如，纯铁切除余量很容易，但获得光洁的表面比较难，所以精加工时认为其切削加工性不好；不锈钢在普通机床上加工并不困难，但在自动机床上加工难以断屑，则认为其切削加工性较差。

在生产和试验中，往往只取某一项指标来反映材料切削加工性的某一侧面。最常用的指标是一定刀具寿命下的切削速度 v_T 和相对加工性 K_v。

v_T 的含义是指当刀具寿命为 $T_{\min}$ 时，切削某种材料所允许的最大切削速度。v_T 越高，表示材料的切削加工性越好。通常取 $T = 60\text{min}$，则 v_T 写作 v_{60}。

切削加工性的概念具有相对性。所谓某种材料切削加工性的好与坏，是相对于另一种材料而言的。在判别材料的切削加工性时，一般以切削正火状态 45 钢的 v_{60} 作为基准，写作 $(v_{60})_j$，而把其他各种材料的 v_{60} 同它相比，其比值 K_v，称为相对加工性，即：

$$K_v = v_{60}/(v_{60})_j \tag{2-17}$$

常用材料的相对加工性 K_v 分为 8 级，如表 2.3 所示。凡 $K_v > 1$ 的材料，其加工性比 45 钢好；$K_v < 1$ 者，其加工性比 45 钢差。K_v 实际上也反映了不同材料对刀具磨损和刀具寿命的影响。

表 2.3　工件材料切削加工性分级表

切削加工性	易切削			较易切削			较难切削			难切削		
等级代号	0	1	2	3	4	5	6	7	8	9	9a	9b
硬度 HB	≤50	>50~100	>100~150	>150~200	>200~250	>250~300	>300~350	>350~400	>400~480	>480~635	>635	
硬度 HRC					>14~24.8	>24.8~32.3	>32.3~38.1	>38.1~43	>43~50	>50~60	>60	
抗拉强度 σ_b/GPa	≤0.196	>0.196~0.441	>0.441~0.588	>0.588~0.784	>0.784~0.98	>0.98~1.176	>1.176~1.372	>1.372~1.568	>1.568~1.764	>1.764~1.96	>1.96~2.45	>2.45
伸长率 δ/%	≤10	>10~15	>15~20	>20~25	>25~30	>30~35	>35~40	>40~50	>50~60	>60~100	>100	
冲击韧度 σ_k/(kJ/m)	≤196	>196~392	>392~588	>588~784	>784~980	>980~1372	>1372~1764	>1764~1962	>1962~2450	>2450~2940	>2940~3920	
热导率 κ/[W/(m·K)]	413.68~293.08	<293.08~167.47	<167.47~83.74	<83.74~62.80	<62.80~41.87	<41.87~33.5	<33.5~25.12	<25.12~16.75	<16.75~8.37	<8.37		

（2）改善工件材料切削加工性的途径　材料的切削加工性对生产率和表面质量有很大影响，因此在满足零件使用要求的前提下，应尽量选用加工性较好的材料。

工件材料的物理性能（如热导率）和力学性能（如强度、塑性、韧性、硬度等）对切削加工性有着重大影响，但也不是一成不变的。在实际生产中，可采取一些措施来改善切削加工性。生产中常用的措施主要有以下两方面。

① 调整材料的化学成分　因为材料的化学成分直接影响其力学性能，如碳钢中，随着含碳量的增加，其强度和硬度一般都提高，其塑性和韧性降低，故高碳钢强度和硬度较高，切削加工性较差；低碳钢塑性和韧性较高，切削加工性也较差；中碳钢的强度、硬度、塑性和韧性都居于高碳钢和低碳钢之间，故切削加工性较好。

在钢中加入适量的硫、铅等元素，可有效地改善其切削加工性。这样的钢称为"易切削"，但只有在满足零件对材料性能要求的前提下才能这样做。

② 采用热处理改善材料的切削加工性　化学成分相同的材料，当其金相组织不同时，力学性能就不一样，其切削加工性就不同。因此，可通过对不同材料进行不同的热处理来改善其切削加工性。例如，对高碳钢进行球化退火，可降低硬度；对低碳钢进行正火，可降低塑性；白口铸铁可在 910~950℃ 经 10~20h 的退火或正火，使其变为可锻铸铁，从而改善切削性能。

习　题

2.1　第一变形区、第二变形区和第三变形区的变形特点是什么？
2.2　根据切屑的外形，通常可把切屑分为几种类型？各类切屑对切削加工有何影响？
2.3　简述什么是积屑瘤？如何控制积屑瘤？
2.4　切削合力为什么要分解成三个分力？试分析各分力的作用。
2.5　简述影响切削温度的主要因素有哪些。
2.6　刀具磨损的形式有哪几种？刀具的磨损过程如何？

2.7 什么是刀具的磨钝标准？在生产实践中如何判断刀具是否磨钝？
2.8 什么是刀具寿命？影响刀具寿命的主要因素有哪些？
2.9 切削用量三要素在哪些方面对切削加工产生影响？
2.10 刀具前角有何作用？如何选择刀具前角？
2.11 刀具后角有何作用？如何选择刀具后角？
2.12 刀具刃倾角有何作用？如何选择刀具刃倾角？
2.13 在加工工件时如何选择切削用量？
2.14 什么是材料的切削加工性？改善工件材料切削加工性的途径有哪些？
2.15 常用切削液有哪几种？各有何作用？有哪些主要使用方法？

项目 3 ▶▶ 金属切削机床

> **导　读** ▶▶
>
> 　　金属切削机床是机械制造工艺系统的重要组成部分。本项目以模块的形式，介绍了金属切削机床型号的编制方法以及车、铣、磨、钻、镗、刨、拉、牙等机床及其加工方法。
>
> 　　学习金属切削机床重在学习三个方面：一是金属切削机床结构；二是刀具；三是加工方法（工艺方法）。金属切削机床结构与机床运动密切相关，机床运动与加工方法密切相关，可见，机床运动是学习金属切削机床的纽带，是重点掌握的内容。
>
> 　　通过本项目内容的学习，要求全面掌握各种机床结构特点和加工方法，对于零件的制造过程，能正确地选用机床、刀具和加工方法，为同学们学习机械加工工艺技术奠定基础。本项目内容与生产实际有着紧密的联系，应注意理论联系实际。

模块 1　金属切削机床基础知识

　　金属切削加工方法是利用切削刀具在工件上切除多余的金属层，从而使工件获得具有一定的尺寸、形状、位置和表面质量的一种加工方法。金属切削机床是提供金属切削方法的设备，它是制造机器的机器，故又称为"工作母机"，在我国简称为"机床"。金属切削机床在各类机械制造部门所拥有的装备中，占 50% 以上，所负担的工作量约占机械加工总量的 40%～60%。由此可见，机床在机械零件的制造过程中居于十分重要的地位。

任务 1　机床分类

　　① 按照机床工艺范围的宽窄（通用性程度），机床可分为通用机床、专门化机床和专用机床。通用机床可用于加工多种零件的不同工序，其工艺范围较宽，通用性好，但结构复杂，如卧式车床、万能升降台铣床、摇臂钻床等。这类机床主要适用于单件小批量生产。专门化机床主要用于加工不同尺寸的一类或几类零件的某一道或几道特定工序，其工艺范围较窄，如曲轴车床、凸轮轴车床、精密丝杠车床等。专用机床工艺范围最窄，通常只能完成某一特定零件的特定工序，如汽车、拖拉机制造企业中大量使用的各种组合机床，这类机床适用于大批大量生产。

　　② 按照机床自动化程度的不同，机床可分为手动、机动、半自动和自动机床。

　　③ 按照机床质量和尺寸的不同，机床可分为仪表机床、中型机床、大型机床、重型机床和超重型机床。

　　④ 按照机床加工精度的不同，机床可分为普通精度级、精密级和高精度级机床。

　　⑤ 按照机床主要工作部件的多少，机床可分为单轴、多轴机床或单刀、多刀机床等。

通常，机床根据加工性质进行分类，再根据其某些特点进一步描述，如多刀半自动车床、多轴自动车床等。

任务2　机床型号

金属切削机床的品种和规格繁多，为了便于区别、使用和管理，须对机床加以分类和编制型号。我国的机床型号是按GB/T 15375—2008《金属切削机床　型号编制方法》编制的。按此标准规定，机床型号由汉语拼音字母和数字按一定的规律组合而成，它适用于金属切削机床、回转体加工自动线以及新设计的各类通用及专用金属切削机床、自动线，不包括组合机床、特种加工机床。

型号由基本部分和辅助部分组成，中间用"/"隔开，读作"之"。前者需统一管理，后者纳入型号与否由企业自定，型号构成如图3.1所示。

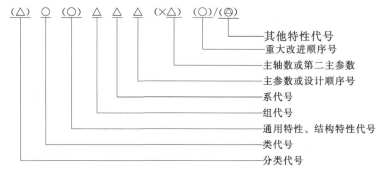

注1：有"（ ）"的代号或数字，当无内容时，则不表示，若有内容则不带括号。
注2：有"○"符号的，为大写的汉语拼音字母。
注3：有"△"符号的，为阿拉伯数字。
注4：有"⊚"符号的，为大写的汉语拼音字母，或阿拉伯数字，或两者兼有之。

图3.1　机床型号构成

1. 机床的类与分类代号

用该类机床名称汉语拼音的第一个大写字母表示。必要时，每类可分为若干分类。分类代号在类代号之前，作为型号的首位，并用阿拉伯数字表示。第一分类代号前的"1"省略，第"2""3"分类代号则应予以表示。例如，磨床类又分为M、2M、3M三个分类。机床的类别和分类代号及其读音见表3.1。

表3.1　机床的类别和分类代号

类别	车床	钻床	镗床	磨床			齿轮加工机床	螺纹加工机床	铣床	刨插床	拉床	锯床	其他机床
代号	C	Z	T	M	2M	3M	Y	S	X	B	L	G	Q
读音	车	钻	镗	磨	二磨	三磨	牙	丝	铣	刨	拉	割	其

2. 机床的通用特性代号和结构特性代号

用大写的汉语拼音字母表示，位于类代号之后。

（1）通用特性代号　当某类型机床，除有普通型外，还有下列某种通用特性时，则在类代号之后加通用特性代号予以区分。而无普通型式者，则通用特性不予表示。通用特性代号有统一的规定含义，在各类机床型号中，意义相同。通用特性代号见表3.2。

表 3.2 机床的通用特性代号

通用特性	高精度	精密	自动	半自动	数控	加工中心（自动换刀）	仿形	轻型	加重型	柔性加工单元	数显	高速
代号	G	M	Z	B	K	H	F	Q	C	R	X	S
读音	高	密	自	半	控	换	仿	轻	重	柔	显	速

（2）结构特性代号　对主参数值相同而结构、性能不同的机床，在型号中加结构特性代号予以区分。结构特性代号与通用特性代号不同，它没有统一的含义，只在同类机床中起区分机床结构、性能不同的作用。

当机床型号中有通用特性代号时，结构特性代号应位于通用特性代号之后。

结构特性代号用汉语拼音字母（通用特性代号已用的字母和"I、O"两个字母不能用）表示，当单个字母不够用时，可将两个字母组合起来使用，如 AD、AE、EA、DA 等。

3. 机床的组、系代号

用两位阿拉伯数字表示，位于类代号或通用特性代号、结构特性代号之后。前一位表示组，后一位表示系。每类机床按照工艺特点、布局形式和结构特性的不同，划分为十个组，每个组又划分为十个系（系列）。机床类别、组别划分及其代号见表 3.3。

表 3.3 金属切削机床类别、组别划分及其代号

类别		组别									
		0	1	2	3	4	5	6	7	8	9
车床 C		仪表小型车床	单轴自动车床	多轴自动、半自动车床	回转、转塔车床	曲轴及凸轮轴车床	立式车床	落地及卧式车床	仿形及多刀车床	轮、轴、辊、锭及铲齿车床	其他车床
钻床 Z			坐标镗钻床	深孔钻床	摇臂钻床	台式钻床	立式钻床	卧式钻床	铣钻床	中心孔钻床	其他钻床
镗床 T			深孔镗床			坐标镗床	立式镗床	卧式铣镗床		精镗床	汽车拖拉机修理用镗床	其他镗床
磨床	M	仪表磨床	外圆磨床	内圆磨床	砂轮机	坐标磨床	导轨磨床	刀具刃磨床	平面及端面磨床	曲轴、凸轮轴、花键轴及轧辊磨床	工具磨床
	2M		超精机	内圆珩磨机	外圆及其他珩磨机	抛光机	砂带抛光及磨削机床	刀具刃磨床及研磨机床	可转位刀片磨削机床	研磨机	其他
	3M		球轴承套圈沟磨床	滚子轴承套圈滚道磨床	轴承套圈超精机		叶片磨削机床	滚子加工机床	钢球加工机床	气门、活塞及活塞环磨削机床	汽车、拖拉机修磨机床
齿轮加工机床 Y		仪表齿轮加工机		锥齿轮加工机	滚齿及铣齿机	剃齿及珩齿机	插齿机	花键轴铣床	齿轮磨齿机	其他齿轮加工机	齿轮倒角及检查机
螺纹加工机床 S					套丝机	攻丝机		螺纹铣床	螺纹磨床	螺纹车床	

续表

类别	组别									
	0	1	2	3	4	5	6	7	8	9
铣床 X	仪表铣床	悬臂及滑枕铣床	龙门铣床	平面铣床	仿形铣床	立式升降台铣床	卧式升降台铣床	床身铣床	工具铣床	其他铣床
刨插床 B		悬臂刨床	龙门刨床			插床	牛头刨床		边缘及模具刨床	其他刨床
拉床 L			侧拉床	卧式外拉床	连续拉床	立式内拉床	卧式内拉床	立式外拉床	键槽、轴瓦及螺纹拉床	其他拉床
锯床 G			砂轮片锯床		卧式带锯床	立式带锯床	圆锯床	弓锯床	锉锯床	
其他机床 Q	其他仪表机床	管子加工机床	木螺钉加工机		刻线机	切断机	多功能机床			

凡主参数相同，工件及刀具本身的和相对的运动特点基本相同，而且基本结构及布局形式相同的机床，即为同一系。由于系的分类表格较多，这里只简单介绍几种。落地及卧式车床组的系分类及其代号见表 3.4。立式升降台铣床组的系分类及其代号见表 3.5。外圆磨床组的系分类及其代号见表 3.6。摇臂钻床组的系分类及其代号见表 3.7。

表 3.4 金属切削机床系划分及其代号（1）

组		系	
代号	名称	代号	名称
6	落地及卧式车床	0	落地床车
		1	卧式车床
		2	马鞍车床
		3	轴车床
		4	卡盘车床
		5	球面车床
		6	主轴箱移动型卡盘车床
		7	
		8	

表 3.5 金属切削机床系划分及其代号（2）

组		系	
代号	名称	代号	名称
5	立式升降台铣床	0	立式升降台铣床
		1	立式升降台镗铣床
		2	摇壁铣床
		3	万能摇臂铣床
		4	摇臂镗铣床
		5	转塔升降台铣床
		6	立式滑枕升降台铣床
		7	万能滑枕升降台铣床
		8	圆弧铣床

表 3.6 金属切削机床系划分及其代号（3）

组		系	
代号	名称	代号	名称
1	外圆磨床	0	无心外圆磨床
		1	宽砂轮无心外圆磨床
		2	
		3	外圆磨床
		4	万能外圆磨床
		5	宽砂轮外圆磨床
		6	端面外圆磨床
		7	多砂轮架外圆磨床
		8	多片砂轮外圆磨床

表 3.7 金属切削机床系划分及其代号（4）

组		系	
代号	名称	代号	名称
3	摇臂钻档	0	摇臂钻床
		1	万向摇臂钻床
		2	车式摇臂钻床
		3	滑座摇臂钻床
		4	坐标摇臂钻床
		5	滑座万向摇臂钻床
		6	无底座式万向摇臂钻床
		7	移动万向摇臂钻床
		8	龙门式钻床

4. 机床主参数和设计顺序号

机床主参数代表机床规格的大小，用阿拉伯数字给出主参数的折算值（主参数乘以折算系数）表示，位于系代号之后。常用机床的主参数表示方法见表 3.8。

某些通用机床，当无法用一个主参数表示时，则在型号中用设计顺序号表示。设计顺序号由 1 开始，当设计顺序号小于 10 时，由 01 开始编号。

表 3.8 各类主要机床的主参数和折算系数

机床	主参数名称	折算系数
卧式车床	床身上最大回转直径	1/10
立式车床	最大车削直径	1/100
摇臂钻床	最大钻孔直径	1/1
卧式镗床	镗轴直径	1/10
坐标镗床	工作台面宽度	1/10
外圆磨床	最大磨削直径	1/10
内圆磨床	最大磨削孔径	1/10
矩台平面磨床	工作台面宽度	1/10
齿轮加工机床	最大工件直径	1/10
龙门铣床	工作台面宽度	1/100
升降台铣床	工作台面宽度	1/10
龙门刨床	最大刨削宽度	1/100
插床及牛头刨床	最大插削及刨削长度	1/10
拉床	额定拉力	1/1

5. 主轴数和第二主参数的表示方法

对于多轴车床、多轴钻床、排式钻床等机床，其主轴数应以实际数值列入型号，置于主参数之后，用"×"分开，读作"乘"。

第二主参数（多轴机床的主轴数除外）一般不予表示，如有特殊情况，需在型号中表示，在型号中表示的第二主参数，一般以折算成两位数为宜，最多不超过三位数。以长度、深度值等表示的，其折算系数为 1/100；以直径、宽度等表示的，其折算系数为 1/10；以厚度、最大模数值等表示的，其折算系数为 1。

6. 机床的重大改进顺序号

当机床的结构、性能有更高的要求，并需按新产品重新设计、试制和鉴定时，才按改进的先后顺序选用 A、B、C 等汉语拼音字母（但"I、O"两个字母不得选用），加在型号基本部分的尾部，以区别原机床型号。

7. 其他特性代号

其他特性代号主要用以反映各类机床的特性，如：对于数控机床，可用以反映不同的控制系统等；对于加工中心，可用以反映控制系统、联动轴数、自动交换主轴头、自动交换工作台等；对于柔性加工单元，可用以反映自动交换主轴箱；对于一机多能机床，可用以补充表示某些功能；对于一般机床，可以反映同一型号机床的变型等。

其他特性代号，可用汉语拼音字母（"I、O"两个字母除外）表示。当单个字母不够用时，可将两个字母组合起来使用，如 AB、AC、BA 等。其他特性代号也可用阿拉伯数字表示,还可用阿拉伯数字和汉语拼音字母组合表示。

任务3 机床的传动系统

机床的传动系统是一台机床运动的核心,它决定着机床的运动和功能。

1. 机床传动系统的组成

为实现加工过程中所需的各种运动,机床必须具备三个基本部分:运动源、传动装置和执行件。

(1) 运动源 是给执行件提供运动和动力的部件,常用的有三相异步电动机、直流电动机、步进电动机等。

(2) 传动装置 是传递运动和动力的装置,通过它把执行件和运动源或一个执行件与另一个执行件联系起来,使执行件获得一定速度和方向的运动,并使有关执行件之间保持某种确定的运动关系。机床的传动装置有机械传动、液压传动、电气传动、气压传动等各种形式。

(3) 执行件 是执行机床运动的部件,如刀架、主轴、工作台等。工件或刀具装夹在执行件上,并由其带动,按正确的运动轨迹完成一定的运动。

2. 机床传动原理图

为了便于研究机床的传动联系,常用一些简单的符号表示运动源与执行件及执行件与执行件之间的传动联系,这就是传动原理图。传动原理图常用的一些示意符号如图3.2所示。

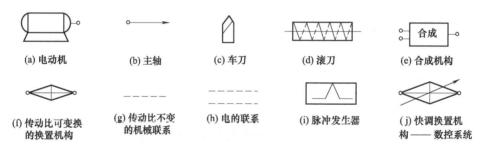

图3.2 传动原理图常用的一些示意符号

如图3.3所示为车床车削圆柱螺纹的传动原理图,其所需的车削运动如下:

① 电动机经"1—2"定传动比传动、"2—3"可变传动比传动、"3—4"定传动比传动驱动车床主轴转动并使车床主轴形成有级变速。

② 车床主轴经"4—5"定传动比传动、"5—6"可变传动比传动、"6—7"定传动比传动驱动滚珠丝杠转动并使滚珠丝杠形成有级变速,滚珠丝杠带动刀架水平移动。

传动原理图简单明了,是研究机床传动联系,特别是研究一些运动较为复杂的机床传动系统的重要工具。

3. 机床的传动联系和传动链

由运动源、传动装置、执行件或执行件、传动装置、执行件构成的传动联系,称为传动链。按传动链的性质不同可分为外联系传动链和内联系传动链。

(1) 外联系传动链 外联系传动链是联系运动源(如电动机)和执行件(如主轴、刀架、工作台等)之间的传动链,使执行件得到运动,而且能改变运动速度和方向,但不要求运动源和执行件之间有严格的传动比关系。如图3.3所示,车圆柱螺纹时,从电动机传到车床主轴的传动链"1—2—u_v—3—4"就是外联系传动链,它只决定车螺纹速度的快慢,而不影响螺纹表面的形成。

（2）内联系传动链　当表面成形运动为复合的成形运动时，它是由保持严格的相对运动关系（如严格的传动比）的几个单元运动（旋转或直线运动）所组成，为完成复合的成形运动，必须有传动链把实现这些单元运动的执行件与执行件之间联系起来，并使其保持确定的运动关系，这种传动链叫做内联系传动链。

如图 3.3 所示，车削圆柱螺纹时需要工件旋转 B_{11} 和车刀直线移动 A_{12} 组成的复合运动。这两个运动应保持严格的运动关系：工件每转一转，车刀应准确地移动一个螺旋线导程。为实现这一运动，需用传动链"4—5—u_x—6—7"将两个执行件（主轴和刀架）联系起来，并且这条传动链的总传动比必须准确地满足上述运动关系。

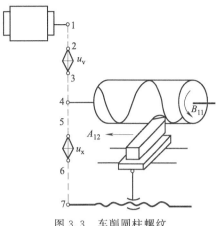

图 3.3　车削圆柱螺纹

模块 2　车床

车削是在车床上利用工件的旋转运动和刀具的移动来改变毛坯形状和尺寸，将其加工成所需零件的一种切削加工方法。

任务 1　车床结构

普通卧式车床是加工范围很广的万能性车床，如图 3.4 所示为 CA6140 型卧式车床外形。该车床的主要组成部件如下：

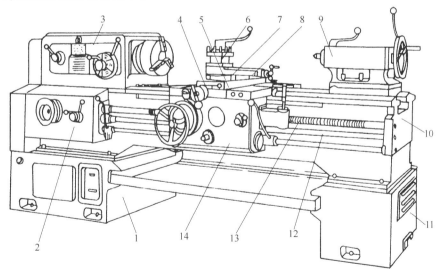

图 3.4　CA6140 型卧式车床的外形

1,11—床腿；2—进给箱；3—主轴箱；4—床鞍；5—中滑板；6—刀架；
7—回转盘；8—小滑板；9—尾座；10—床身；12—光杠；13—丝杠；14—溜板箱

43

1. 主轴箱

主轴箱 3 固定在床身 10 的左端。其内装有主轴和变速、变向等机构，由电动机经变速机构带动主轴旋转，实现主运动，并获得所需转速及转向。主轴前端可安装三爪自定心、四爪单动卡盘等夹具，用以装夹工件。

主轴箱的功用是支承主轴并使其旋转。在电动机启动的情况下，通过改变离合器的离合位置，实现了主轴的启动、停止、反转功能，防止电动机因频繁启动而缩短寿命；通过操纵主轴箱外面的变速手柄来改变滑移齿轮的位置，可使主轴获得 24 级正转转速以及 12 级反转转速；主轴箱还要将主轴的运动传往进给运动系统。因此主轴箱中通常包含有主轴及其轴承、传动机构、启动、停止以及换向装置、制动装置、操纵机构和润滑装置等。

如图 3.5 所示为主轴箱各轴空间位置示意图，按轴 Ⅳ—Ⅰ—Ⅱ—Ⅲ（Ⅴ）—Ⅵ—Ⅹ—Ⅸ—Ⅺ 的顺序，沿其轴线剖切，并将其展开绘制成平面装配图，如图 3.6 所示。图中轴 Ⅶ 和 Ⅷ 是单独取剖面展开的，展开后某些原来相互啮合的齿轮副失去了联系。为避免视图重叠，其中有些轴之间的距离不按比例绘制。

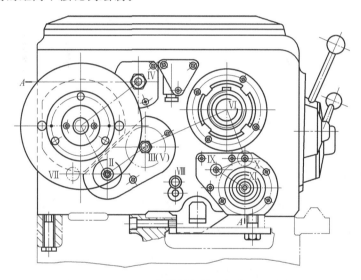

图 3.5 CA6140 主轴箱各轴空间位置示意图

（1）卸荷式带轮装置　如图 3.6 所示，主轴箱的 Ⅰ 轴运动由电动机经 Ｖ 带传入。由于皮带轮悬伸及 Ｖ 带拉力较大，为改善 Ⅰ 轴的工作条件，提高 Ⅰ 轴的运动平稳性，轴左边采用的是卸荷式带轮结构。带轮 1 与花键套筒 2 用螺钉连接成一体，支承在法兰 3 内的两个深沟球轴承上，而法兰 3 则固定在主轴箱体 4 上。这样，带轮 1 可通过花键套筒 2 带动 Ⅰ 轴旋转，而 Ｖ 带的拉力则经法兰 3 直接传至箱体 4（卸下了径向载荷）。从而避免因 Ｖ 带拉力而使轴 Ⅰ 产生过大的弯曲变形，提高了传动的平稳性。卸荷式带轮特别适用于要求传动平稳性高的精密机床。

（2）主轴部件的结构及轴承调整　主轴部件是主轴箱内的主要部件，它的功用是缩小主运动的传动误差并将运动传递给工件或刀具进行切削，形成表面成形运动；承受切削力和传动力等载荷。由于主轴部件直接参与切削，其性能影响加工精度和生产率。因此，主轴部件应具有较高的回转精度及足够的刚性和良好的抗振性。主轴前端可安装卡盘或其他夹具，并带动其旋转。

CA6140 型车床的主轴部件采用了三支承结构（如图 3.6 所示），其前后支承为主要支

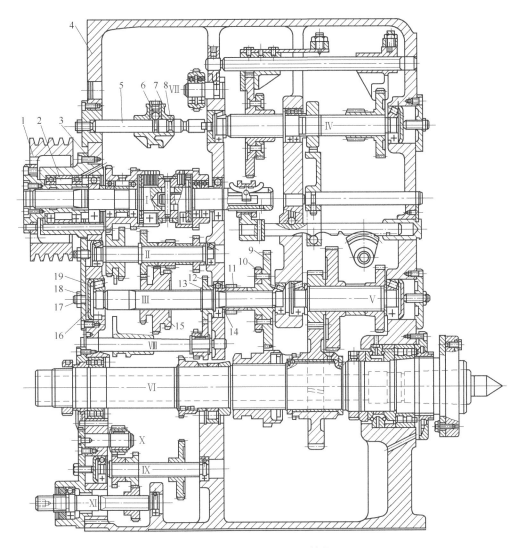

图 3.6 CA6140 型卧式车床主轴箱展开图

1—带轮；2—花键套筒；3—法兰；4—箱体；5—导向轴；6—调节螺钉；
7—螺母；8—拨叉；9~12—齿轮；13—弹簧卡圈；14—垫圈；
15—三联齿轮；16—轴承盖；17—螺钉；18—锁紧螺母；19—压盖

承，中间支承为辅助支承，以提高其静刚度和抗振性。如图 3.7 所示为车床主轴前后支承处的装配结构，主轴前后支承处各装有一个双列短圆柱滚子轴承 4（D3182121）和 1（E3182115），中间支承处则装有 E 级精度的 E32216 型圆柱滚子轴承，它作为辅助支承，其配合较松，且间隙不能调整。双列短圆柱滚子轴承的刚度和承载能力大，旋转精度高，且内圈较薄，内孔是锥度 1∶12 的锥孔，可通过相对主轴轴颈轴向移动来调整轴承间隙，因而可保证主轴有较高的旋转精度和刚度。前支承处还装有一个 60°角的双向推力角接触球轴承 3，用于承受左右两个方向的轴向力。

轴承的间隙直接影响主轴的旋转精度和刚度，有了间隙应及时调整。轴承 4 可用螺母 5 和 2 调整。调整时先旋松螺母 5，然后旋紧带锁紧螺钉的螺母 2，使轴承 4 的内圈相对主轴锥形轴颈向右移动，由于主轴锥面的作用，薄壁的轴承内圈产生弹性变形，将滚子与内、外

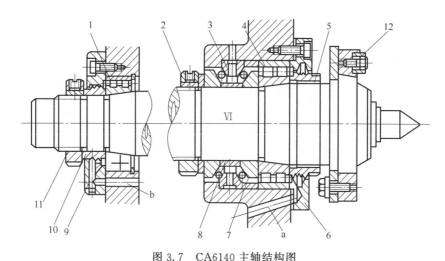

图 3.7 CA6140 主轴结构图
1,4—双列短圆柱滚子轴承;2,5—螺母;3—双向推力角接触球轴承;
6—轴承端盖;7—隔套;8—调整垫圈;9—轴承端盖;10—套筒;
11—螺母;12—端面键

圈滚道之间的间隙消除。调整好后,再将螺母 5 旋紧。后轴承间隙调整原理与前轴承相同。一般情况下,只调整前轴承间隙即可,只有调整前轴承间隙后仍不能达到旋转精度时,才需要调整后轴承间隙。

主轴的轴承由液压泵供给润滑油进行充分的润滑,为了防止润滑油外漏,前后支承处都有油沟式密封装置,在螺母 5、套筒 10 的外圆上有锯齿形环槽,主轴旋转时,依靠离心力的作用,把经过轴承向外流出的润滑油甩到轴承端盖 6 和 9 的接油槽内,然后经回油口 a、b 流回主轴箱。

如主轴箱展开图 3.6 所示,主轴上装有三个齿轮,最右边的是空套在主轴上的左旋斜齿轮,当离合器 M2 接合时,此齿轮传动所产生的轴向力指向前轴承,以抵消部分轴向切削力,减小前轴承所承受的轴向力。中间滑移齿轮与轴花键连接,此滑移齿轮有三个位置,图示位置为接通高速,中位为空挡位置,可用手拨动主轴以便装夹工件,滑移齿轮在右位时,其上内齿轮与斜齿轮上左侧的外齿轮相啮合,以传递低速运动。最左边的固定齿轮,把主轴运动传给进给系统。

主轴是空心的阶梯轴,内孔直径 $\phi48mm$,内孔的功用是穿过棒料或通过气动、电动、液动卡盘的驱动装置。主轴前端为莫氏 6 号锥孔,用来安装顶尖或心轴。主轴前端的短法兰式结构用于安装卡盘或拨盘,端面键用于传递扭矩。

(3) 双向式多片摩擦离合器及制动机构 如图 3.8 所示,轴 I 上装有双向式多片摩擦离合器,用以控制主轴的启动、停止及换向。轴 I 右半部分为空心轴,在其右端安装有可绕销轴 11 摆动的元宝形摆块 12。元宝形摆块下端弧形尾部卡在拉杆 9 的缺口槽内。当拨叉 13 由操纵机构控制,拨动滑套 10 右移时,摆块 12 绕销轴 11 顺时针摆动,其尾部拨动拉杆 9 向左移动。拉杆通过固定在其左端的长销 6,带动压套 5 和螺母 4 压紧左离合器的内外摩擦片 3、2,内摩擦片 3 是内孔为花键孔的圆形薄片,与轴 I 花键连接;外摩擦片 2 的内孔是光滑圆孔,空套在轴 I 花键外圆上,其外圆开有四个凸爪,卡在双联齿轮 1 右端套筒的四个缺口内。内外摩擦片相间安装。由于离合器中还装有止推片,当压套 5 向左移动时,才能将内外摩擦片压紧。压紧之后将轴 I 的运动传至空套其上的双联齿轮 1,使主轴得到正转。当

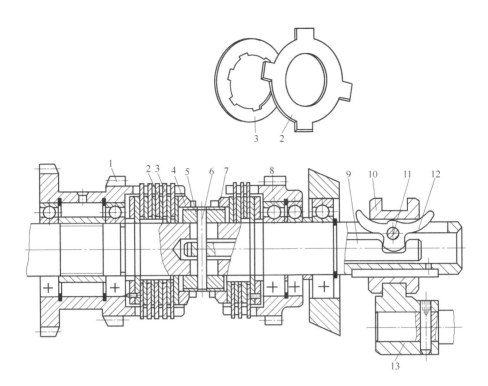

图 3.8 双向式多片摩擦离合器

1—双联齿轮；2—外摩擦片；3—内摩擦片；4,7—螺母；5—压套；6—长销；
8—齿轮；9—拉杆；10—滑套；11—销轴；12—元宝形摆块；13—拨叉

滑套 10 向左移动时，元宝形摆块 12 逆时针摆动，从而使拉杆 9 通过压套 5、螺母 7 使右离合器内外摩擦片压紧，并使轴 I 运动传至齿轮 8，再传出，使主轴得到反向转动。当滑套 10 处于中间位置时，左右离合器的内外摩擦片均松开，主轴停转。

为了在摩擦离合器松开后，克服惯性作用，使主轴迅速制动，在主轴箱轴 IV 上装有制动装置，如图 3.9 所示。制动装置由通过花键与轴 IV 连接的制动轮 7、制动带 6、杠杆 4 以及调整装置等组成。制动带内侧固定一层铜丝石棉以增大制动摩擦力矩。制动带一端通过调节螺钉 5 与箱体 1 连接，另一端固定在杠杆 4 上端。当杠杆 4 绕轴 3 逆时针摆动时，拉动制动带 6，使其包紧在制动轮 7 上，并通过制动带与制动轮之间的摩擦力使主轴得到迅速制动。制动摩擦力矩的大小可用调节装置中调节螺钉 5 进行调整。

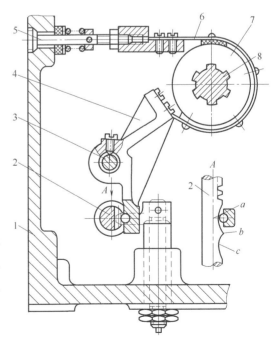

图 3.9 制动装置

1—箱体；2—齿条轴；3—杠杆支承轴；4—杠杆；
5—调节螺钉；6—制动带；7—制动轮；8—轴 IV

摩擦离合器和制动装置必须得到适当的调整,如摩擦离合器中摩擦片间的间隙过大,压紧力不足,不能传递足够的摩擦力矩,车削时会产生"闷车"现象,摩擦片之间打滑;如摩擦离合器中摩擦片间的间隙过小,开车费劲,易损坏操纵机构零件。如果摩擦片因间隙过小而不能完全脱开,也会产生摩擦片之间相对打滑和发热,还会使制动不灵。调整摩擦片间隙的方法,就是改变图3.8中螺母4或7的轴向位置。但必须注意,调整时必须先压下定位的弹簧销(图中没画)才能调整。制动装置的制动带松紧程度要适当,要求停车时,主轴迅速制动;开车时,制动带迅速放松。

双向式多片摩擦离合器与制动装置采用同一操纵机构控制,如图3.10所示,以协调两机构的工作。当抬起或压下手柄7时,通过曲柄9、拉杆10、曲柄11及扇形齿轮13,使齿条轴14向右或向左移动,再通过元宝形摆块3、拉杆16使左边或右边离合器结合,从而使主轴正转或反转。此时杠杆5的下端位于齿条轴14的圆弧形凹槽内,制动带处于松开状态。当手柄7处于中间位置时,齿条轴14和滑套4也处于中间位置,摩擦离合器左、右摩擦片组都松开,主轴与运动源断开。这时,杠杆5的下端被齿条轴两凹槽间凸起部分顶起,从而拉紧制动带6,使主轴迅速制动。

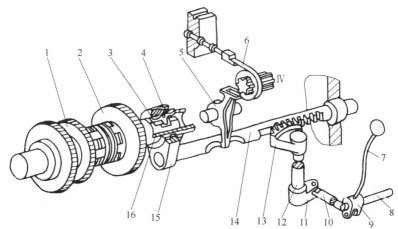

图3.10 摩擦离合器及制动装置的操纵机构
1—双联齿轮;2—齿轮;3—元宝形摆块;4—滑套;5—杠杆;6—制动带;
7—手柄;8—操纵杆;9,11—曲柄;10,16—拉杆;12—轴;
13—扇形齿轮;14—齿条轴;15—拨叉

(4) 六级变速操纵机构 主轴箱内轴Ⅲ可通过轴Ⅰ-Ⅱ中间双联滑移齿轮机构及轴Ⅱ-Ⅲ间三联滑移齿轮机构得到六级转速。控制这两个滑移齿轮机构的是一个单手柄六级变速操纵机构,如图3.11所示。

转动手柄9可通过链轮、链条带动装在轴7上的盘形凸轮6和曲柄5上的拔销4同时转动。手柄轴和轴7的传动比为1∶1,因而手柄9旋转1周,盘形凸轮6和曲柄5、拔销4也均转过1周。曲柄5上的拔销4上装有滚子,并嵌入拨叉3的槽内。轴7带动曲柄5转动时,拔销4绕轴7转动并推动拨叉3左右移动,拨叉3使三联滑移齿轮块2被拨至左、中、右三个不同的位置。

盘形凸轮6上的封闭曲线槽由半径不同的两段圆弧和过渡直线组成。杠杆11上端有一销子10插入盘形凸轮6的曲线槽内,下端也有一销子嵌于拨叉12的槽内。当盘形凸轮6逆时针转动时,销子10有四种运动。

当盘形凸轮6逆时针开始转动时,如销子10处在盘形凸轮6的大半径圆弧位置[图

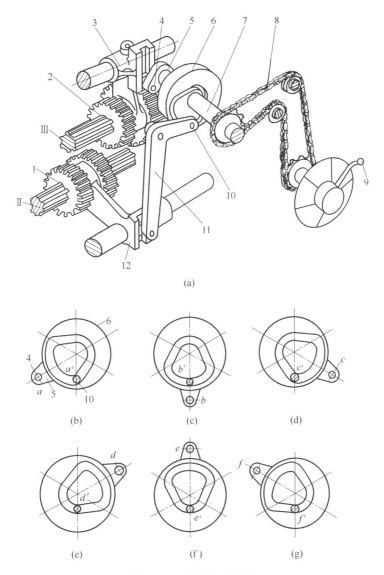

图 3.11 六级变速机构
1—双联滑移齿轮块；2—三联滑移齿轮块；3,12—拨叉；4—拔销；5—曲柄；
6—盘形凸轮；7—轴；8—链条；9—手柄；10—销子；11—杠杆

(b)]处、拨销 4 位置 a 处（第一种速度）；则销子 10 沿盘形凸轮 6 的大半径圆弧槽运动到位置［图 (c)］处（实际位置不变），二联齿轮位置不变，拨销 4 运动到最下端位置 b 处，带动三联齿轮滑移变速（第二种速度）；盘形凸轮 6 继续逆时针转动，销子 10 沿盘形凸轮 6 的大半径圆弧槽运动到位置［图 (d)］处（实际位置不变），二联齿轮位置不变，拨销 4 运动到位置 c 处，带动三联齿轮滑移变速（第三种速度）。

当盘形凸轮 6 继续转动，销子 10 沿盘形凸轮 6 的直线槽向盘形凸轮 6 的小半径圆弧处运动到位置［图 (e)］处，二联齿轮滑移变速，拨销 4 运动到位置 d 处，三联齿轮滑移变速（第四种速度）；盘形凸轮 6 继续转动，销子 10 沿盘形凸轮 6 的小半径圆弧槽运动到位置［图 (f)］处（实际位置不变），拨销 4 运动到最上端位置 e 处，带动三联齿轮滑移变速（第五种速度）；盘形凸轮 6 继续转动，销子 10 沿盘形凸轮 6 的小半径圆弧槽运动到位置［图

（g）]处（实际位置不变），二联齿轮位置不变，拨销 4 运动到位置 f 处，带动三联齿轮滑移变速（第六种速度）。

顺次转动手柄 9，每转动 60°就可通过双联滑移齿轮块 1 左右不同位置与三联滑移齿轮块 2 左、中、右三个不同位置的组合，就能使轴Ⅲ得到六级不同转速。

2. 进给箱

如图 3.4 所示，车床进给箱 2 固定在床身 10 的左前侧面。机床进给箱是用以改变机床切削时的进给量、被加工螺纹的导程或改变表面形成运动中刀具与工件相对运动关系的机构。主轴运动经挂轮箱传入进给箱，通过转动变速手柄来改变进给箱中滑移齿轮的啮合位置，便可使光杠或丝杠获得不同的转速。

3. 溜板箱

如图 3.4 所示，床鞍 4 位于床身 10 的中部，溜板箱 14 固定在床鞍 4 的底部。如图 3.12 所示车床溜板放大图，溜板箱内装有将光杠和丝杠的旋转运动变成刀架直线运动的机构。其功用是将进给箱传来的运动传递给刀架，使刀架实现纵向进给运动、横向进给运动、快速移动或车螺纹。在溜板箱上装有各种手柄及按钮，可以方便地操作机床。床鞍上装有中溜板 1、转盘 3、小溜板 4 和方刀架 2，可使刀具做纵向、横向、斜向进给运动。

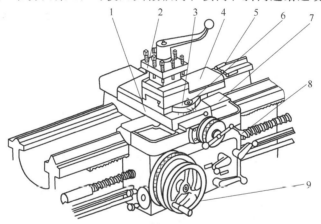

图 3.12 车床溜板

1—中溜板；2—方刀架；3—转盘；4—小溜板；5—小溜板手柄；
6—固定螺钉；7—床鞍；8—中溜板手柄；9—大溜板手柄

（1）中溜板 1　可沿床鞍上的导轨做横向移动，实现手动进切深、手动进给（旋转中溜板手柄 8）运动或机动进给运动。

（2）转盘 3　与中溜板用固定螺钉 6 紧固，松开固定螺钉 6 便可在水平面内扳转任意角度。

（3）小溜板 4　可沿转盘上面的导轨做短距离纵向移动，实现手动进切深、手动进给（旋转小溜板手柄 5）运动；当将转盘 3 偏转若干角度后，可使小滑板做斜向进给运动，以便车锥面。

（4）方刀架 2　固定在小溜板上，可同时装夹 4 把车刀。松开锁紧手柄，即可转动方刀架，把所需要的车刀更换到工作位置上。

4. 尾座

如图 3.4 所示，尾座 9 安装于床身 10 的尾座导轨上。其上的套筒可安装顶尖，也可安装各种孔加工刀具，用来支承工件或对工件进行孔加工。如图 3.13 所示，尾座主要由顶尖

1、套筒锁紧手柄 2、顶尖套筒 3、丝杠 4、螺母 5、尾座锁紧手柄 6、手轮 7、尾座体 8、底座 9 等几部分组成。

顺时针摇动手轮 7，可使顶尖套筒 3 向左轴向移动，以顶起工件，用套筒锁紧手柄 2 锁紧顶尖套筒 3，即可对工件进行切削加工，松开套筒锁紧手柄 2，逆时针摇动手轮 7，可退出顶尖；如将顶尖换成孔加工刀具，顺时针摇动手轮 7，可实现刀具的纵向进给，对工件内孔进行加工；尾座还可沿床身导轨推移至所需位置，然后用尾座锁紧手柄 6 将尾座夹紧在所需的位置上，以适应不同长度的工件的需要。

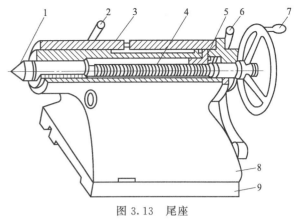

图 3.13 尾座
1—顶尖；2—套筒锁紧手柄；3—顶尖套筒；4—丝杠；5—螺母；6—尾座锁紧手柄；7—手轮；8—尾座体；9—底座

5. 床身

如图 3.4 所示，床身 10 固定在床腿 1、11 上，是车床的基本支承件，床身的功用是支承各主要部件并使它们在工作时保持准确的相对位置。

6. 丝杠

如图 3.4 所示，丝杠 13 能带动大拖板做纵向移动，用来车削螺纹。丝杠是车床中的主要精密件之一，一般不用丝杠自动进给，以便长期保持丝杠的精度。

7. 光杠

如图 3.4 所示，光杠 12 用于机动进给时传递运动。通过光杠可把进给箱的运动传递给溜板箱，使刀架做纵向或横向进给运动。

任务 2　车刀

车刀的结构比较简单，是应用最广的一种刀具。

车刀按其结构的不同，可分为整体式车刀、焊接式车刀、机夹式车刀、可转位式车刀等。如图 3.14 所示。

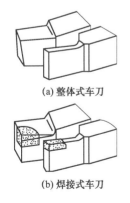
(a) 整体式车刀

(b) 焊接式车刀

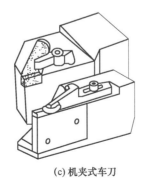
(c) 机夹式车刀

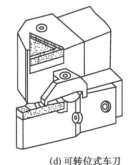
(d) 可转位式车刀

图 3.14 车刀结构

1. 整体式车刀

如图 3.14（a）所示，整体式车刀用整体高速钢制造，刃口可磨得较锋利，刀杆截形大都为正方形或矩形，使用时其刀刃和切削角度可根据不同用途进行修磨，主要用于成形车刀和螺纹车刀。

2. 焊接式车刀

如图 3.14（b）所示，硬质合金焊接车刀是将硬质合金刀片用铜或其他焊料将刀片钎焊在普通碳钢（通常为 45 钢、55 钢）刀杆上，再经刃磨而成，结构紧凑，使用灵活，适用于各类车刀特别是小刀具。

3. 机夹式车刀

如图 3.14（c）所示，机夹式车刀是将标准硬质合金刀片用机械夹固的方法安装在刀杆上。刀片的夹紧要求结构简单、夹固可靠、刀片便于调整。

机夹式车刀避免了焊接产生的应力、裂纹等缺陷，刀杆利用率高。刀片可集中刃磨获得所需参数，使用灵活方便。

4. 可转位式车刀

如图 3.14（d）所示，可转位式车刀是利用可转位刀片以实现不重磨快换刀刃的机械夹固式车刀。

可转位式车刀的结构通常由刀杆 1、刀片 3、刀垫 4 和夹紧元件 2 组成，如图 3.15 所示。可转位式车刀的各个主要角度，是由刀片角度和刀片夹装在具有一定角度刀槽的刀杆上综合形成的。刀杆上刀槽的角度根据所选刀片参数来设计和制造。刀杆材料选用 45 钢，35～40HRC。

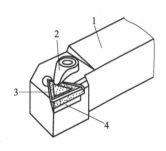

图 3.15　硬质合金可转位车刀
1—刀杆；2—夹紧元件；
3—刀片；4—刀垫

采用刀垫是为了保护刀杆，延长刀杆的使用寿命（防止打刀时损坏刀杆，正常切削时，可防止切屑擦伤刀杆）。刀垫的主要尺寸按相应的刀片尺寸设计，材料选择 GCr15、YG8 或 W18Cr4V 等。

可转位式车刀的特点在于：硬质合金刀片是标准化、系列化生产的，其几何形状均事先磨出。而车刀的前后角是靠刀片在刀杆槽中安装后得到的，刀片可以转动，当一条切削刃用钝后可以迅速转位将相邻的新刀刃换成主切削刃继续工作，直到全部刀刃用钝后才取下刀片报废回收，再换上新的刀片继续工作。因此，可转位式车刀完全避免了焊接式和机械夹固式车刀因焊接和重磨带来的缺陷，无须磨刀换刀，切削性能稳定，生产效率和质量均大大提高，是当前我国重点推广应用的刀具之一。

可转位式车刀刀片典型夹固结构如表 3.9。

表 3.9　可转位车刀刀片典型夹固结构

形式	结构简图	结构特点
上压式		利用桥形压板或鹰爪形压板通过螺钉从上面将刀片夹紧，结构简单，夹紧可靠，定位精度高，但压板会妨碍切屑的流出，主要用于不带孔的刀片夹紧

续表

形式	结构简图	结 构 特 点
楔块式		利用圆柱销定位,通过螺钉将楔块下压使楔块侧面将刃片压紧,结构简单,夹紧可靠,但定位精度较低
偏心式		利用螺钉上端的偏心销将刃片夹紧,结构简单,装卸方便,切屑流出顺畅,但定位精度不高,夹紧力较小,适于中、小机床上的连续平稳切削
杠杆式	(a) (b)	利用侧面螺钉使杠销以中部的鼓形柱面为支点倾斜,从而使杠销上端的鼓形柱面将刃片向刀槽定位面夹紧,刃片装卸简单,使用方便,夹紧力大,定位精度较高,但制造较为复杂

任务 3 工程应用

车削加工的特点是工件旋转,形成主切削运动,刀具的移动为进给运动。通过刀具相对工件实现不同的进给运动,可以获得不同的工件形状。因此车削加工后形成的面主要是回转表面,也可加工工件的端面。

1. 车外圆

如图 3.16 所示为车削工件外圆情况,工件回转,车刀轴向直线进给。图 3.16(a)所示为用 90°外圆车刀,车削阶梯轴凸肩或用于加工细长轴和刚性不好的轴类零件。图 3.16(b)所示为用主偏角 45°左右,前角可在 5°～30°选用,后角一般为 6°～12°的偏头车刀车削工件外圆。如工件要求凸肩与轴线垂直,则需要锁住大溜板,径向进给走刀。

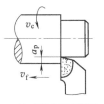
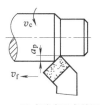

(a) 直角车刀车外圆　(b) 弯头车刀车外圆

图 3.16　车外圆

2. 车端面、锥面、切槽

如图 3.17 所示为车削工件端面、锥面、切槽。图 3.17(a)所示为端面车刀车削工件端面,工件回转,车刀径向进给。一般车刀由工件外圆向中心进给,加工带孔的工件端面时,也可由中心向外圆进给。图 3.17(b)所示为外圆车刀车削工件外圆锥面,需要锁住大溜板,将小刀架

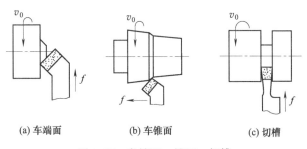

(a) 车端面　　　(b) 车锥面　　　(c) 切槽

图 3.17　车端面、锥面、切槽

搬转角度,工件回转,摇小刀架手动进给。图 3.17 (c) 所示为切断刀 (或切槽刀) 切断工件或切工件上的窄槽,工件回转,摇中溜板手动进给。切断刀和切槽刀结构形式相同,不同点在于:切断刀的刀头伸出较长 (一般大于工件 5mm),且宽度很小 (一般为 2～6mm),因此,切断刀狭长,刚性差;切槽刀刀头伸出长度和宽度取决于所加工工件上槽的深度和宽度。

3. 车内孔

如图 3.18 所示为车内孔。图 3.18 (a) 所示为切内孔槽。将内孔切槽刀安装在方刀架上,工件回转,手摇中溜板进给,切内孔槽。图 3.18 (b) 所示为钻中心孔。将中心钻安装在尾座上,工件回转,摇尾座手轮手动进给,可加工工件中心孔或给后续钻孔定心。图 3.18 (c) 所示为钻孔。将钻头安装在尾座上,工件回转,摇尾座手轮手动进给,可加工工件中心孔。图 3.18 (d) 所示为镗内孔。将内孔车刀安装在方刀架上,工件回转,大溜板自动进给,可镗削任意大小的内孔 (车床允许的范围内)。内孔刀分为通孔刀和不通孔刀两种,通孔刀的主偏角小于 90°,一般为 45°～75°,副偏角为 20°～45°;不通孔刀的主偏角应大于 90°,刀尖在刀杆的最前端,为了使内孔底面车平,刀尖与刀杆外端距离应小于内孔的半径。图 3.18 (e) 所示为铰中心孔。当中心孔精度要求较高时,可将铰刀安装在尾座上,工件回转,摇尾座手轮手动进给,铰孔精度高。

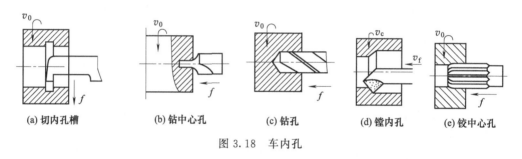

(a) 切内孔槽　　(b) 钻中心孔　　(c) 钻孔　　(d) 镗内孔　　(e) 铰中心孔

图 3.18　车内孔

4. 车特殊表面

如图 3.19 所示为车特殊表面。图 3.19 (a) 所示为车成形面。将外圆圆弧刀或尖刀安装在方刀架上,工件回转,双手同时摇动大溜板及中溜板或双手同时摇动中溜板及小溜板。车成形面时,需提前制作一个符合工件成形面轴截面形状的薄钢板作为模板,将模板与成形面接触,观察透光度均匀,即为合格。图 3.19 (b) 所示为车外螺纹。螺纹按牙型有三角形、方形和梯形等,使用的螺纹车刀有三角形螺纹车刀、方形螺纹车刀和梯形螺纹车刀等,其中以三角形螺纹车刀应用最广。将螺纹车刀安装在方刀架上,按主轴 (工件) 转一转,车刀进给一个螺纹导程的定比传动调整好进给量,挂好丝杠,即可完成车削螺纹运动。车内螺纹同车外螺纹相似,只是调整背吃刀量方向相反。图 3.19 (c) 所示为滚花。将滚花刀安装在方刀架上,工件回转,摇动中溜板手动进给,即可对工件外圆面进行滚花。滚花的目的是增加摩擦力,有时也为表面装饰。

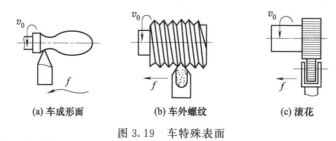

(a) 车成形面　　(b) 车外螺纹　　(c) 滚花

图 3.19　车特殊表面

5. 一夹一顶车外圆

如图 3.20 所示，车削较长轴类工件时，常采用一端用卡盘夹持，另一端用顶尖顶住的安装方法，增加工件的加工刚度。为了防止工件由于切削力的作用而产生轴向位移，在主轴内孔安装一个限位支承［如图 3.20（a）所示］或利用工件台阶做限位［如图 3.20（b）所示］。

6. 双顶车外圆

如图 3.21 所示，双顶车外圆是将左顶尖 2 放到车床主轴内孔中，工件依靠中心孔顶在左顶尖 2 与右顶尖 4 之间，用鸡心夹头 3 夹持工件，由拨盘 1 带动工件旋

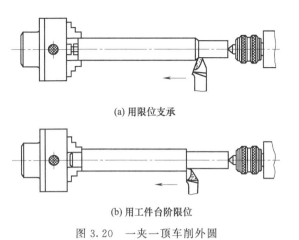

(a) 用限位支承

(b) 用工件台阶限位

图 3.20　一夹一顶车削外圆

转。此加工方法主要用于车床的精加工，能够保证两个相同（或不同）大小的圆柱面的同轴度要求。

7. 跟刀架

如图 3.22 所示，在车床上加工细长轴［长度与直径之比大于 25（即 $L/D > 25$）的轴叫细长轴，如丝杠、光杠等］时，由于细长轴刚性很差、车削加工时受切削力、切削热和振动等的作用和影响，极易产生变形，出现直线度、圆柱度等加工误差，不易达到图纸上的形位精度和表面质量等技术要求，使切削加工很困难，采用跟刀架可以解决这一问题。跟刀架 2 固定在床鞍上，它在刀具切削点附近支承工件并与刀架溜板一起作纵向移动。跟刀架与工件接触处的支承一般用耐磨的球墨铸铁或青铜。支承爪的圆弧，应在粗车后与外圆研配，以免擦伤工件。采用跟刀架能抵消加工时径向切削分力和工件自重的影响，从而减少切削振动和工件变形，但必须仔细调整，使跟刀架的中心与机床顶尖中心保持一致。

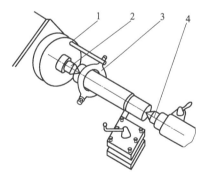

图 3.21　双顶车加工方法
1—拨盘；2—左顶尖；3—鸡心夹头；4—右顶尖

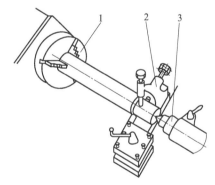

图 3.22　跟刀架加工方法
1—三爪卡盘；2—跟刀架；3—右顶尖

8. 中心架

车削较长轴、套类工件时，当工件可以分段切削时，可以将中心架架在某一个支承面上，这样，使 L/d 的比值按支承处的位置成比例降低，而工件的刚性则增加数倍。如图 3.23 所示，长轴双顶（或一夹一顶）装夹，将中心架固定在床身上，在工件慢速旋转的状态下，先使下部两支承爪均匀触及支承面后锁紧，再扣紧上盖，调节上支承爪位置，合适后锁紧。支承爪调节要求施力均匀，松紧适度，自然顺畅。

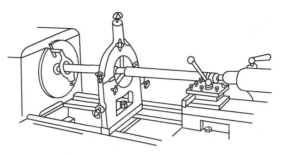

图 3.23　中心架加工方法

9. 四爪卡盘

对外形是四方形（或可四点装夹）、中心（或偏心）是圆孔类的工件，可用四爪卡盘装夹，车削端面、内孔，使工件内孔与端面垂直。如图 3.24 所示，首先在平台上划出要加工孔的中心十字线和圆孔线，然后将工件装夹在四爪上，划针装夹在磁力表座上，磁力表座吸附在床鞍上，用划针尖点找正圆孔线。当发现圆孔线偏离主轴轴线时，按最大方向对角松开一个卡盘爪，紧另一个卡盘爪；以此反复调整，直到手动旋转主轴时，圆孔线依次经过划针尖点，找正完成。注意：找正过程中，每调整一次，需要对划针重新调整指向位置。

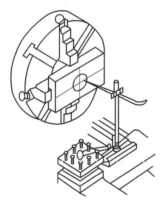

图 3.24　四爪卡盘加工方法

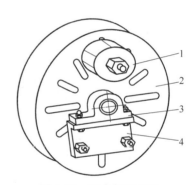

图 3.25　花盘加工方法
1—配重；2—花盘；3—工件；4—弯板

10. 花盘

花盘是安装在车床主轴上的一个大圆盘，盘面上有许多长短不等的径向导槽和 T 形槽，用以放角铁、压块、螺栓、螺母、垫块和平衡铁等。在车削形状不规则或形状复杂的工件时，三爪、四爪卡盘或顶尖都无法装夹，必须用花盘进行装夹。如图 3.25 所示，花盘 2 固定在车床主轴上，弯板 4 固定在花盘上，形成一个与车床主轴轴线平行的平面，配重 1 是为了加工工件 3 时车床主轴旋转动平衡。车工序前，首先加工底平面，钻侧向螺钉过孔，在平台上对工件 3 划圆孔位置线。车工序，可将工件 3 固定在弯板 4 上，按所划圆孔线找正，钻、车内孔，车端面。使端面与内孔轴线垂直。此方法适合于加工大小不同的内孔，加工精度高，效率高，适合于批量生产。

模块 3　铣床

铣床加工特点是以铣刀的旋转运动为主运动，工件在垂直于铣刀轴线方向的直线运动为进给运动的切削加工方式。为适应加工不同形状和尺寸的工件，工件与铣刀之间可在相互垂直的三个方向上调整位置，并根据加工要求，在其中任一方向实现进给运动。

任务 1 铣床结构

如图 3.26 所示为 XW6132 型万能卧式升降台铣床的外形图，它由床身 1、电动机 2、主轴 3、横梁 4、铣刀杆 5、托架 6、纵向工作台 7、回转台 8、横向工作台 9、升降台 10 和底座 11 等组成。主轴 3 是一空心轴，前端有 7∶24 的精密锥孔，其作用是安装铣刀锥柄或铣刀刀杆锥柄并带动铣刀旋转。纵向工作台 7 由纵向丝杠带动在回转台 8 的导轨上作纵向移动，以带动台面上的工件作纵向进给运动；纵向工作台 7 台面上的 T 形槽用以安装夹具或工件。横向工作台 9 位于升降台 10 上面的水平导轨上，可带动回转台 8、纵向工作台 7 一起作横向进给运动。回转台 8 可将纵向工作台 7 在水平面内扳转一定的角度（正、反均为 0°～45°）。升降台 10 可以带动整个工作台沿床身 1 的垂直导轨上下移动，以调整工件与铣刀的距离和实现垂直进给运动。工作台纵向、横向、垂直方向均有手动进给、机动进给和机动快进三种方

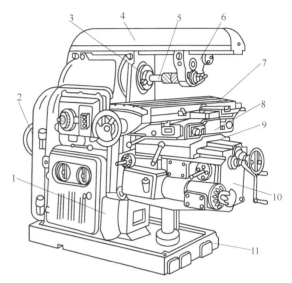

图 3.26 XW6132 型万能卧式升降台铣床
1—床身；2—电动机；3—主轴；4—横梁；
5—铣刀杆；6—托架；7—纵向工作台；8—回
转台；9—横向工作台；10—升降台；11—底座

式，快速进给可使工件迅速到达加工位置，加工方便、快捷，缩短非加工时间。横梁 4 可在水平导轨上伸出与缩短，其上装有托架 6，用以支承刀杆，以减少刀杆的弯曲与振动。底座 11 用以支承床身和升降台，内盛切削液。

万能卧式升降台铣床的结构与普通卧式升降台铣床基本相同，只是在纵向工作台 7 和横向工作台 9 之间增加了回转台 8，使纵向工作台 7 可绕回转台 8 轴线作 ±45° 范围内的偏转角度，以便铣削加工斜槽、螺旋槽等表面，扩大了铣床的工艺范围。

任务 2 铣刀

铣刀是刀齿分布在旋转表面上或端面上的多刃刀具，由于参加切削的齿数多、刀刃长，并能采用较高的切削速度，故生产率较高，加工范围也很广泛。缺点是：铣削是断续切削，刀齿切入和切出都会产生振动冲击；刀齿多，容屑和排屑条件差；在切入阶段，刀刃的刃口圆弧面推挤金属，在已加工表面上滑动，使刀具磨损加剧，加工表面变粗糙。

1. 圆柱铣刀

如图 3.27 所示。螺旋形切削刃分布在圆柱表面，没有副切削刃，主要用于卧式铣床上铣平面。螺旋形的刀齿切削时是逐渐切入和脱离工件的，

(a) 整体式　　(b) 镶齿式

图 3.27 圆柱铣刀

其切削过程比较平稳，一般适用于加工宽度小于铣刀长度的狭长平面。一般圆柱铣刀都用高速钢制成整体式［如图 3.27（a）所示］，根据加工要求不同有粗齿、细齿之分，粗齿的容屑槽大，用于粗加工，细齿的容屑槽小，用于半精加工。圆柱铣刀外径较大时，常制成镶齿式［如图 3.27（b）所示］。

2. 面铣刀

如图 3.28 所示。其切削刃位于圆柱的端头，圆柱或圆柱面上的刃口为主切削刃，端面刀刃为副切削刃。铣削时，铣刀的轴线垂直于被加工表面，适用于在立铣床上加工平面。

用面铣刀加工平面，同时参加切削的刀齿较多，又有副切削刃的修光作用，故加工表面的粗糙度值较小，因此，可以用较大的切削量，大平面铣削时都采用面铣刀铣削，生产率较高。小直径面铣刀用高速钢做成整体式［如图 3.28（a）所示］，大直径的面铣刀是在刀体上装焊接式硬质合金刀头［如图 3.28（b）所示］，或采用机械夹固式可转位硬质合金刀片刀头［如图 3.25（c）所示］，即用定位座夹板 2 将可转位硬质合金刀片 3 夹固在定位座 4 上。

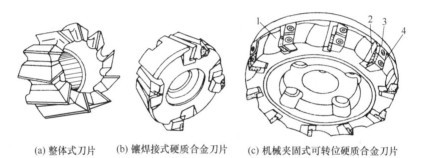

图 3.28　面铣刀
1—刀体；2—定位座夹板；3—可转位刀片；4—定位座

3. 立铣刀

立铣刀相当于带柄的、在轴端有副切削刃的小直径圆柱铣刀，因此，立铣刀即可作圆柱铣刀用，又可以利用端部的副切削刃起面铣刀的作用。各种立铣刀如图 3.29 所示，它以柄部装夹在立铣头主轴中，可以铣削窄平面、直角台阶、平底槽等，应用十分广泛。另外，还有粗齿大螺旋角立铣刀、硬质合金波形刃立铣刀等，它们的直径较大，可以采用大的进给量，生产效率很高。

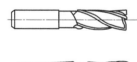
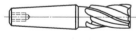

图 3.29　立铣刀

4. 三面刃铣刀

三面刃铣刀也称盘铣刀，如图 3.30 所示。由于在刀体的圆周上及两侧环形端面上均有刀刃，所以称为三面刃铣刀。它主要用在卧式铣床上加工台阶面和一端或两端贯通的浅沟槽。三面刃铣刀的圆周刀刃为主切削刃，侧面刀刃是副切削刃，只对加工侧面起修光作用。三面刃铣刀有直齿［如图 3.30（a）所示］和交错齿［如图 3.30（b）所示］两种，交错齿三面刃铣刀能改善两侧的切削性能，有利于沟槽的切削加工。直径较大的三面刃铣刀常采用镶齿［如图 3.30（c）所示］结构，直径较小的往往用高速钢制成整体式。

(a) 直齿

(b) 交错齿

(c) 镶齿

图 3.30　三面刃铣刀

5. 锯片铣刀

锯片铣刀如图 3.31 所示。它本身很薄，只在圆周上有刀齿，主要用于切断工件和在工件上铣狭槽。为避免夹刀，其厚度由边缘向中心减薄，使两侧形成副偏角。还有一种切口铣刀，它的结构与锯片铣刀相同，只是外径比锯片铣刀小，齿数更多，适用于在较薄的工件上铣狭窄的切口。

6. 键槽铣刀

键槽铣刀如图 3.32 所示，主要用来铣轴上的键槽。如图 3.29（a）所示键槽铣刀，它的外形与立铣刀相似，不同的是它在圆周上只有两个螺旋刀齿，其端面刀齿的刀刃延伸至中心，因此在铣两端不通的键槽时，可以作适量的轴向进给。还有一种半圆键槽铣刀［如图 3.29（b）所示］，专用于铣轴上的半圆键槽。

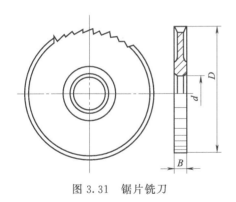

图 3.31　锯片铣刀

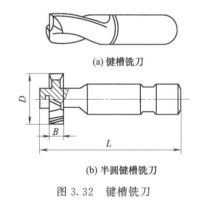

(a) 键槽铣刀

(b) 半圆键槽铣刀

图 3.32　键槽铣刀

任务 3　工程应用

1. 铣削原理

（1）周铣和端铣　用铣刀的圆周刀齿加工平行于铣刀轴线的表面称为周铣。如图 3.33 所示用圆柱铣刀铣工件侧面。周铣对被加工表面的适应性较强，如铣狭长的平面、铣台阶面、铣沟槽和铣成形表面等。周铣时，由于同时参加切削的刀齿数较少，切削过程中切削力的变化较大，铣削的平稳性较差；刀齿刚切削时，切削厚度为零，刀尖与工件表面强烈摩擦（用圆柱铣刀逆铣），降低了刀具的耐用度。周铣时，只有圆周刀刃进行铣削，已加工表面实际上是由无数浅的圆沟组成，表面粗糙度较大。

用铣刀的端面齿加工垂直于铣刀轴线的表面称为端铣，如图 3.33 所示用圆柱铣刀铣工件底面。大多数情况下，端铣采用图 3.28 所示的面铣刀。端铣时，同时参加切削的刀齿数

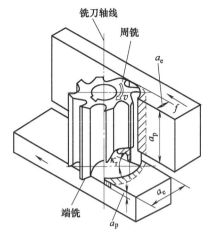

图 3.33 圆柱铣刀的周铣和端铣

较多,铣削过程中切削力变化比较小,铣削比较平稳;端铣的刀齿刚刚切削时,切削厚度虽小,但不等于零,这就可以减轻刀尖与工件表面强烈摩擦,可以提高刀具的耐用度。端铣有副刀刃参加切削,当副偏角较小时,对加工表面有修光作用,加工质量好,生产效率高。在大平面的铣削中,大多采用端铣。

(2) 顺铣和逆铣　铣床在进行切削加工时,当工件的进给方向与铣刀刀尖圆和已加工平面的切点处的切削速度的方向相反时,称为逆铣;反之,称为顺铣。

顺铣时铣刀刀齿以最大铣削厚度切入工件而逐渐减小至零,后刀面与工件无挤压、摩擦现象,铣刀耐用度比逆铣提高 2～3 倍;加工表面精度较高。顺铣不宜于铣削带硬皮的工件,同时,由于顺铣时铣削力的水平分力与工件进给方向相同,可能会使工作台轴向窜动,使铣削进给量不均匀,甚至打刀。因此,在精加工时,多采用顺铣。如图 3.34 所示。

逆铣时铣刀后刀面与工件挤压、摩擦现象严重,会加速刀齿的磨损,降低加工表面质量,同时,由于逆铣时铣削力的垂直分力向上,工件需较大的夹紧力。逆铣多用于粗加工,加工有硬皮的铸件、锻件毛坯时,应采用逆铣。如图 3.35 所示。

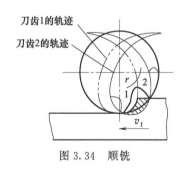

图 3.34 顺铣

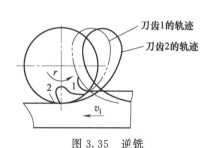

图 3.35 逆铣

2. 铣削方法

(1) 铣平面　铣平面方法如图 3.36 所示,图 3.36 (a) 所示用圆柱铣刀在卧式铣床上铣宽度不大的平面。当选用较大螺旋角的圆柱铣刀时,可以适当提高进给量。圆柱铣刀通过刀杆支承在横梁上,刚性较高,铣削力较大。选用圆柱铣刀时应注意铣刀的宽度要大于所铣平面的宽度;螺旋齿圆柱铣刀的螺旋线方向应使铣削时产生的轴向切削力指向主轴承方向。图 3.36 (b)、(c) 所示用立铣刀铣工件的上平面或侧面,刀具悬伸较长,刚性不高,铣削

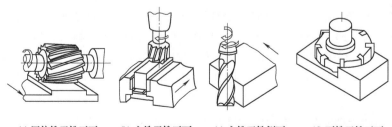

(a) 圆柱铣刀铣平面　　(b) 立铣刀铣平面　　(c) 立铣刀铣侧面　　(d) 面铣刀铣平面

图 3.36 铣平面

进给量较小。图 3.36（d）所示用面铣刀铣平面，刀杆刚度好，铣削厚度变化小，同时参加切削的刀齿数较多，切削平稳，面铣刀的主切削刃担负着主要的切削任务，而副切削刃具有修光的作用，加工表面质量高，生产效率高。

（2）铣沟槽　铣沟槽方法如图 3.37 所示，图 3.37（a）所示用立铣刀铣通槽；如若铣不通的槽，首先在槽内任一点钻一个比立铣刀直径略小的孔，便于轴向进刀或者切削时要逐层切下，因立铣刀一次轴向进给量不能太大。铣刀装夹要牢固，避免因轴向铣削分力大而产生"掉刀"现象。图 3.37（b）所示用三面刃铣刀铣通槽。由于三面刃铣刀是每个刀齿逐次切到工件上，切削时震动较大，精度较低。切削槽的深度不能超过刀具半径与刀杆半径之差。

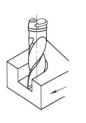
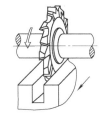

(a) 立铣刀　　(b) 三面刃铣刀

图 3.37　铣沟槽

（3）铣键槽　铣键槽方法如图 3.38 所示，图 3.38（a）所示用键槽铣刀铣键槽，先在任一端铣一个深度，然后轴向走刀铣要求的长度，重复上述铣削过程，直至铣到深度为止。或者先在任一端铣到要求的深度，然后轴向走刀铣到要求的长度。图 3.38（b）所示用半圆键槽铣刀铣半圆形键槽，可将铣刀宽度方向的对称平面通过工件轴线，垂直向下进给，即可完成半圆键槽加工。

（4）铣 T 形槽　铣 T 形槽方法如图 3.39 所示，首先用立铣刀或三面刃铣刀铣垂直槽至全槽深，如图 3.39（a）所示，再用 T 形槽铣刀铣削 T 形槽，如图 3.39（b）所示。

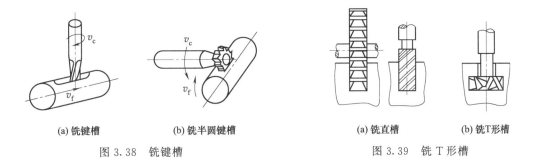

(a) 铣键槽　　　　(b) 铣半圆键槽　　　　　　(a) 铣直槽　　　(b) 铣T形槽

图 3.38　铣键槽　　　　　　　　　　　　　　　　图 3.39　铣 T 形槽

（5）铣燕尾槽　铣燕尾槽方法如图 3.40 所示，首先根据燕尾槽口宽度用立铣刀铣出直槽，再用燕尾槽铣刀铣出左、右两侧燕尾，如图 3.40（a）所示；铣削燕尾块的方法是首先用立铣刀铣出两侧凸台，再用燕尾槽铣刀铣出左、右两侧燕尾，如图 3.40（b）所示。

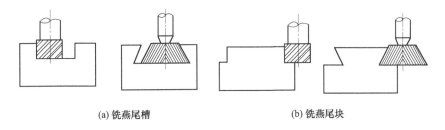

(a) 铣燕尾槽　　　　　　　　(b) 铣燕尾块

图 3.40　铣燕尾槽及燕尾块

（6）切断　如图 3.41 所示，用锯片铣刀切断板料或型材，也可铣削工件上的狭缝（如自制螺母）。被切断部分底面支承要牢固，避免切断时因工件弹落而引起打刀。

（7）铣成形面　如图3.42所示用半圆（或圆弧）成形铣刀铣削各种半径的凹形面或半圆槽及各种半径的凸形面。

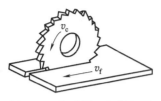

图3.41　锯片铣刀切断板料

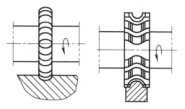

图3.42　半圆铣刀铣凸、凹形面

（8）铣内型腔　铣内型腔的方法如图3.43所示，首先按内型腔的形状在板材上划线，然后用立铣刀[如图3.43（a）所示]或模具铣刀[如图3.43（b）所示]按划线范围铣出内腔形状。由于内型腔不属于规则形状，因此，需要手动进给或纵、横向同时手动进给。目前，内型腔加工方法多采用数控铣床或加工中心进行。

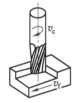
(a) 立铣刀

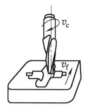
(b) 模具铣刀

图3.43　铣内型腔

（9）万能分度头　如图3.44所示，在铣床上，采用万能分度头装夹工件进行铣削的方式应用非常广泛。图3.44（a）所示用成形铣刀铣工件外圆柱面花键。工件2安装在尾座1和万能分度头3之间，成形铣刀5纵向进给即可铣出第一个花键槽，利用万能分度头进行分度，成形铣刀5纵向进给即可铣出第二个花键槽，以此类推，可以铣出所有的花键槽。图3.44（b）所示用立铣刀铣工件外圆柱面。搬转万能分度头上的卡盘至垂直方向，将工件2装夹在万能分度头的卡盘上，立铣刀4对正卡盘中心，距离是被加工工件的半径，手动转动万能分度头，即可加工出圆柱面。注意：多数工件需要加工半圆柱面，如链节工件。图3.44（c）所示用成形铣刀铣工件圆锥齿轮。搬转万能分度头上的卡盘至其轴线与水平面的夹角等于工件圆锥半角，将工件2装夹在万能分度头的卡盘上，成形铣刀5纵向进给即可铣出第一个圆锥齿轮齿形，利用万能分度头进行分度，可铣出其他齿形。

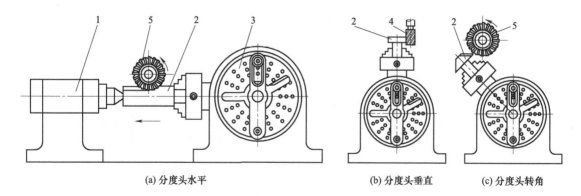

图3.44　万能分度头应用

1—尾座；2—工件；3—万能分度头；4—立铣刀；5—成形铣刀

模块 4 ▶ 磨床

任务 1 磨床结构

1. M1432A 型万能外圆磨床

M1432A 型万能外圆磨床是普通精度级万能外圆磨床。它主要用于磨削 IT6～IT7 级精度的圆柱形、圆锥形的外圆和内孔，还可磨削阶梯轴的轴肩、端平面等。磨削表面粗糙度 Ra 为 $1.25～0.05\mu m$。M1432A 型万能外圆磨床的通用性较好，但生产率较低，适于单件小批生产。

M1432A 型万能外圆磨床的布局如图 3.45 所示，其主要组成部分如下。

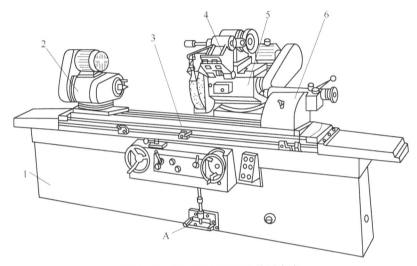

图 3.45 M1432A 型万能外圆磨床
1—床身；2—头架；3—工作台；4—内磨装置；5—砂轮架；6—尾座；A—脚踏操纵板

（1）床身　床身 1 是磨床的基础支承件，在它上面装有工作台、砂轮架、头架、尾座等部件，使它们在工作时保持准确的相对位置。床身的内部用做液压油的油池。

（2）头架　头架 2 用于安装和夹持工件，并带动工件旋转完成圆周进给运动。当头架回转一个角度时，可磨削短圆锥面；当头架逆时针回转 90°时，可磨削小平面。

（3）工作台　工作台 3 装在床身顶面前部的纵向导轨上，台面上装有头架 2 和尾座 6，被加工工件支承在头架和尾座顶尖上，或用头架上的卡盘夹持。工作台由液压传动沿床身导轨往复移动，使工件实现纵向进给运动。工作台 3 由上下两层组成。上工作台可绕下工作台在水平面内旋转一个角度（±10°），用以磨削锥度较小的圆锥面。

（4）内磨装置　内磨装置 4 装在砂轮架上，主要由支架和内圆磨具两部分组成。内圆磨具是磨内孔用的砂轮主轴部件，它做成独立部件，安装在支架的孔中，可以很方便地进行更换，通常每台万能外圆磨床都备有几套尺寸与极限工作转速不同的内圆磨具，供磨削不同直径的内孔时选用。

（5）砂轮架　砂轮架 5 安装在床身顶面后部的横向导轨上，用于支承并传动砂轮主轴高速旋转。当需磨削短圆锥面时，砂轮架可以在水平面内调整至一定角度（±30°）。

（6）尾座　尾座 6 上的后顶尖和头架 2 的前顶尖一起支承工件。尾座在工作台上可左右移动调整位置，以适应装夹不同长度工件的需要。

2. 无心外圆磨床

如图 3.46 所示是无心外圆磨床的外形图。它由床身 1、砂轮修整器 2、砂轮架 3、导轮修整器 4、转动体 5、工件座架 11 等组成。磨削砂轮是由装在床身内的电动机经皮带传动带动旋转，通常不变速，导向轮可作有级或无级变速，以获得所需的工件进给速度，它的传动装置在座架 6 内。导向轮可通过转动体 5 在垂直平面内相对座架 6 转动位置，以便使导向轮主轴能根据加工需要相对磨削砂轮主轴偏转一定角度，在砂轮架 3 的左上方装有砂轮修整器 2，在导轮转动体 5 上面装有导轮修整器 4，它们可根据需要修整磨削砂轮和导向轮的几何形状。另外座架 6 能沿滑板 9 上导轨移动，实现横向进给运动，回转底座 8 可在水平

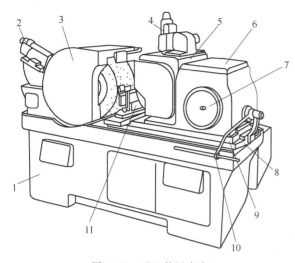

图 3.46 无心外圆磨床
1—床身；2—砂轮修整器；3—砂轮架；4—导轮修整器；
5—转动体；6—座架；7—微量进给手轮；8—回转底座；
9—滑板；10—快速进给手柄；11—工件座架

面内转动一定角度，以便磨出锥度不大的圆锥面。

3. 平面磨床

如图 3.47 所示是两种卧轴矩台平面磨床的外形图。图 3.47（a）所示为砂轮架移动式，工作台 4 只作纵向往复运动，而由砂轮架 1 沿滑鞍 2 上的燕尾型导轨移动来实现周期的横向进给运动；滑鞍 2 和砂轮架 1 一起可沿立柱 3 的导轨垂直移动，完成周期的垂直进给运动。图 3.47（b）所示为十字导轨式，工作台 4 装在床鞍 6 上。工作台除了作纵向往复运动外，还随床鞍 6 一起沿床身 5 的导轨作周期的横向进给运动，而砂轮架 1 只作垂直周期进给运动。在这类平面磨床上，工作台的纵向往复运动和砂轮架的横向周期进给运动，一般都采用液压传动。砂轮架 1 的垂直进给运动通常是手动的。为了减轻工人的劳动强度和节省辅助时间，有些机床具有快速升降机构，用以实现砂轮架的快速机动调位运动。砂轮主轴采用内连

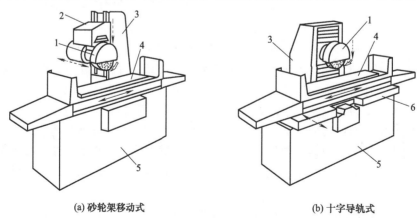

(a) 砂轮架移动式　　　　　　　　(b) 十字导轨式

图 3.47 卧轴矩台平面磨床
1—砂轮架；2—滑鞍；3—立柱；4—工作台；5—床身；6—床鞍

电动机直接传动。

任务 2　砂轮

砂轮是由结合剂将磨料颗粒黏结而成的多孔体（如图3.48所示）。磨粒依靠结合剂构成的"桥"支持着，承受磨削力作用，砂轮内的网状空隙起到容纳磨屑和散热作用。磨粒、结合剂、网状空隙构成砂轮结构的三要素。

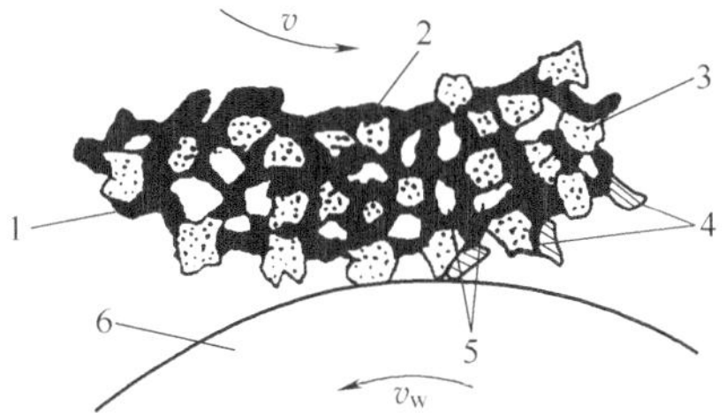

砂轮的种类很多，不仅有各种形状和尺寸，而且由于磨粒和结合剂的材料及砂轮制造工艺不同，而具有不同的性能，每一种砂轮，都只有一定的适用范围。在进行任何一项磨削加工时都要根据具体条件，选用合适的砂轮。

图 3.48　砂轮的构造
1—砂轮；2—结合剂；3—磨粒；
4—磨屑；5—气孔；6—工件

1. 磨料

砂轮中磨粒的材料称为磨料。在磨削过程中，磨粒担负着切削工作，它要经受剧烈的挤压、摩擦以及高温的作用，磨料必须具备很高的硬度、耐热性和一定的韧性，同时还要具有比较锋利的几何形状，以便切入金属。

磨料分天然磨料和人造磨料两大类，天然磨料有刚玉、金刚石等。天然刚玉含杂质多且不稳定，天然金刚石价格昂贵，很少采用，目前制造砂轮用的磨料主要是人造磨料。常用磨料性能及适用范围如表3.10所示。

表 3.10　常用磨料性能及适用范围

系　别	磨　料	代　号	性　　能	适用磨削范围
刚玉	棕刚玉	A	棕褐色，硬度较低，韧性较好	碳钢、合金钢、铸铁
	白刚玉	WA	白色，较A硬度高，磨粒锋利，韧性差	淬火钢、高速钢、合金钢
	铬钢玉	PA	玫瑰红色，韧性较WA好	高速钢、不锈钢、刀具刃磨
碳化物	黑碳化硅	C	黑色带光泽，比刚玉类硬度高，导热性好，韧性差	铸铁、黄铜、非金属材料
	绿碳化硅	GC	绿色带光泽	硬质合金、宝石、光学玻璃
超硬磨料	人造金刚石	MBD、RVD等	白色、淡绿、黑色，硬度最高，耐热性较差	硬质合金、宝石、陶瓷
	立方氮化硼	CBN	棕黑色，硬度仅次于MBD，韧性较MBD好	高速钢、不锈钢、耐热钢

（1）刚玉类　刚玉类磨料主要成分是氧化铝（Al_2O_3），适合磨削抗拉强度较高的材料，按氧化铝质量、数量、结晶构造、渗入物不同，刚玉类磨料可分为以下几种：

① 棕刚玉 A（GZ）　棕刚玉的颜色呈棕褐色。用它制造的陶瓷结合剂砂轮通常为蓝色或浅蓝色。棕刚玉的硬度和韧性较好，能承受较大磨削压力，适于磨削碳素钢、合金钢、硬青铜等金属材料，且价格便宜。

② 白刚玉 WA（GB）　白刚玉含氧化铝的纯度极高，呈白色，因此又称白色氧化铝。白刚玉较棕刚玉硬而脆，磨粒相当锋利，磨粒也容易破裂而形成新的锋利刃口，因此白刚玉具有良好的切削性能，磨削过程产生的磨削热比棕刚玉低。适用于精磨各种淬硬钢、高速钢

以及容易变形的工件等。

③ 铬刚玉 PA（GG） 铬刚玉除了含氧化铝以外，还有少量的氧化铬（Cr_2O_3），颜色呈玫瑰红色。其硬度与白刚玉相近，而韧性比白刚玉好，适用于磨削韧性好的钢件，如磨高钒高速钢时砂轮的耐用度和磨削效率均比白刚玉高。在相同磨削条件下，用铬刚玉磨出的工件表面粗糙度比白刚玉砂轮稍细。适用于精磨各种淬硬钢件。

（2）碳化硅类 碳化硅类磨料的硬度和脆性比刚玉类磨料高，磨粒也更锋利，不宜磨削钢类等韧性金属，适用于磨削脆性材料，如铸铁、硬质合金等，碳化硅类不宜磨削钢类的另一个原因是：在高温下碳化硅中的碳原子要向钢的铁素体中扩散。碳化硅由硅石和焦炭为原料在高温电炉中熔炼而成，按含 SiC 的纯度不同，可以分为以下两种：

① 黑碳化硅 C（TH） 磨料的颜色呈黑色，且有金属光泽，其硬度高于刚玉类的任何一种。磨粒棱角锋利，但很脆，经不住大的磨削压力，较适宜于磨削抗拉强度低的材料，如铸铁、黄铜、青铜等。

② 绿碳化硅 GC（TL） 含碳化硅的纯度极高，呈绿色，有美丽的金属光泽，绿色碳化硅的硬度比黑色碳化硅高，刃口锋利，但脆性更大，适于磨削硬而脆的材料，如硬质合金等。

（3）超硬类 超硬类磨料是近年来发展起来的新型磨料。

① 人造金刚石 SD（JR） 金刚石是目前已知物质最硬的一种材料，其刃口非常锋利，切削性能优良，但价格昂贵。主要用于高硬度材料如硬质合金、光学玻璃等加工。工业中用的大多是人造金刚石，人造金刚石的价格比天然金刚石低得多。

② 立方氮化硼 CBN 主要用于磨削高硬度、高韧性的难加工钢材。它呈棕黑色，硬度稍低于金刚石，是与金刚石互为补充的优质磨料。金刚石磨轮在磨削硬质合金和非金属材料时，具有独特的效果，但在磨削钢料时，尤其是磨削特种钢时，效果不显著，因为金刚石中的碳元素要向钢中扩散。立方氮化硼磨轮磨削钢料的效率比刚玉砂轮要高近百倍，比金刚石高五倍，但磨削脆性材料不及金刚石。目前，立方氮化硼磨轮正在航空、机床、工具、轴承等行业中推广使用。

2. 粒度

粒度是表示磨粒尺寸大小的参数，对磨削表面的粗糙度和磨削效率有很大影响，粒度粗，即磨粒大，磨削深度可以增加，效率高，但磨削的表面质量差，反之粒度细，磨粒小，在砂轮工作表面上的单位面积上的磨粒多，磨粒切削刃的等高性好，可以获得粗糙度小的表面，但磨削效率比较低，另外，粒度细，砂轮与工件表面之间的摩擦大，发热量大，易引起工件烧伤。常用砂轮粒度号及其使用范围如表 3.11 所示。

表 3.11 常用砂轮粒度号及其使用范围

类别		粒度号	适用范围
磨粒	粗粒	8# 10# 12# 14# 16# 20# 22# 24#	荒磨
	中粒	30# 36# 40# 46#	一般磨削，加工表面粗糙度可达 $Ra0.8\mu m$
	细粒	54# 60# 70# 80# 90# 100#	半精磨，精磨和成形磨削，加工表面粗糙度可达 $Ra0.8\sim0.1\mu m$
	微粒	120# 150# 180# 220# 240#	精磨、精密磨、超精磨、成形磨、刀具刃磨、珩磨
微粉		W60 W50 W40 W28	精磨、精密磨、超精磨、珩磨、螺纹磨、超精密磨、镜面磨、精研，加工表面粗糙度可达 $Ra0.05\sim0.1\mu m$
		W20 W14 W10 W7 W5 W3.5 W2.5 W1.5 W1.0 W0.5	

粒度有两种表示方法。颗粒尺寸大于 $50\mu m$ 的磨粒（W63除外），用筛网筛分的方法测定，粒度号代表的是磨粒所通过的筛网在每英寸（英寸，in，1in=25.4mm）长度上所含的孔目数，例如，$60^\#$ 粒度是指它可以通过每英寸长度上有60个孔目的筛网，用这种方法表示的粒度号越大，磨粒就愈细。

磨粒尺寸很小时就成为微粉。微粉用显微镜测量的方法确定粒度，粒度号 W 表示微粉，阿拉伯数字表示磨粒的实际宽度尺寸。例如，W40 表示颗粒大小为 $40\sim28\mu m$。

3. 结合剂

结合剂是将磨粒粘接成各种砂轮的材料。结合剂的种类及其性质，决定了砂轮的硬度、强度、耐冲击性、耐腐蚀性和耐热性。此外，它对磨削温度、磨削表面质量也有一定的影响。常用结合剂的种类、代号、性能与使用范围见表 3.12。

表 3.12 常用结合剂的性能及使用范围

结合剂	代号	性 能	适 用 范 围
陶瓷	V	耐热,耐蚀,气孔率大,易保持廓形,弹性差	最常用,适用于各类磨削加工
树脂	B	强度较 V 高,弹性好,耐热性差	适用于高速磨削、切断、开槽等
橡胶	R	强度较 B 高,更富有弹性,气孔率小,耐热性差	适用于切断、开槽及作无心磨的导轮
青铜	Q	强度最高,导电性好,磨耗少,自锐性差	适用于金刚石砂轮

4. 硬度

砂轮的硬度是指结合剂粘接磨粒的牢固程度，也是指磨粒在磨削力作用下，从砂轮表面脱落的难易程度。砂轮硬，就是磨粒粘得牢，不易脱落；砂轮软，就是磨粒粘得不牢，容易脱落。

砂轮的硬度对磨削生产率和磨削表面质量都有很大的影响。如果砂轮太硬，磨粒磨钝后仍不能脱落，磨削效率降低，工件表面粗糙并可能被烧伤。如果砂轮太软，磨粒还未磨钝已从砂轮上脱落，砂轮损耗大，形状不易保持，影响工件质量。砂轮的硬度合适，磨粒磨钝后因磨削力增大而自行脱落，使新的锋利的磨粒露出，砂轮具有自锐性，则磨削效率高，工件表面质量好，砂轮的损耗也小。砂轮的硬度分级见表 3.13。

表 3.13 砂轮的硬度分级

等级	超软			软			中软		中		中硬			硬	超硬
代号	D	E	F	G	H	J	K	L	M	N	P	Q	R	S	T	Y
选择	磨未淬硬钢选用 L~N,磨淬火合金钢选用 H~K,高表面质量磨削时选用 K~L,刃磨硬质合金刀具选用 H~L															

5. 组织

组织表示砂轮中磨料、结合剂和气孔间的体积比例。根据磨粒在砂轮中占有的体积百分数（即磨粒率），砂轮可分为 0~14 组织号，见表 3.14。组织号从小到大，磨料率由大到小，气孔率由小到大。砂轮组织号大，组织松，砂轮不易被磨屑堵塞，切削液和空气能带入磨削区域，可降低磨削区域的温度，减少工件因发热而引起的变形和烧伤，也可以提高磨削效率。但组织号大，不易保持砂轮的轮廓形状，会降低成形磨削的精度，磨出的表面也较粗糙。

表 3.14 砂轮的组织号

组织号	0	1	2	3	4	5	6	7	8	9	10	11	12	13	14
磨粒率/%	62	60	58	56	54	52	50	48	46	44	42	40	38	36	34

6. 砂轮的形状、尺寸和标志

为了适应在不同类型的磨床上磨削各种形状和尺寸工件的需要，砂轮有许多种形状和尺寸。常用砂轮的形状、代号、用途见表 3.15。

表 3.15 常用砂轮的形状、代号及主要用途

代号	名称	断面形状	形状尺寸标记	主要用途
1	平面砂轮		$1-D\times T\times H$	磨外圆、内孔、平面及刃磨刀具
2	筒形砂轮		$2-D\times T-W$	端磨平面
4	双斜边砂轮		$4-D\times T/U\times H$	磨齿轮及螺纹
6	杯形砂轮		$6-D\times T\times H-W,E$	端磨平面，刃磨刀具后刀面
11	碗形砂轮		$11-D/J\times T\times H-W,E,K$	端磨平面，刃磨刀具后刀面
12a	碟形一号砂轮		$12\text{a}-D/J\times T/U\times H-W,E,K$	刃磨刀具前刀面
41	薄片砂轮		$41-D\times T\times H$	切断及磨槽

注：↓ 所指表示基本工作面。

砂轮的标志印在砂轮端面上。其顺序是：形状、尺寸、磨料、粒度号、硬度、组织号、结合剂、线速度。例如：

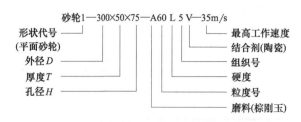

任务 3　工程应用

1. 磨削特点

磨削是机械制造中最常用的加工方法之一。它的应用范围很广，可以磨削难以切削的各种高硬、超硬材料；可以磨削各种表面；可用于荒加工（磨削钢坯、割浇冒口等）、粗加工、精加工和超精加工。

磨削加工与其他切削加工方法如车削、铣削等比较，具有以下一些特点：

（1）能获得很高的加工精度　通常的加工精度为 IT5～IT6，表面粗糙度可达 $Ra0.32$～$1.25\mu m$；高精度外圆磨床的精密磨削尺寸精度可达 $0.2\mu m$，圆度可达 $0.1\mu m$，表面粗糙度可控制到 $Ra0.01\mu m$。

（2）能加工各种材料　不但可以加工软材料，如未淬火钢、铸铁和有色金属等，而且还可以加工硬度很高的材料，如淬火钢、各种切削刀具以及硬质合金等，这些材料用金属刀具很难加工甚至根本不能加工。

（3）砂轮有"自锐"作用　磨削过程中，磨粒在高速、高压、高温的作用下，将逐渐磨损而变得圆钝。圆钝的磨粒切削能力下降，因而作用在磨粒上的力将不断增大。当此力超过磨粒强度极限时，磨粒就会破碎而产生新的、较为锋利的棱角，代替旧的圆钝磨粒进行磨削；若此力超过砂轮结合剂的粘结强度时，圆钝的磨粒就会从砂轮表面脱落，露出一层新鲜锋利的磨粒，继续进行磨削。砂轮这种自行保持其自身锋锐的性能，称为"自锐性"。

（4）工件表面容易烧伤　磨削时切削速度很高，加上磨粒多为负前角切削，挤压和摩擦较为严重，产生的切削热较多。又因为砂轮本身的传热性很差，大量的磨削热在短时间内传散不出去，在磨削区形成瞬时高温，有时高达 800～1000℃。这样高的温度，容易使工件表面产生烧伤，使金相组织发生变化，表面硬度降低，对于导热性差的材料，还容易在工件表面产生细微裂纹，使表面质量下降。

2. 磨削方法

（1）外圆磨床磨削加工方法　如图 3.49 所示为 M1432A 型万能外圆磨床加工示意图，

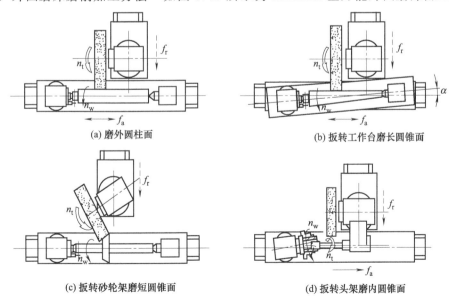

(a) 磨外圆柱面　　　　　　　　　　　　(b) 扳转工作台磨长圆锥面

(c) 扳转砂轮架磨短圆锥面　　　　　　　(d) 扳转头架磨内圆锥面

图 3.49　万能外圆磨床加工示意图

可以看出外圆磨床可用以磨削内外圆柱面、圆锥面。

如图 3.49（a）所示为磨削工件外圆。砂轮旋转运动为主运动，工件的圆周旋转运动和工件纵向往复运动为进给运动。如工件的轴向长度小于砂轮的宽度，则砂轮架横向进给，即可完成加工；如工件的轴向长度大于砂轮的宽度，则砂轮架横向进给切入后，工作台纵向进给，完成长圆柱面的磨削运动。

如图 3.49（b）所示为磨削工件长圆锥面。和磨削工件外圆表面时的运动相同，所不同的是上工作台相对于下工作台调整一定的角度，磨削出来的表面即是圆锥面。

如图 3.49（c）所示为切入式磨削工件外圆锥面，将砂轮架调整一定的角度，工件不作往复运动，由砂轮作连续的横向切入进给运动。此方法仅适合磨削短的工件圆锥表面。

如图 3.49（d）所示为磨削工件内孔。磨削工件内孔时，需将工件夹持在头架卡盘上，内磨装置安装在砂轮支架上。如头架在水平面内搬转一定的角度，则磨削出圆锥孔；如头架不搬转角度，则磨削出圆柱孔。

（2）无心外圆磨床的工作原理及加工方法　无心磨床的工作原理如图 3.50 所示。用这种磨床加工时，工件可不必用顶尖或卡盘定心装夹，而是直接被放在砂轮和导轮之间［如图 3.50（a）所示］，由托板和导轮支承，以工件被磨削的外圆表面本身作为定位基准面。磨削时砂轮 1 作高速旋转，导轮 3 则以较慢的速度旋转，由于两者旋转方向相同，将使工件按反向旋转。砂轮回转是主运动。导轮是由摩擦系数较大的树脂或橡胶作结合剂的砂轮，靠摩擦力带动工件旋转，使工件作圆周进给运动。工件 4 以被磨削表面为基准，浮动地放在托板 2 上。工件的中心必须高于导轮与砂轮的中心连线，而且支承工件的托板需有一定的斜度，使工件经过多次转动后逐渐被磨圆。

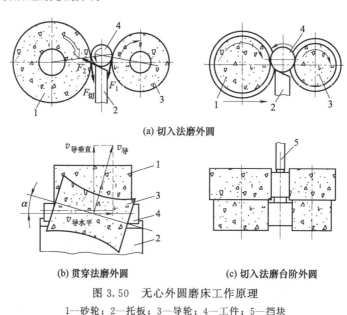

图 3.50　无心外圆磨床工作原理
1—砂轮；2—托板；3—导轮；4—工件；5—挡块

无心外圆磨床有两种磨削方法：贯穿磨削法和切入磨削法。

① 贯穿磨削如图 3.50（b）所示，磨削时将工件从机床前面放到导板上，推入磨削区。由于导轮在垂直平面内倾斜 α 角，导轮与工件接触处的线速度 $v_导$ 可分解为水平和垂直两个方向的分速度 $v_{导水平}$ 和 $v_{导垂直}$，前者使工件作纵向进给，后者控制工件的圆周进给运动。所以工件被推入磨削区后，既作旋转运动，同时又轴向向前移动，穿过磨削区，从机床另一端

出去就磨削完毕。磨削时，工件一个接一个地通过磨削区，加工便连续进行。为了保证导轮和工件间为直线接触，导轮的形状应修整成回转双曲面形。这种磨削方法适用于不带台阶的圆柱形工件。

② 切入磨削法如图 3.50（c）所示，磨削时先将工件放在托板和导轮上，然后由工件（连同导轮）或砂轮作横向进给。此时导轮的中心线仅倾斜一个很微小的角度（约 30′），以便使导轮对工件产生一微小的轴向推力，将工件靠向挡块 5，保证工件有可靠的轴向定位。这种方法适用于磨削不能纵向通过的阶梯轴和有成形回转表面的工件。

（3）平面磨床磨削各种零件平面加工方法　如图 3.51 所示为平面磨削的加工方法，根据砂轮工作面和工作台形状的不同，平面磨床主要有以下几种类型：砂轮主轴水平布置而工作台是矩形的称为卧轴矩台平面磨床［如图 3.51（a）所示］；具有作圆周进给的圆形工作台的称为卧轴圆台平面磨床［如图 3.51（b）所示］；依此划分还有立轴矩台平面磨床［如图 3.51（c）所示］和立轴圆台平面磨床［如图 3.51（d）所示］。目前应用最广的是卧轴矩台和立轴圆台两种平面磨床。

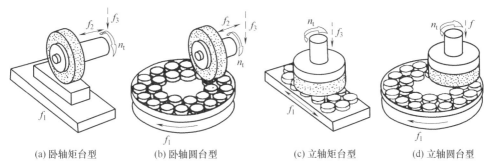

(a) 卧轴矩台型　　(b) 卧轴圆台型　　(c) 立轴矩台型　　(d) 立轴圆台型

图 3.51　平面磨床的磨削方法

模块 5　钻床

任务 1　钻床结构

1. 台式钻床

台式钻床简称台钻，它是一种小型钻床，主要用于电器、仪表工业及机器制造业的钳工、装配工作中。适用于加工小型工件，加工的孔径一般小于 15mm。

如图 3.52 所示为台式钻床的布局形式。电动机 1 通过五挡 V 带传动，使主轴获得五种转速。本体 10 可沿立柱 5 上下移动，并可绕其转动到适当位置，手柄 2 用于锁紧本体 10。保险环 4 位于本体下端，用螺钉 3 锁紧在立柱 5 上，以防止本体锁紧失灵而突然下滑。工作台 9 也可沿立柱上下移动或转动一定角度，由手柄 6 锁紧在适当位置。松开螺钉 8，工作台在水平面内可左右倾斜，最大倾斜角

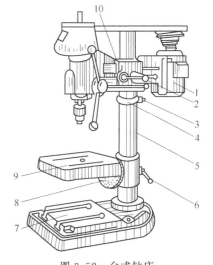

图 3.52　台式钻床
1—电动机；2,6—手柄；3,8—螺钉；4—保险环；5—立柱；7—底座；9—工作台；10—本体

度为 45°，底座 7 用于固定台钻。

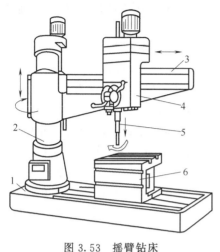

图 3.53　摇臂钻床
1—底座；2—立柱；3—摇臂；4—主轴箱；
5—主轴；6—工作台

台钻的自动化程度较低，通常是手动进给。但它的结构简单，使用灵活方便。

2. 摇臂钻床

对于体积和质量都比较大的工件，若用移动工件的方式来找正其在机床上的位置，则非常困难，此时可选用摇臂钻床进行加工。

如图 3.53 所示为一摇臂钻床。主轴箱 4 装在摇臂 3 上，并可沿摇臂 3 上的导轨做水平移动。摇臂 3 可沿立柱 2 做垂直升降运动，设计这一运动的目的是为了适应高度不同的工件需要。此外，摇臂还可以绕立柱 2 的轴线回转。为使钻削时机床有足够的刚性，并使主轴箱的位置不变，当主轴箱在空间的位置调整好后，应对立柱 2、摇臂 3 和主轴箱快速锁紧。

在摇臂钻床（基本型）上钻孔的直径为 $\phi25\sim\phi125$mm，一般用于单件和中小批生产，在大中型工件上钻削，常用的型号有 Z3035B、Z3063×20 等。

任务 2　钻削刀具

1. 麻花钻

麻花钻是目前孔加工中应用最广泛的刀具。它主要用于实体材料上钻削直径为 0.1～80mm 的孔，应用最广，约占钻头使用量的 70%，是孔粗加工的主要刀具，如图 3.54 所示为标准麻花钻的结构。

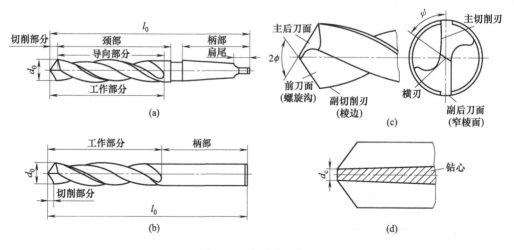

图 3.54　标准麻花钻

（1）工作部分　工作部分包括切削部分和导向部分。切削部分承担切削工作，导向部分的作用在于切削部分切入孔后起导向和排屑作用，也是切削部分的备磨部分。为了减小与孔壁的摩擦，一方面在导向圆柱面上只保留两个窄棱面，另一方面沿轴向做出每 100mm 长度上有 0.03～0.12mm 的倒锥度。

为了提高钻头的刚度，工作部分两刃瓣间的钻心直径 d_c（$d_c \approx 0.125d_0$）沿轴向做出每 100mm 长度上有 1.4～1.8mm 的正锥度。

（2）柄部　柄部是钻头的夹持部分，用以与机床主轴孔配合并传递扭矩。柄部有直柄（小于 φ20mm 的小直径钻头）和锥柄之分。锥柄部末端还做有扁尾，用于传递扭矩和使用斜铁将钻头从钻套中取出。

（3）颈部　颈部位于工作部分与柄部之间，可供砂轮磨锥柄时退刀，也是打标记之处。为了制造上的方便，直柄钻头无颈部。

麻花钻适用于加工精度较低和表面较粗糙的孔，以及加工质量要求较高的孔的预加工。有时也把它代替扩孔钻使用。其加工精度一般在 IT11 左右，表面粗糙度为 Ra12.5～6.3μm。其特点是允许重磨次数多，使用方便、经济。

2. 扩孔钻

扩孔钻如图 3.55 所示，它一般有 3～4 条主切削刃，按刀具切削部分材料来分有高速钢和硬质合金两种。高速钢扩孔钻有整体直柄（用于较小的孔）、整体锥柄［用于较大的孔，如图 3.55（a）所示］和套式［用于更大的孔，如图 3.55（b）所示］3 种，在小批量生产时，常用麻花钻改制。硬质合金扩孔钻除了有直柄、锥柄、套式［硬质合金刀片采用焊接或镶齿的形式固定在刀体上，如图 3.55（c）所示］等形式外，对于大直径的扩孔钻，常采用机夹可转位形式。

扩孔的加工质量优于钻孔，这和扩孔钻结构上的特点有很大关系。与麻花钻相比，它没有横刃，因而进给力小；由于加工余量小（一般为加工孔径的 1/8 左右），产生的切屑少，无需容积较大的容屑槽，因而刀体的强度、刚度好；齿数较多，切削时导向性好，因而对预制孔的形状误差有一定的修正能力；主切削刃较短，因而切屑不宽，不存在分屑、排屑的困难。

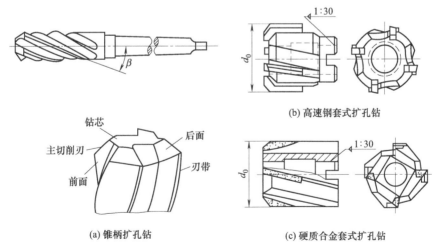

图 3.55　扩孔钻

3. 中心钻

中心钻用于加工轴类零件的中心孔，如图 3.56 所示。中心钻的结构形式有不带护锥的中心钻［如图 3.56（a）所示，用于加工 A 型中心孔］和带 120°护锥的中心钻［如图 3.56（b）所示，用于加工 B 型中心孔］。中心钻已经标准化，由工具厂制造。

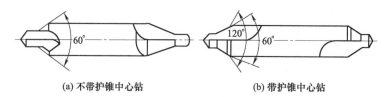

| (a) 不带护锥中心钻 | (b) 带护锥中心钻 |

图 3.56 中心钻

4. 锪钻

锪削时加工用的刀具统称为锪钻。锪钻大多用高速钢整体制造，只有加工端面凸台的大直径端面锪钻用硬质合金制造，采用装配式结构，如图 3.57 所示。硬质合金刀片 5 与刀体 3 之间的连接采用镶齿式或机夹可转位式。其圆周和端面上各有 3~4 个刀齿。垫片 6 套在导柱 1 的小圆柱杆上，并通过螺钉 2 固定在刀体 3 上。导柱 1 一般制成可卸式，以便于锪钻端面刀齿的制造和重磨，而且同一直径的沉头孔，可以有数种不同直径的导柱，导柱的作用是控制被锪沉头孔与原有孔的同轴度误差，垫片 6 的作用是保护硬质合金刀片不受损坏。锁销式刀柄 4 具有快速装卸的功能。

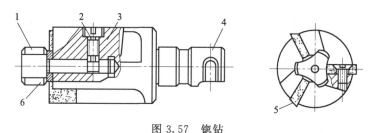

图 3.57 锪钻

1—导柱；2—螺钉；3—刀体；4—锁销式刀柄；5—刀齿；6—垫片

这种锪钻结构简单，制造方便，切削平衡，加工质量好，生产率高，刀具寿命长，生产成本低。

5. 铰刀

如图 3.58 所示为铰刀的结构图，它由工作部分、颈部和柄部组成。铰刀的工作部分包括引导锥、切削部分、圆柱部分和倒锥。引导锥的作用是使铰刀容易进入孔中；切削部分起切削工件作用；圆柱部分起校准、导向和修光作用；倒锥起减少切削刃和孔壁摩擦作用。工作部分的容屑槽除容纳切屑外，还形成前刀面和后刀面。

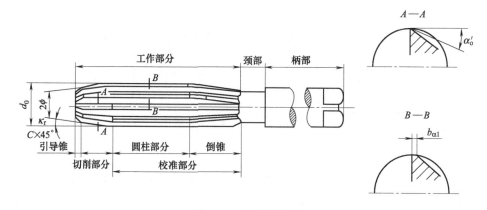

图 3.58 铰刀的组成

铰刀的每个刀齿相当于一把有修光刃的车刀,加工钢件时,切削部分刀齿的主偏角取 $\kappa_r=15°$;加工铸铁时 $\kappa_r=3°\sim5°$;加工盲孔时 $\kappa_r=45°$。圆柱部分刀齿有刃带,刃带的宽度 $b_{a1}=0.2\sim0.4$mm,刃带与刀齿前刀面的交线为副刀刃,副刀刃的副偏角 $\kappa_r'=0°$(修光刃),副后角 $\alpha_o'=0°$,所以铰刀加工孔的表面粗糙度很小。

6. 深孔钻

深孔钻指孔的"长径比"(即孔深 L 与孔径 d 之比)大于 $5\sim10$ 的孔。对于普通深孔,如 $L/d=5\sim20$,可在车床或钻床上用加长麻花钻加工;对于 $L/d>20\sim100$ 的特殊深孔(如枪管、液压管等),则需要在深孔钻床上用深孔钻加工。深孔钻必须合理解决断屑和排屑、冷却和润滑、导向等问题才能正常工作。

如图 3.59 所示外排屑深孔钻(枪钻)结构,工作时,工件旋转为主运动,钻头作轴向进给运动,切削液为 3 号锭子油加 20% 的柴油,并以 $3.5\sim10$MPa 的高压从无缝钢管制成的钻杆后端($B—B$ 剖面凹形孔)进入,通过切削部分的进油孔进入切削区,对钻头进行冷却和润滑。与此同时,高压切削液把切屑从切削部分经与钻杆呈 $120°$ 的 V 形槽冲出来,即为外排屑。这样就基本满足了深孔钻对冷却和排屑的要求。外排屑深孔钻(枪钻)主要用于加工 $d=\phi(2\sim20)$mm,长径比达 100 的小直径深孔。

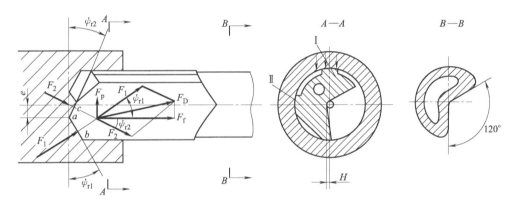

图 3.59 枪钻构造及导向

枪钻工作时的导向功能从三个方面获得:一是在枪钻的切削部分作出两个导向面Ⅰ和Ⅱ($A—A$ 剖面),如图 3.59 所示;二是钻头只有一侧有主切削刃,当钻头直径为 d_0 时,并使钻尖偏离轴线为 $e=d_0/4$ 的距离,一般余偏角 $\psi_{r1}=25°\sim30°$,$\psi_{r2}=20°\sim25°$,就可以产生一个大小适宜的背向力 F_p,它始终指向导向面Ⅰ;三是由于钻尖的偏移,钻孔时在钻尖前方形成一个小圆锥体,它也有助于钻头的定心。此外,$120°$ V 形槽的中心制成低于钻头轴线一个距离 $H=(0.010\sim0.015)d_0$($A—A$ 剖面),切削时产生一个直径为 $2H$ 的导向圆柱,它也能起一定的定心导向作用,由于导向圆柱直径很小,因此它能自行折断并随切屑排出。

任务 3 工程应用

孔加工是内表面的加工,切削情况不易观察,不但刀具的结构尺寸受到限制,而且容屑、排屑、导向和冷却润滑等问题都较为突出。

1. 钻孔

如图 3.60 所示钻、扩、铰孔方法。钻孔[如图 3.60(a)所示]是在实体材料上一次钻成孔的方法,钻孔加工的孔精度比较低,孔表面比较粗糙;对已有的孔眼(铸孔、锻孔、预钻孔等)再进行扩大,以提高其精度或降低其表面粗糙度的方法称为扩孔[如图 3.60

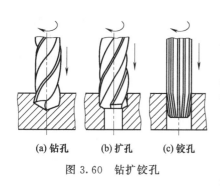

(a) 钻孔　(b) 扩孔　(c) 铰孔

图 3.60　钻扩铰孔

(b) 所示]；铰孔 [如图 3.60 (c) 所示] 是利用铰刀对孔进行半精加工和精加工的工序，由于铰削余量小，铰刀齿数较多，刚性和导向性好，因此，铰削的加工精度和生产率都比较高，铰孔的加工精度可达 IT6～IT8，表面粗糙度可达 $Ra1.6\sim0.4\mu m$。

2. 锪孔

如图 3.61 所示锪孔方法。锪孔是指在已加工的孔口表面上加工出倒棱、平面或沉孔的工序，锪孔属于扩孔的范围。锪加工锥形沉头孔 [如图 3.61 (a) 所示]，一般锥面锪钻的锥度有 60°、90°和 120°三种；锪加工圆柱形沉头孔 [如图 3.61 (b) 所示]，一般需要导柱进行导向，保证所锪圆柱孔与原有孔的同轴度要求；锪加工端面凸台 [如图 3.61 (c) 所示]，一般需要导柱进行导向，锪削端面凸台见光即可。

3. 攻螺纹

如图 3.62 所示攻螺纹方法。丝锥切削是在一个窄小的封闭或半封闭的空间内进行的，切削液难以输送到切削区域，切屑的折断和及时排出也比较困难，散热条件不佳，对加工质量和刀具耐用度都产生不利的影响。因此，丝锥转速应为钻床的最低转速，进给量是丝锥自动按螺纹导程进给，钻床主轴随动即可。由于丝锥刚度较低、加工条件恶劣，在加工过程中对加工情况难以观察和控制，因此，丝锥容易断裂。

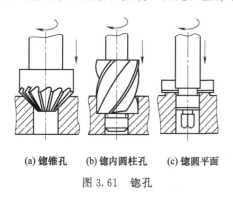

(a) 锪锥孔　(b) 锪内圆柱孔　(c) 锪圆平面

图 3.61　锪孔

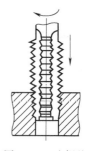

图 3.62　攻螺纹

模块 6　镗床

任务 1　镗床结构

如图 3.63 所示为卧式镗床的结构。由下滑座 11、上滑座 12 和工作台 3 组成的工作台部件装在床身导轨上，工作台 3 通过下滑座 11 和上滑座 12 可在纵向和横向实现进给运动和调整运动。工作台 3 还可在上滑座 12 的环形导轨上绕垂直轴线转位，以便在工件一次装夹中对其互相平行或成一定角度的孔或平面进行加工。主轴箱 8 可沿前立柱 7 的垂直导轨上下移动，以实现垂直进给运动或调整主轴轴线在垂直方向的位置。此外，机床上还具有坐标测量装置，以实现主轴箱和工作台的准确定位。加工时，根据加工情况不同，刀具可以装在主轴 4 前端的锥孔中，或装在平旋盘 5 的径向刀具溜板 6 上。主轴 4 除完成旋转主运动外，还可沿其轴线移动作轴向进给运动（由后尾筒 9 内的轴向进给机构完成）。平旋盘 5 只能作旋

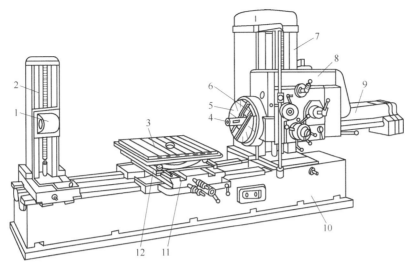

图 3.63 卧式镗床
1—后支架；2—后立柱；3—工作台；4—主轴；5—平旋盘；6—径向刀具滑板；
7—前立柱；8—主轴箱；9—后尾筒；10—床身；11—下滑座；12—上滑座

转主运动。装在平旋盘径向导轨上的径向刀具溜板 6，除了随平旋盘一起旋转外，还可作径向进给运动。后支架 1 用以支承悬伸长度较长的镗杆的悬伸端，以增加镗杆的刚性。后支架 1 可沿后立柱 2 的垂直导轨与主轴箱 8 同步升降，以保证其支承孔与主轴轴线在同一轴线上。为适应不同长度的镗杆，后立柱还可沿床身导轨调整纵向位置。

综上所述，卧式镗床具有下列工作运动。

① 镗杆的旋转主运动。
② 平旋盘的旋转主运动。
③ 镗杆的轴向进给运动。
④ 主轴箱垂直进给运动。
⑤ 工作台纵向进给运动。
⑥ 工作台横向进给运动。
⑦ 平旋盘径向刀架进给运动。
⑧ 辅助运动。主轴箱、工作台在进给方向上的快速调整运动、后立柱纵向调整运动、后支架垂直调整运动、工作台的转位运动。这些辅助运动由快速电机传动。

任务 2　镗刀

1. 单刃镗刀

如图 3.64 所示为单刃镗刀安装结构。这类镗刀的刀柄和切削部分做成一体，切削部分以采用硬质合金焊接为主，其刀柄一般为正方形或长方形。单刃镗刀结构紧凑，体积小，应用较广，可以镗削各类小孔、不通孔和台阶孔，若装在万能刀架或平旋盘滑座上，可以镗削直径较大的孔、端面和割槽等。其安装在刀杆上的形式如图 3.64（a）所示为通孔镗刀，如图 3.64（b）所示为盲孔镗刀。

单刃镗刀刚性差，切削时易引起振动，所以镗刀的主偏角选得较大，以减小径向力。镗铸铁孔或精镗时，一般取 $\kappa_r=90°$；粗镗钢件孔时，取 $\kappa_r=60°\sim75°$，以提高刀具的耐用度。

镗削孔径的大小要依靠调整单刃镗刀的悬伸长度（对工人操作技术要求高）来保证，调

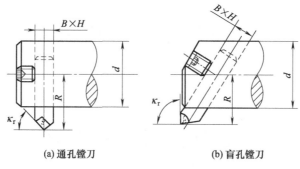

(a) 通孔镗刀　　　　　(b) 盲孔镗刀

图 3.64　单刃镗刀

整麻烦，效率低，只能用于单件小批量生产。

2. 精镗微调镗刀

在孔的精镗中，目前较多地选用精镗微调镗刀。这种镗刀的径向尺寸可以在一定范围内进行微调，调节方便，且精度高。如图 3.65 所示为微调镗刀的结构，在镗刀杆 2 中装有刀块 6，刀块上装有刀片 1，在刀块 6 的外螺纹上装有锥形精调螺母 5，紧固螺钉 4 将带有精调螺母的刀块拉紧在镗杆的锥孔内，导向键 3 防止刀头转动，旋转有刻度的精调螺母，可将镗刀片调到所需直径。使用时应保证锥面靠近大端接触，且与直孔部分同心，导向键与键槽配合间隙不能太大，否则微调时就不能达到较高的精度。

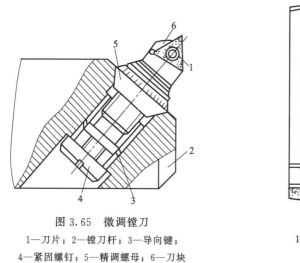

图 3.65　微调镗刀

1—刀片；2—镗刀杆；3—导向键；
4—紧固螺钉；5—精调螺母；6—刀块

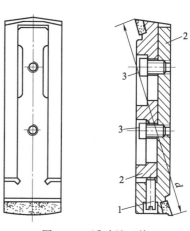

图 3.66　浮动镗刀块

1—调节螺钉；2—刀体；3—压紧螺钉

3. 双刃镗刀

双刃镗刀分固定式镗刀和浮动镗刀，它的两端具有对称的切削刃，工作时可消除径向力对镗杆的影响；工件孔径尺寸与精度由镗刀块径向尺寸（外圆磨床精磨）保证。如图 3.66 所示为浮动镗刀块结构，其由调节螺钉 1、刀体 2 和压紧螺钉 3 组成。旋紧调节螺钉 1，可以调节浮动镗刀块加工工件内孔 d 的大小尺寸及其加工精度，调节完成后，用压紧螺钉 3 与刀体 2 固定。硬质合金刀片采用焊接式结构。

任务 3　工程应用

镗削加工是用镗刀在镗床上加工孔和孔系的一种加工方法。与钻床相比，镗床可以加工直径较大的孔,精度较高,且孔与孔的轴线的同轴度、垂直度、平行度及孔距的精确度均较高。因此,镗床特别适合加工箱体、机架等结构复杂、尺寸较大的零件。

1. 镗孔

(1) 钻扩铰孔 如图 3.67 所示为镗床钻扩铰孔加工情况。镗床主轴端部内孔是标准莫氏锥度孔,钻削小孔时,可用钻夹头安装钻头;加工较大孔时,可用钻头套筒安装钻头。钻孔时,主轴旋转并延轴向进给,即可完成钻、扩、铰孔加工。

图 3.67 钻扩铰孔

(2) 镗床镗孔 如图 3.68 所示为镗床镗孔情况。在镗床主轴上安装单刃镗刀,即可对工件内孔进行镗孔加工(镗孔前,工件上应有圆孔或用钻头加工出圆孔)。镗孔的进给运动有两个,当加工工件较大或较重时,工作台进给困难,用主轴进给镗孔[如图 3.68(a)所示];当加工工件较小或较轻时,用工作台进给镗孔[如图 3.68(b)所示],目的是减少主轴悬伸量。

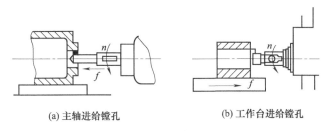

(a) 主轴进给镗孔　　　(b) 工作台进给镗孔

图 3.68 镗床镗孔

(3) 镗特殊孔 如图 3.69 所示为镗床镗削特殊孔情况。当工件的孔特别大时(一般超过 $\phi500mm$),可以用镗床平旋盘安装镗刀,采用工作台进给方式加工[如图 3.69(a)所示];当工件内孔有槽孔时,可在镗床平旋盘上安装刀架,内孔切槽镗刀安装在刀架上,由镗床平旋盘带动刀架旋转的同时,刀架在镗床平旋盘径向导轨上径向进给,即可加工出内孔槽孔[如图 3.69(b)所示];当工件内孔为螺纹孔时,可在主轴上安装螺纹镗刀,利用镗床加工螺纹的附件使主轴按螺纹导程进给,即可在镗床上加工螺纹[如图 3.69(c)所示]。

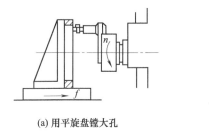 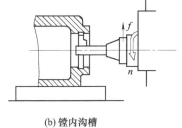 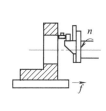

(a) 用平旋盘镗大孔　　　(b) 镗内沟槽　　　(c) 镗内螺纹

图 3.69 镗特殊孔

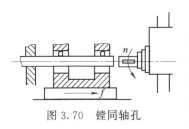

图 3.70 镗同轴孔

(4) 镗同轴孔 如图 3.70 所示为镗床镗削同轴孔情况。当加工工件的孔比较长或两个同轴孔相距较远时,用镗杆与镗床后立柱、主轴连接,镗刀安装在镗杆上,进行加工。这种方法镗杆为两端支承,刚度好,但后立柱支承架的位置调整比较麻烦又费时,往往需要用心轴量块找正,又需要有较长的镗杆,此方法多用于大型箱体孔系的加工。

（5）浮动镗孔　如图 3.71 所示为镗床浮动镗孔情况。工件 3 安装在镗床夹具上，镗杆 4 安装在两个镗模支架 1 的镗套 2 上，浮动镗刀块以间隙配合状态浮动地装入镗杆 4 的方孔中，不用夹紧，镗削时，浮动镗刀块通过作用在两端切削刃的切削力保持其平衡位置，自动补偿机床主轴及镗杆的径向圆跳动引起的误差。用浮动镗刀块加工出的孔，其尺寸精度和表面质量均较高，加工精度可达 IT6～IT7。加工铸件孔时，表面粗糙度为 $Ra\,0.8\sim0.2\,\mu m$，加工钢件孔时，表面粗糙度为 $Ra\,1.6\sim0.4\,\mu m$。由于镗刀浮动安装，所以无法纠正孔的直线度误差和位置误差。浮动镗刀块结构简单，刃磨方便，但操作较费事，镗刀杆方孔制造精度要求较高。

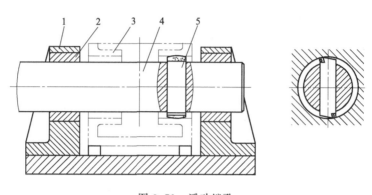

图 3.71　浮动镗孔
1—镗模支架；2—镗套；3—工件；4—镗杆；5—浮动镗刀块

（6）镗模加工　如图 3.72 所示为镗模加工情况。工件 3 装夹在镗模 4 上，镗杆 2 支承在镗模的镗套里，镗杆 2 依靠浮动夹头 1 与镗床主轴连接。

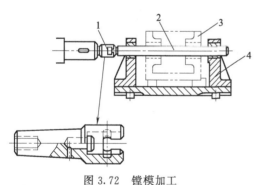

图 3.72　镗模加工
1—浮动夹头；2—镗杆；3—工件；4—镗模

采用镗模一般是加工精度要求较高的孔系，通过镗套在镗模支架上的位置精度，保证工件各个孔之间的径向位置精度，即镗套引导镗杆在工件上的正确位置。

用镗模镗孔时，镗杆与镗床主轴多采用浮动连接，机床精度对孔系加工精度影响很小，孔距精度主要取决于镗模，因而可以在精度较低的机床上加工出精度较高的孔系。同时镗杆的刚度大大提高，有利于采用多刀同时切削，定位夹紧迅速，不用找正，生产率高。因此，不仅在中批以上生产中普遍采用镗模加工孔系，就是在小批生产中，对一些结构复杂、加工量大的箱体孔系，采用镗模加工也往往是合算的。

但也应该看到，镗模的精度要求高，制造周期长，成本高；并且，由于镗模本身的制造误差和导套与镗杆的配合间隙对孔系加工精度有影响，因此，用镗模法加工孔系不可能达到很高的精度。一般孔径尺寸精度为 IT7 左右，表面粗糙度为 $Ra\,1.6\sim0.8\,\mu m$，孔与孔的同轴度和平行度，从一头加工可达 $0.02\sim0.03\,\mu m$，从两头加工可达 $0.04\sim0.05\,\mu m$；孔距精度一般为 $\pm 0.05\,mm$。另外，对大型箱体来说，由于镗模的尺寸庞大笨重，给制造和使用带来困难，故很少应用。

2. 镗铣平面

如图 3.73 所示为镗床加工工件平面情况。图 3.73（a）所示为用装在镗床主轴上的面铣刀铣平面，进给运动有主轴箱垂直运动和工作台横向运动。图 3.73（b）所示为单刃铣端面，单刃镗刀安装在镗床平旋盘上刀具溜板上，进给运动有主轴箱垂直运动和工作台横向运动。用面铣刀铣端面因刀齿多而加工精度高，但背吃刀量较小；用单刃铣端面加工精度低，但背吃刀量较大。

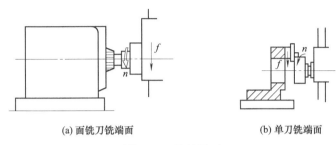

(a) 面铣刀铣端面　　　　(b) 单刃铣端面

图 3.73　镗铣平面

模块 7　刨插床

任务 1　刨插床结构

1. 牛头刨床

牛头刨床主要用于加工中小型零件的平面、沟槽和成形表面。牛头刨床的组成如图 3.74 所示，它因滑枕 3 和刀架 1 形似牛头而得名。刀架 1 装在滑枕 3 上，滑枕 3 装在床身 4 顶部的水平导轨中，由床身内部的曲柄摇杆机构传动做水平方向的往复直线运动，使刀具实现主运动。工件可直接安装在工作台 6 上，也可安装在工作台上的夹具（如虎钳等）中。加工水平面时，工作台 6 带动工件沿横梁 5 做间歇的横向进给运动，横梁 5 能沿床身 4 的竖直导轨上、下移动，以适应不同高度工件的加工需要。刀架 1 可沿刀架座上的导轨上、下移动，以调整刨削深度。加工斜面时，可以调整转盘 2 的角度（可左右回转 60°），使刀架沿倾斜方向进给。当加工垂直平面时，用手动使刀架 1 做垂直方向的进给运动 f_2。床身 4 内装有实现主运动的传动机构。

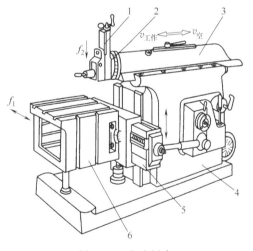

图 3.74　牛头刨床
1—刀架；2—转盘；3—滑枕；
4—床身；5—横梁；6—工作台

2. 龙门刨床

龙门刨床主要用于加工大型或重型零件上的各种平面、沟槽和各种导轨面。工件的长度可达十几米甚至几十米，也可在工作台上一次装夹数个中小型零件进行多件加工，还可以用多把刨刀同时刨削，从而大大提高了生产率。大型龙门刨床往往还附有铣头和磨头等部件，以便使工件在一次装夹中完成刨、铣、磨等工作。与普通牛头刨床相比，其形体大，结构复杂，刚性好，加工精度也比较高。

如图 3.75 所示为龙门刨床的外形图。其主运动是工作台 9 沿床身 10 的水平导轨所做的直线往复运动。床身 10 的两侧固定有左右立柱 3 和 7，两立柱顶端用顶梁 4 连接，形成结构刚性较好的龙门框架，因此得名龙门刨床。横梁 2 上装有两个垂直刀架 5 和 6，可做横向或垂直方向的进给运动以及快速移动。横梁 2 可沿左右立柱的导轨上下移动，以调整垂直刀架的位置，加工时，横梁 2 由夹紧机构夹紧在两个立柱上。左右立柱上分别装有左右侧刀架 1 和 8，可分别沿立柱导轨做垂直进给运动和快速移动，以加工侧面。各刀架的自动进给运动是在工作台每次返回终端换向时，由刀架沿水平或垂直方向间歇进给的。各个刀架既可用于刨削水平或垂直面，也都能转动一定的角度，以便加工斜面。

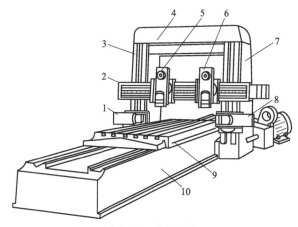

图 3.75 龙门刨床

1,8—左右侧刀架；2—横梁；3,7—立柱；4—顶梁；5,6—垂直刀架；9—工作台；10—床身

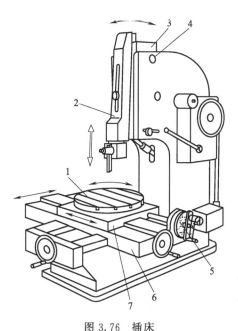

图 3.76 插床

1—圆工作台；2—滑枕；3—滑枕导轨座；
4—销轴；5—分度装置；6—床鞍；7—溜板

3. 插床

插床又称立式刨床，主要用于加工工件的内部表面，如多边形孔、孔内键槽、方孔和花键孔等，也可以加工某些不便于铣削或刨削的外表面（平面或成形面）。

插床的主运动是滑枕带动插刀所做的上下往复直线运动。如图 3.76 所示为插床的外形图。滑枕 2 向下移动为工作行程，向上为空行程。滑枕导轨座 3 可以绕销轴 4 在小范围内调整角度，以便加工倾斜的内外表面。床鞍 6 和溜板 7 可以分别带动工件实现横向和纵向的进给运动，圆工作台 1 可绕垂直轴线旋转，实现圆周进给运动或分度运动。圆工作台 1 在各个方向上的间歇进给运动是在滑枕空行程结束后的短时间内进行的。圆工作台的分度运动由分度装置 5 实现。

插床加工范围较广，加工费用也比较低，但其生产率不高，对工人的技术要求较高。因此，插床一般适用于在工具、模具、修理或试制车间等进行单件小批量生产。

任务 2　刨刀

1. 整体刨刀和组合刨刀

整体刨刀的刀杆和刀头是用同一块刀具材料（一般为高速钢）制成的。组合刨刀与刀杆形式如图 3.77 所示。组合刨刀［如图 3.77（a）所示］的刀杆和刀头分为两部分，由两种不同材料分别制成后，再经过焊接而成，其中刀杆材料一般为中碳钢，而刀头材料一般为硬质合金。刨刀刀杆的结构形式常见的有两种，如图 3.77（b）所示为直头刨刀，图 3.77（c）所示为弯头刨刀。直头刨刀制造简单，但在切削力的作用下易产生"陷刀"现象，从而损坏工件表面，甚至产生崩刃。弯头刨刀在切削时，刀杆能产生弯曲变形，使刀尖向后上方运动，避免了上述缺点，故得到了广泛的应用。

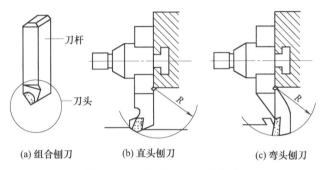

图 3.77　组合刨刀与刀杆形式

2. 机夹强力刨刀

机夹强力刨刀是采用机械夹固的方式将硬质合金刀片夹持在刨刀刀杆上而成的。如图 3.78 所示为机夹强力刨刀，其刀片材料为 YT5 或 YG8，刀杆材料为 45 钢，切削深度 8～15mm，进给量 0.3～0.6mm/每次往返，切削速度为 16～25m/min，主要用于加工碳钢、铸铁和合金结构钢等，适用于大型牛头刨床、轻型龙门刨床等。

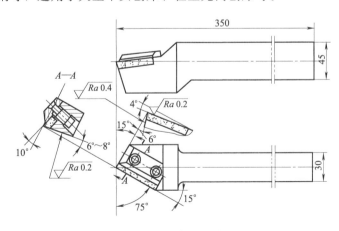

图 3.78　机夹强力刨刀

任务 3　工程应用

刨削加工是在刨床上利用刨刀（或工件）的直线往复运动进行切削加工的一种方法。刨削的主运动是变速往复直线运动。因为在变速时有惯性,限制了切削速度的提高,并且在回程时不切削,所以刨削加工生产效率低。但刨削所需的机床、刀具结构简单,制造安装方便,调整容易,通用性强。因此在单件、小批生产中特别是加工狭长平面时被广泛应用。刨削是单件小批量生产的平面加工最常用的加工方法,加工精度一般可达 IT9～IT7 级,表面粗糙值为 $Ra12.5\sim1.6\mu m$。

1. 刨平面

如图 3.79 所示为刨削平面时的几种加工方法。图 3.79(a)所示为刨水平面,一般使用组合刨刀,工作台横向运动为进给运动;图 3.79(b)所示为刨垂直面,一般使用组合刨刀,工作台垂直运动为进给运动。注意工件垂直面底部,要留出刨刀下降的空间;图 3.79(c)所示为刨凸台面,一般使用切槽或偏头 90°刨刀,保证工件侧面与底面垂直。

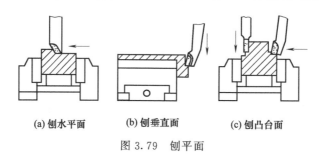

(a) 刨水平面　　(b) 刨垂直面　　(c) 刨凸台面

图 3.79　刨平面

2. 刨 T 形槽

如图 3.80 所示为刨削 T 形槽时的加工方法。刨削时,首先刨削直槽[如图 3.80(a)所示],然后分别使用左、右弯切刀刨削两侧 T 形槽[如图 3.80(b)所示]。注意左、右弯切刀抬起让刀要大,空行程时避免刀具和工件摩擦。

3. 刨燕尾槽

如图 3.81 所示为刨削斜面或燕尾槽时的加工方法。刨斜面[如图 3.81(a)所示]时,需将牛头搬转角度,在工作台进给的同时,手动调整牛头刀架进给,即可刨削斜面,其斜面加工质量与手动进给量相关。刨燕尾槽[如图 3.81(b)所示]时,首先刨中间的直槽,然后按斜面加工方法刨左、右的燕尾槽。

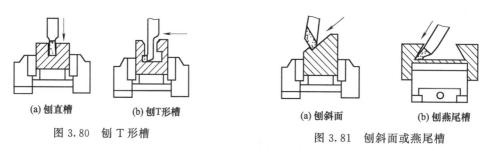

(a) 刨直槽　　(b) 刨T形槽　　　　　(a) 刨斜面　　(b) 刨燕尾槽

图 3.80　刨 T 形槽　　　　　　　图 3.81　刨斜面或燕尾槽

4. 刨成形面

如图 3.82 所示为刨削各种成形面时的加工方法。刨 V 形槽[如图 3.82(a)所示]时,先粗刨 V 形槽,然后刨底部直槽,最后向两侧进切深,刨两侧 V 形槽。刨圆弧槽[如图 3.82(b)所示]时,将刨刀磨成圆弧形,刨削各圆弧表面。刨齿条[如图 3.82(c)所示]时,将刨刀磨成梯形,按齿条导程分别刨削各齿条形状,注意,精刨时需两侧进切深刨每一个齿条形状。

5. 刨内键槽

如图 3.83 所示为刨削内孔键槽时的加工方法。首先在平台上划内孔键槽线，然后按划线找正，刨内键槽。

6. 刨复合表面

如图 3.84 所示为刨削复合表面时的加工方法。一般床身导轨（或大型零件）加工采用复合加工方法，在龙门刨床上进行。复合刨削提高了刨床加工效率，工件各表面的位置精度较高。

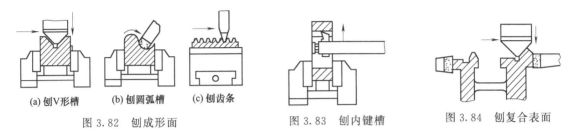

图 3.82 刨成形面
(a) 刨V形槽　(b) 刨圆弧槽　(c) 刨齿条

图 3.83 刨内键槽

图 3.84 刨复合表面

模块 8　拉床

任务 1　拉床结构

如图 3.85 所示为卧式内拉床的外形图。在床身 1 的内部装有水平安装的液压缸 2，通过活塞杆带动拉刀做水平移动，实现拉削的主运动。拉床拉削时，工件在拉床上的定位情况如图 3.86 所示，工件可直接以其端面紧靠在支承座 3 上定位［如图 3.86（a）所示］，也可采用球面垫圈定位［如图 3.86（b）所示］。开始拉削前，人工将拉刀穿过工件，并将拉刀柄部与液压缸活塞杆前端的拉刀夹头连接，护送夹头 5 及滚柱 4 用以支承拉刀。加工时液压缸活塞杆收缩，拉刀穿过工件完成拉削运动，滚柱 4 下降不起作用。

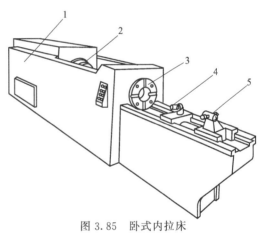

图 3.85 卧式内拉床
1—床身；2—液压缸；3—支承座；4—滚柱；5—护送夹头

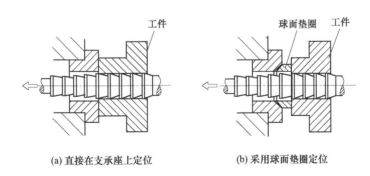

(a) 直接在支承座上定位　　(b) 采用球面垫圈定位

图 3.86 工件的定位

任务2 拉刀

圆孔拉刀结构如图3.87所示。拉刀的柄部是拉刀的夹持部分，用于传递拉力；其颈部直径相对较小，以便于柄部穿过拉床的挡壁，并且颈部也是打标记的地方；过渡锥用于引导拉刀逐渐进入工件孔中；前导部用于引导拉刀正确地进入工件孔中，防止拉刀歪斜；切削部担负全部余量的切削工作，由粗切齿、过渡齿和精切齿三部分组成；校准部起修光和校准作用，并可作为精切齿的后备齿，各齿形状及尺寸完全一致，用以提高加工精度和减小表面粗糙度值；后导部用于保持拉刀最后的正确位置，防止拉刀的刀齿在切离后因下垂而损坏已加工表面或刀齿；支托部用于长又重的拉刀，可以支承并防止拉刀下垂。

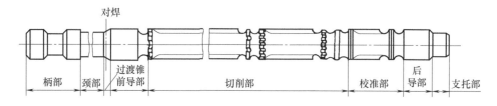

图3.87 圆孔拉刀结构

任务3 工程应用

1. 拉削原理及特点

拉削加工就是用各种不同的拉刀在相应的拉床上切削出各种内、外几何表面的一种加工方式。拉削时，拉刀与工件的相对运动为主运动，一般为直线运动。拉刀是多齿刀具，后一刀齿比前一刀齿高，其齿形与工件的加工表面形状吻合，进给运动靠后一刀齿的齿升量（前后刀齿高度差）来实现（如图3.88所示）。在拉床上经过一次行程，即可切除加工表面的全部余量，获得要求的加工表面。当刀具在切削时不是受拉力而是受压力时，这时刀具叫推刀，这种加工方法叫推削加工，推削加工主要用于修光孔和校正孔的变形。拉床的运动比较简单，它只有主运动而没有进给运动，考虑到拉刀承受的切削力很大，同时为了获得平稳的切削运动，并能实现无级调速，拉床的主运动通常采用液压驱动。

拉削加工的生产率较高，被加工表面在一次走刀中成形，由于拉刀的工作部分有粗切齿、精切齿和校准齿，工件加工表面在一次加工中经过了粗切、精切和校准加工，而且由于拉削速度较低，每一刀齿切除的金属层很薄，切削负荷小，因此加工质量好，可获得较高的加工精度。拉削的加工精度可达IT8～IT7级，表面粗糙度值可达$Ra3.2\sim0.4\mu m$。

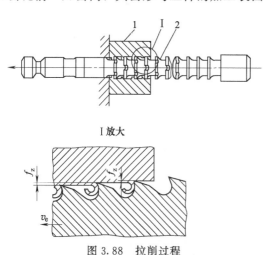

图3.88 拉削过程
1—工件；2—拉刀

拉刀的使用寿命较长，但是拉刀的结构复杂、制造困难、成本高，而且每拉削一种表面需要一种拉刀，所以拉削主要应用于成批、大量生产的场合。

2. 拉削加工方法

(1) 拉内孔　拉内孔需要采用内拉刀，如图 3.89 所示。内拉刀用于加工各种廓形的内孔表面，其拉刀名称一般用被加工孔的形状来确定，如圆孔拉刀、方孔拉刀、花键拉刀、渐开线拉刀等，内拉刀可加工的孔径通常为 10~120mm，在特殊情况下可加工到 5~400mm，拉削的槽宽一般为 3~100mm，孔的长度一般不超过直径的 3 倍，特殊情况下可达到 2m。

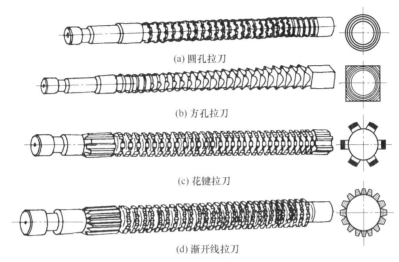

(a) 圆孔拉刀

(b) 方孔拉刀

(c) 花键拉刀

(d) 渐开线拉刀

图 3.89　内拉刀

除上述内拉刀所能够拉削的内孔外，还有其他内孔形状也适合于拉削，如图 3.90 所示。

图 3.90　其他适于拉削的内孔表面

(2) 拉外表面　拉外表面需要采用外拉刀，如图 3.91 所示。外拉刀用于加工各种开放

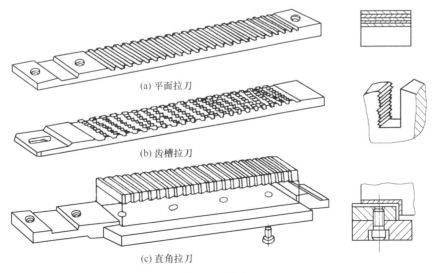

(a) 平面拉刀

(b) 齿槽拉刀

(c) 直角拉刀

图 3.91　外拉刀

的外表面，其拉刀名称一般用被加工外表面的形状确定，如平面拉刀、齿槽拉刀、直角拉刀等，如图 3.91 所示。外拉刀特别适用于加工汽车、摩托车、拖拉机等产业中大批量生产的某些零件表面，可部分替代铣、刨、磨工序。

除上述外拉刀所能够拉削的外形表面外，还有其他外形表面也适合于拉削，如图 3.92 所示。

图 3.92　其他适于拉削的外表面

模块 9　齿轮加工机床

任务 1　滚齿机结构

1. 滚齿原理

如图 3.93 所示为滚齿加工原理，滚齿加工原理的实质是应用一对螺旋圆柱齿轮的啮合原理进行加工的。当一对螺旋圆柱齿轮啮合传动［如图 3.93（a）所示］时，其中一个齿轮转化为滚刀，并保持强制性的啮合运动关系，使滚刀沿被切齿轮的轴线方向作进给运动，就能切出需要的渐开线齿形来。滚刀是齿数很少（通常只有一个）、螺旋角很大（近似 90°）的斜齿圆柱齿轮［如图 3.93（b）所示］，该齿轮经过开容屑槽、磨前后刀面，做出切削刃，就形成了滚刀［如图 3.93（c）所示］。

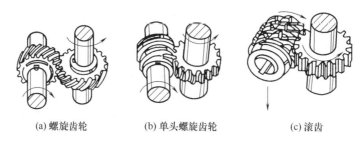

(a) 螺旋齿轮　　　(b) 单头螺旋齿轮　　　(c) 滚齿

图 3.93　滚齿加工原理

2. 滚齿机结构

如图 3.94 所示为 Y3150E 型滚齿机的外形结构图。机床由床身 1、立柱 2、刀架溜板 3、刀杆 4、刀架体 5、支架 6、心轴 7、后立柱 8、工作台 9 和床鞍 10 等主要部件组成。立柱 2 固定在床身 1 上，刀架溜板 3 可沿立柱 2 的导轨上下移动。刀架体 5 安装在刀架溜板 3 上，可绕自己的水平轴线转位。滚刀安装在刀杆 4 上，做旋转运动。工件安装在工作台 9 的心轴 7 上，随同工作台一起转动。后立柱 8 和工作台 9 一起安装在床鞍 10 上，可沿机床水平导轨移动，用于调整工件的径向位置或径向进给运动。

Y3150E 型滚齿机加工齿轮最大直径为 500mm，加工齿轮最大模数为 8，加工齿轮最大宽度为 250mm，允许安装最大滚刀尺寸（直径×长度）为 $\phi 160mm \times 160mm$。

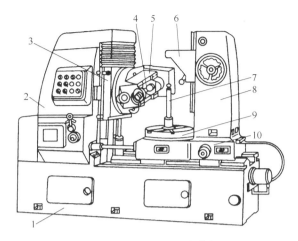

图 3.94　Y3150E 型滚齿机

1—床身；2—立柱；3—刀架溜板；4—刀杆；5—刀架体；6—支架；7—心轴；8—后立柱；9—工作台；10—床鞍

任务 2　插齿机结构

1. 插齿加工原理

插齿加工原理如图 3.95 所示。插齿刀实质上是一个端面磨有前角，齿顶及齿侧均磨有后角的齿轮。插齿时，插齿刀沿工件轴向做直线往复运动为切削主运动，同时插齿刀和工件毛坯做无间隙啮合运动。在强制啮合过程中，插齿刀在工件毛坯上渐渐切出齿轮的齿形，这一啮合传动过程称为展成运动，如图 3.95（a）所示。在插齿加工过程中，刀具每往复一次，仅切出工件齿槽的一小部分，齿形曲线是在插齿刀刀刃多次切削中，由刀刃各瞬时位置的包络线所形成的，如图 3.95（b）所示。

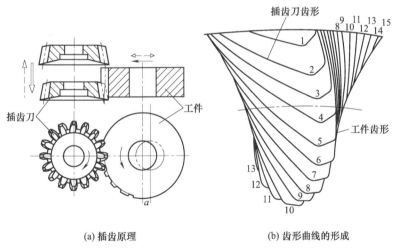

图 3.95　插齿原理

2. 插齿机结构

如图 3.96 所示为 Y5132 型插齿机的外形结构图。它由床身 1、立柱 2、刀架 3、主轴 4、工作台 5、挡块支架 6、工作台溜板 7 等部件组成。立柱 2 固定在床身 1 上，插齿刀安装在主轴 4 上，工件装夹在工作台 5 上，工作台溜板 7 可沿床身 1 的导轨做工件径向切入进给运动及快速接近或快退运动。

Y5132 型插齿机加工外齿轮最大分度圆直径为 320mm，最大加工齿轮宽度为 80mm，加工内齿轮最大外径为 500mm，最大宽度为 50mm。

插齿机主要用于加工内、外啮合的圆柱齿轮，尤其适用于加工在滚齿机上不能加工的多联齿轮、内齿轮和齿条。

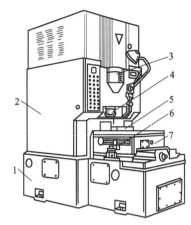

图 3.96　Y5132 型插齿机外形
1—床身；2—立柱；3—刀架；4—主轴；
5—工作台；6—挡块支架；7—工作台溜板

任务 3　滚刀

1. 滚刀基本蜗杆

齿轮滚刀相当于一个螺旋角很大的斜齿圆柱齿轮。由于齿数很少（通常 $z=1$），轮齿很长，可以绕轴几圈，因而成为蜗杆形状，如图 3.97 所示。为了形成切削刃和前后刀面，需在这个蜗杆沿其长度方向开出若干个容屑槽。由此，把蜗杆螺纹分割成很多较短的刀齿，并产生了前刀面 2 和切削刃 5。通过铲齿的方法铲出顶刃后刀面 3 及侧刃后刀面 4，形成后角。但是，滚刀的左、右侧切削刃必须保证落在螺旋面 1 上，这个螺旋面所构成的蜗杆称为齿轮滚刀的基本蜗杆。根据基本蜗杆螺旋面的旋向，滚刀可分为右旋滚刀和左旋滚刀。

基本蜗杆有渐开线蜗杆、阿基米德蜗杆和法向直廓蜗杆 3 种。

（1）渐开线蜗杆　螺旋面是渐开线的蜗杆称为渐开线蜗杆。渐开线蜗杆实质上是一个斜齿轮，端剖面齿形为渐开线；与基圆柱相切的剖面中，齿形左、右侧分别为斜角等于正、负 α_o 的直线。其几何特征如图 3.98 所示。

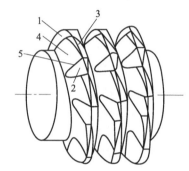

图 3.97　滚刀基本蜗杆
1—蜗杆螺旋面；2—前刀面；3—顶刃后刀面；4—侧刃后刀面；5—切削刃

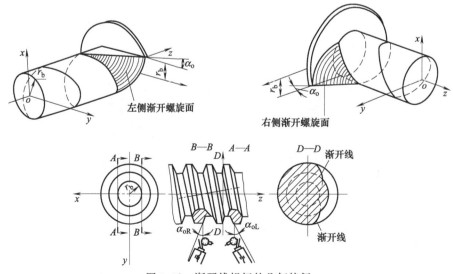

图 3.98　渐开线蜗杆的几何特征

渐开线蜗杆轴向剖面齿形不是直线，因此使加工制造、精度检测和控制带来一定困难。如不能使用工具显微镜用投影方法测量齿形角，必须用滚刀检验仪测量基圆柱相切剖面齿形角；不能用径向铲齿代替轴向铲齿，否则重磨后齿形发生变化等。因此只有高精度的滚刀才设计成渐开线蜗杆。

（2）阿基米德蜗杆　阿基米德蜗杆的螺纹齿侧表面是阿基米德螺旋面，它与渐开线蜗杆非常近似，只是它的轴向截面内的齿形是直线。阿基米德蜗杆实质上是一个梯形螺纹，其几何特征如图 3.99 所示。

阿基米德蜗杆齿形的轴向剖面齿形为直线，齿形角分别为 $+\alpha_x$、$-\alpha_x$。因此可用检验轴向剖面齿形角的方法来控制蜗杆精度，或可理解为直线刃零前角的车刀，安装在蜗杆的轴心线上，即可车出精确的阿基米德蜗杆螺旋面。此外，直线齿形可用径向铲齿代替轴向铲齿，使制造工艺简便。

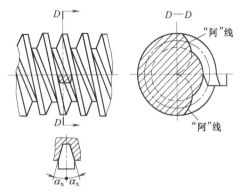

图 3.99　阿基米德蜗杆的几何特征

阿基米德蜗杆端剖面是阿基米德螺旋线。这一特性说明阿基米德蜗杆在理论上不能满足渐开线齿轮的啮合要求，因为它不是齿轮，只是一个螺纹。最终切出齿轮端面不是渐开线，形成齿形的理论误差。但是根据分析计算可知，经过合理设计，修正阿基米德蜗杆原始齿形角，可以控制滚刀齿形误差在很小的范围之内。如零前角直槽阿基米德滚刀的齿形误差只有 $2\sim10\mu m$，对齿轮的传动精度影响较小。所以阿基米德蜗杆被广泛采用。

（3）法向直廓蜗杆　法向直廓蜗杆实质上是在齿形法剖面中具有直线齿线形的梯形螺纹，其几何特征如图 3.100 所示。图中齿槽法剖面 $N—N$ 为直线齿形的称齿槽法向直廓蜗杆。齿纹法剖面 $N_1—N_1$ 为直线齿形的称齿纹法向直廓蜗杆。

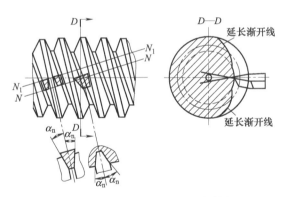

图 3.100　法向直廓蜗杆的几何特征

法向直廓蜗杆的工艺较为方便。用直线刃车刀安装在 $N—N$ 或 $N_1—N_1$ 剖面进行车削、铲磨时用工具显微镜投影方法测量法向齿形角，以控制齿形精度。

法向直廓蜗杆轴向剖面是延长渐开线。因此理论上也不满足与渐开线齿轮的啮合要求。即使合理设计，修正蜗杆原始齿形角，其齿形误差也比阿基米德蜗杆滚刀大。

法向直廓蜗杆主要用于制造大模数、多头、螺旋槽滚刀，或用于粗加工的滚刀。

2. 滚刀的基本结构

滚刀结构分为整体式（如图 3.101 所示）和镶齿式（如图 3.102 所示）两种。目前中小模数滚刀都做成整体结构，大模数滚刀为了节约材料和便于热处理，一般做成镶齿式结构。镶齿式滚刀由刀体 1、刀片 2 和端盖 3 组成。

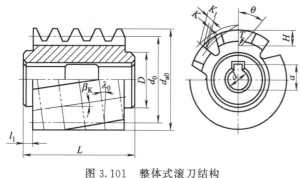

图 3.101 整体式滚刀结构

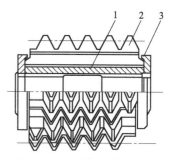

图 3.102 镶齿式滚刀结构
1—刀体；2—刀片；3—端盖

滚刀结构可分为夹持部分和切削部分。

(1) 夹持部分　滚刀安装在滚齿机的刀杆上，以内孔定位，两端面夹紧，键槽传递扭矩。两端部的轴台用于检验径向跳动，所以滚刀制造时应保证两轴台与基本蜗杆同轴，两端面与滚刀轴线相垂直。

(2) 切削部分　由许多刀齿组成。刀齿两侧的后刀面为铲齿加工得到的螺旋面，其导程与基本蜗杆的导程不同，两侧后面均缩在基本蜗杆螺旋面内，而切削刃在基本蜗杆表面之上。这样既能使刀齿具有正确的刃形，又能使刀齿获得必需的侧后角。同样，滚刀刀齿的顶刃后刀面也要经过铲背加工，以得到顶刃后角。

滚刀的前刀面在滚刀的端剖面中的截线是直线。如果此直线通过滚刀轴线，则刀齿的顶刃前角为 0°，这种滚刀称为零前角滚刀。当顶刃前角大于 0°时，称为正前角滚刀。

任务 4　插齿刀

插齿所用的直齿插齿刀有三种类型。盘形直齿插齿刀是应用最为广泛的一种，适用于加工直齿外圆柱齿轮及大直径的直齿内圆柱齿轮；碗形直齿插齿刀主要用于加工多联齿轮；锥柄直齿插齿刀主要用于加工直齿内圆柱齿轮。插齿刀的精度分为 AA、A、B 三级，分别用于加工 6、7、8 级精度的齿轮。直齿插齿刀的主要规格与应用范围见表 3.16。

表 3.16　插齿刀类型、规格与用途　　　　　　　　　　　　　　　mm

类型	简　图	应用范围	规格		d_1 或莫氏锥度
			d_0	m	
盘形直齿插齿刀		加工普通直齿外齿轮和大直径内齿轮	$\phi63$	0.3~1	31.743
			$\phi75$	1~4	
			$\phi100$	1~6	
			$\phi125$	4~8	
			$\phi100$	6~10	88.90
			$\phi200$	8~12	101.60
碗形直齿插齿刀		加工塔形、双联直齿轮	$\phi50$	1~3.5	20
			$\phi75$	1~4	31.743
			$\phi100$	1~6	
			$\phi125$	4~8	

续表

类型	简图	应用范围	规格 d_0	规格 m	d_1 或莫氏锥度
锥柄直齿插齿刀		加工直齿内齿轮	$\phi 25$	0.3~1	Morse No. 2
			$\phi 25$	1~2.75	
			$\phi 38$	1~3.75	Morse No. 3

任务 5 工程应用

1. 成形法

成形法是利用与被加工齿轮的齿槽形状一致的刀具，在齿坯上加工出齿面的方法。用成形铣刀铣直、斜齿圆柱齿轮是在万能铣床上进行的，如图 3.103 所示。铣齿时工件安装在分度头上，铣刀旋转对工件进行切削加工，工作台做直线进给运动，加工完一个齿槽，分度头将工件转过一个齿，再加工另一个齿槽，依次加工出所有齿槽。

铣削斜齿圆柱齿轮时，工作台需要偏转一个齿轮的螺旋角，工件在随工作台进给的同时，由分度头带动做附加旋转运动以形成螺旋齿槽。

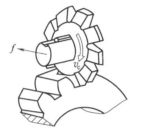
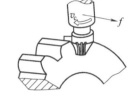

(a) 盘形齿轮铣刀铣齿轮　　(b) 指形齿轮铣刀铣齿轮

图 3.103　成型铣刀铣齿轮

用盘形齿轮铣刀铣齿轮[如图 3.103（a）所示]，由于同一模数的齿轮齿数不同，齿形曲线也不同，为了加工出准确的齿形，就需要备有数量很大的齿形不同的齿轮铣刀，这是不经济的。为了减少刀具数量，同一模数的齿轮铣刀按其所加工的齿数通常制成 8 把一套，每种铣刀用于加工一定齿数范围的一组齿轮。8 把一套的盘形齿轮铣刀刀号及加工齿数范围如表 3.17。

表 3.17　8 把一套的盘形齿轮铣刀刀号及加工齿数范围

刀号	1	2	3	4	5	6	7	8
加工齿数范围	12~13	14~16	17~20	21~25	26~34	35~54	55~134	135 以上

用指形齿轮铣刀铣齿轮[如图 3.103（b）所示]，指形齿轮铣刀的切削条件差，刀齿数目少，而且在机床上的夹固刚度较低，所以加工生产率较低。为了提高指形齿轮铣刀的耐用度和生产率，加工时常常分成粗、精两道工序进行。粗、精加工用的刀具结构基本上相同，只是精加工指形齿轮铣刀一般制成 0°前角并采用直槽，以保持齿形精确。

2. 滚齿

（1）滚齿加工方法　滚齿加工方法如图 3.104 所示，加工的齿轮尺寸较小时，工件用内孔定位，装夹在心轴上，心轴上端的圆柱体可用滚齿机后立柱支架上的顶尖或套筒支承，以加强工件的装夹刚度。加工直径尺寸较大的齿轮时，通常用带有较大端面的底座和心轴装夹，或者将齿轮直接装夹在滚齿机的工作台上。

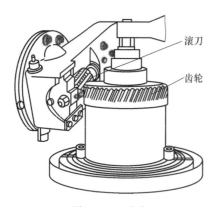

图 3.104 滚齿

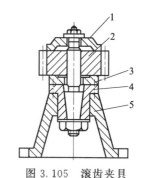

图 3.105 滚齿夹具
1—压盖；2—工件；3—垫圈；4—衬套；5—底座

齿轮在夹具上的装夹方法如图 3.105 所示，工件 2 以内孔套在专用的心轴上，端面紧靠在垫圈 3 上，完成定位。衬套 4 与心轴采用圆锥配合连接，确保定位精度。压盖 1 通过螺母压紧在工件 2 上。压盖 1、工件 2、垫圈 3 和衬套 4 全部安装在底座 5 上。这种装夹方式生产效率高，但要求工件具有较高的齿坯精度和专用的心轴。一般专用心轴可随工件基准孔的大小而更换，而且制作精度高，费用也大，故适合大批量生产。

（2）滚刀安装角及调整　滚齿时，为了切出准确的直线或螺旋线齿形，应使滚刀和工件处于准确的"啮合"位置，即滚刀在切削点处的螺旋线方向应与被加工齿轮齿槽方向一致，为此，须将滚刀轴线与工件顶面安装成一定的角度，称为安装角，用 δ 表示，如图 3.106 所示（图中是按工件在前面，滚刀在后面的位置画出）。

加工直齿圆柱齿轮时，滚刀的安装角 δ 为

$$\delta = \pm \omega$$

在滚齿机上加工直齿圆柱齿轮时，滚刀的轴线是倾斜的，安装角等于滚刀的螺旋升角 ω。滚刀扳动方向则决定于滚刀的螺旋线方向。如图 3.106 中直齿轮所示。

加工螺旋角为 β 的斜齿圆柱齿轮时，滚刀的安装角 δ 为

$$\delta = \beta \pm \omega$$

当 β 与 ω 异向时，取"+"号；同向时，取"−"号，滚刀的扳动方向决定于工件的螺旋方向。如图 3.106 中斜齿轮所示。

加工斜齿齿轮时，应尽量选用与工件螺旋方向相同的滚刀，这样可使滚刀的安装角较小，有利于提高机床运动平稳性与加工精度。

3. 插齿

插齿加工方法如图 3.107 所示。加工直齿圆柱齿轮时，插齿加工应具有如下的运动：

（1）主运动　插齿加工的主运动是插齿刀沿工件轴线所做的直线往复运动，也是切削运动。刀具垂直向下运动为工作行程，向上为空行程。主运动以插齿刀每分钟的往复行程次数表示，单位为双行程次数/min。

（2）圆周进给运动　圆周进给运动是插齿刀绕自身轴线的旋转运动，其旋转速度 $n_刀$ 的快慢决定了工件转动的快慢，也直接关系到插齿刀的切削负荷、被加工齿轮的表面质量、生产率和插齿刀的使用寿命等。圆周进给量用插齿刀每往复行程一次，刀具在分度圆圆周上所转过的弧长表示，单位为 mm/一次双行程。

（3）展成运动　加工过程中，插齿刀和工件必须保持一对圆柱齿轮做无间隙运动的啮合

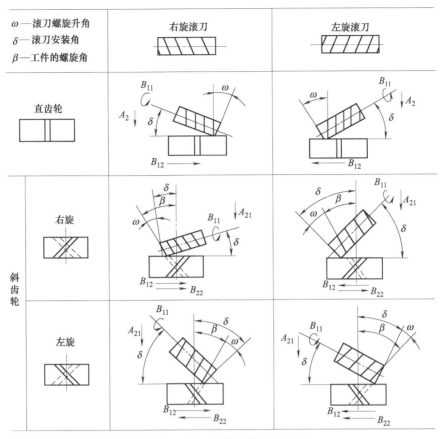

图 3.106 滚刀的安装角及扳动方向

关系,即插齿刀转过一个齿时,工件也必须转过一个齿 $n_\text{工}$。工件与插齿刀所做的啮合旋转运动即为展成运动。

(4)径向切入运动 为了避免插齿刀因切削负荷过大而损坏刀具和工件,工件应逐渐地向插齿刀做径向切入。当工件被插齿刀切入全齿深时,径向切入运动停止,工件再旋转一整转,便能加工出全部完整的齿形。径向进给量是以插齿刀每往复行程一次,工件径向切入的距离来表示,单位为 mm/一次双行程。

(5)让刀运动 插齿刀空程向上运动时,为了避免擦伤工件齿面和减少刀具磨损,刀具和工件间应让

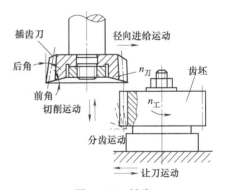

图 3.107 插齿

开约 0.5mm 的距离,而在插齿刀向下开始工作行程之前,又迅速恢复到原位,以便刀具进行下一次切削,这种让开和恢复原位的运动称为让刀运动。让刀运动可以由装夹工件的工作台移动来实现,也可由刀具主轴摆动得到。

4. 剃齿

剃齿加工如图 3.108 所示。剃齿是对未经淬火的圆柱齿轮齿形进行精加工的方法之一。剃齿精度一般可达 6～7 级,表面粗糙度为 $Ra0.8\sim0.2\mu m$。剃齿的生产率很高,在成批、大量生产中得到广泛的应用。

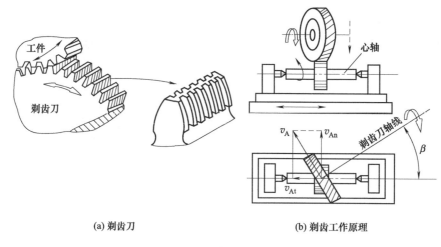

(a) 剃齿刀　　　　　　　(b) 剃齿工作原理

图 3.108　剃齿刀及剃齿原理

剃齿加工原理也属于展成法。剃齿加工的展成运动相当于一对螺旋齿轮啮合。剃齿刀[如图 3.108（a）所示]实质上是一个高精度的螺旋齿轮，在它的齿面上沿渐开线方向开出一些小的梳形槽，这些梳形槽侧面与齿面的交棱形成了切削刃。剃齿加工时，工件装夹在机床上的两顶尖之间的心轴上，剃齿刀安装在机床主轴上并由主轴带动旋转，实现主运动。剃齿刀的轴线与工件轴线成一夹角 β，工件在一定的啮合压力下被带动，与剃齿刀作无侧隙的自由啮合运动，如图 3.108（b）所示。由于剃齿刀和工件是一对螺旋齿轮啮合，因而在啮合点处的速度方向不一致，使剃齿刀与工件齿面之间沿齿宽方向产生相对滑动，这个滑动速度 $v_{At}=v_A\sin\beta$ 就是切削速度，由于该速度的存在，使梳形刀刃从工件齿面上切下微细的切屑。为了使工件齿形的两侧能获得相同的剃削效果，剃齿刀在剃齿过程中，应交替变换转动方向。

剃齿加工时，为了剃出齿形的全宽，工作台必须做纵向往复运动。工作台每次单向行程后，剃齿刀反转，工作台反向，剃削齿轮的另一侧面。工作台双向行程后，剃齿刀沿工件径向间歇进给一次，逐渐剃去齿面的余量。

剃齿刀的制造精度分为 A、B、C 三级，可分别加工 6、7、8 级精度的齿轮。

剃齿可加工直齿、斜齿圆柱齿轮，也可以加工多联齿轮。

5. 珩齿

珩齿加工是对淬硬齿形进行精加工的一种方法。它主要用于去除热处理后齿面上的氧化皮，减小轮齿表面粗糙度，从而降低齿轮传动的噪声。珩齿后表面的粗糙度值为 $Ra1.25\sim0.16\mu m$。

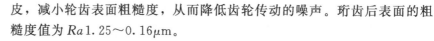

珩齿所用的刀具——珩轮是一个含有磨料的塑料螺旋齿轮。珩齿的运动与剃齿相同。珩齿加工时，珩轮与工件在自由啮合中，靠齿面间的压力和相对滑动，由磨料进行切削。

珩轮由轮坯及齿圈构成，如图 3.109 所示，轮坯为钢质，齿圈部分是用磨料（氧化铝、碳化硅）、结合剂（环氧树脂）和固化剂（乙二胺）浇注而成，结构与磨具相似，只是珩齿的切削速度远低于磨削，但大于剃削。因此，珩齿过程实际上是低速磨削、研磨和抛光的综合过程。

图 3.109　珩轮结构

在大批量生产中，广泛应用蜗杆珩轮珩齿。珩轮外形为一大直径蜗杆，其直径为 $\phi 200 \sim 500 \mathrm{mm}$，齿形在螺纹磨床上精磨到 5 级以上。由于其齿形精度高，珩削速度高，所以对工件误差的修正能力较强，特别是对于工件的齿形误差、基节偏差及齿圈径向跳动都能有较好的修正。可将齿轮从 8～9 级精度直接珩到 6 级精度，有可能取消珩前剃齿工序。

6. 磨齿

磨齿加工主要用于对高精度齿轮或淬硬的齿轮进行齿形的精加工，齿轮的精度可达 6 级以上。按齿形的形成方法，磨齿也有成形法和展成法两种，但大多数磨齿均以展成法原理来加工齿轮。

(1) 成形法磨齿　成形法磨齿原理如图 3.110 所示。磨削内齿轮用的砂轮截面形状如图 3.110 (a) 所示；磨削外齿轮用的砂轮截面形状如图 3.110 (b) 所示。磨齿时，砂轮高速旋转并沿工件轴线方向做往复运动。一个齿磨完后，分度一次再磨第二个齿。砂轮对工件的切入进给运动，由安装工件的工作台径向进给运动得到。

(2) 展成法磨齿　用展成法原理磨齿分为连续磨削和单齿分度磨削两大类，分别介绍如下。

① 连续磨削　连续磨削是利用蜗杆形砂轮来磨削齿轮轮齿的，如图 3.111 所示。它的工作原理和加

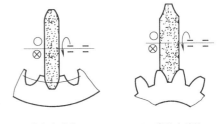

(a) 磨内齿砂轮　　(b) 磨外齿砂轮

图 3.110　成形法砂轮磨齿原理

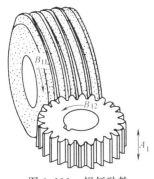

图 3.111　蜗杆砂轮
连续磨齿工作原理

工过程与滚齿机相似。蜗杆砂轮相当于滚刀，加工时砂轮与工件做展成运动，磨出渐开线，其轴向进给运动一般由工件完成。由于在加工过程中，蜗杆形砂轮是连续地磨削工件的齿形，所以其生产率是最高的。这种磨齿方法的缺点是砂轮修磨困难，不易达到较高的精度，磨削不同模数的齿轮时需要更换砂轮；各传动件转速很高，机械传动易产生噪声。这种磨齿方法适用于中小模数齿轮的成批和大量生产。

② 单齿分度磨削　单齿分度磨削加工方法如图 3.112 所示。单齿分度磨削根据砂轮的形状又可分为碟形砂轮型、锥形砂轮型两种［如图 3.112 (a)、(b) 所示］。它们的基本工作原理相同，都是利用齿条和齿轮的啮合原理来磨削齿轮的，磨齿时被加工齿轮每往复滚动一次，完成一个或两个齿面的磨削，因此，须经多次分度及加工，才能完成全部轮齿齿面的加工。

双片碟形砂轮磨齿是用两个碟形砂轮的端平面来形成假想齿条的两个齿侧面，如图 3.112 (a) 所示，同时磨削齿槽的左右齿面。磨削过程中，主运动为砂轮的高速旋转运动；工件既做旋转运动，同时又做直线往复移动，工件的这两个运动就是形成渐开线齿形所需的展成运动。为了要磨削整个齿轮宽度，工件还需要做轴向进给运动；在每磨完一个齿后，工件还需进行分度。

双片碟形砂轮磨齿加工精度较高，由于砂轮工作棱边很窄，磨削接触面积小，磨削力和磨削热都很小，磨齿精度最高可达 4 级，是磨齿精度最高的。但砂轮刚性较差，磨削用量受到限制，生产效率较低。

锥形砂轮磨齿的方法是用锥形砂轮的两侧面来形成假想齿条一个齿的两齿侧来磨削齿轮的，如图 3.112 (b) 所示。磨削过程中，砂轮除了做高速旋转主运动外，还做纵向直线往

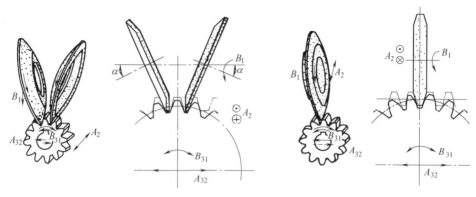

(a) 碟形砂轮磨齿原理　　　　　　　　(b) 锥形砂轮磨齿原理

图 3.112　单齿展成法磨齿工作原理

复运动，以便磨出整个齿宽。其展成运动是由工件做旋转运动的同时又做直线往复运动来实现的。工件往复滚动一次，磨完一个齿槽的两侧面，然后再进行分度，磨削下一个齿槽。

锥形砂轮刚度较高，可选用较大的切削用量，因此，生产率比碟形砂轮磨齿要高。但锥形砂轮形状不易修整得准确，磨损较快且不均匀，因而磨削加工精度较低。

习　题

3.1　指出下列机床型号中各位字母和数字代号的具体含义。
　　　CG6125B　　XK5040　　MGK1320A　　Y3150E　　Z3140×16

3.2　什么是传动链？什么是内联系传动链和外联系传动链？对于内联系传动链有何要求？

3.3　什么是机床传动原理图？有何作用？

3.4　试论述车床主轴的结构特点。

3.5　试论述双向摩擦片离合器的工作原理。

3.6　试论述制动装置的结构特点。

3.7　车削加工的基本方法有哪些？

3.8　车床尾座有何作用？如何锁紧尾座和顶尖套筒？

3.9　可转位车刀有何特点？

3.10　万能卧式升降台铣床与卧式升降台铣床在结构上有何不同？

3.11　什么是周铣和端铣？各有何特点？

3.12　什么是顺铣和逆铣？分别适用于何种加工场合？

3.13　铣削加工的基本方法有哪些？

3.14　铣刀的种类有哪些？各有何用途？

3.15　什么是砂轮结构的三要素？

3.16　砂轮的特性主要由哪些因素所决定？如何选用砂轮？

3.17　外圆磨床主要加工方法有哪些？

3.18　无心外圆磨床的工作原理是什么？其主要有哪几种加工方法？

3.19　台式钻床有哪些主要结构？

3.20　摇臂钻床在加工过程中有哪些运动？

3.21 试分析钻孔、扩孔和铰孔三种孔加工方法各有何特点?
3.22 麻花钻由哪些主要部分组成?各有何作用?
3.23 深孔加工有何特点?
3.24 镗床有哪些主要运动?
3.25 镗削加工有哪些特点?卧式镗床的主要加工方法有哪几种?
3.26 刨床的运动有哪些特点?为什么其生产效率较低?
3.27 插床主要用于加工哪些内部表面?
3.28 机夹刨刀有哪些结构特点?
3.29 有哪些典型表面适合于拉削加工?
3.30 拉刀主要由哪些部分组成?
3.31 拉削加工的特点是什么?
3.32 试分析比较应用范成法与成形法加工圆柱齿轮各有何特点?
3.33 在滚齿机上加工直齿和斜齿圆柱齿轮时,如何确定滚刀刀架扳转角度与方向?
3.34 说明三种常用插齿刀各适用于加工什么样的齿轮。
3.35 剃齿加工有何特点?应用于什么场合?
3.36 珩齿加工有何特点?应用于什么场合?
3.37 磨齿加工有哪几种方法?

项目 4
机床专用夹具设计

> **导读**
>
> 本项目介绍了工件定位与夹紧的基础知识与术语。依据定位原理，介绍了定位元件的选择方法、定位误差的计算方法；依据夹紧原理，介绍了典型夹紧机构的特点及选用方法。
>
> 本项目的重点：机床夹具定位原理及定位元件的确定方法。
>
> 本项目的难点：定位误差的计算方法。
>
> 学习本项目内容时，应注意学习机床专用夹具的实际结构，最好能够安排实验课，以便做到理论与实践的结合。通过本项目的学习，应使学生初步理解和掌握机床夹具的定位与夹紧机构的设计原则，基本掌握机床夹具的结构设计。

模块 1 机床专用夹具基础知识

夹具是用以装夹工件和引导刀具的装置。夹具一般包括机床夹具、检验夹具和焊接夹具等。机床夹具的分类如图 4.1 所示。本项目主要介绍机床专用夹具。机床专用夹具是机床和工件之间的连接装置，它使工件相对于机床或刀具获得正确的位置，并使工件在加工过程中始终保持与刀具及机床的成形运动方向具有固定的正确的相对位置，是一种机床附属工艺装备。

任务 1 机床专用夹具的用途

1. 保证被加工表面的位置精度

工件通过机床专用夹具进行安装，包含了两层含义：一是工件通过机床专用夹具上的定位元件获得正确的位置，称为定位；二是通过机床专用夹具上的夹紧机构使工件的既定位置在加工过程中保持不变，称为夹紧。这样，就可以保证工件加工表面的位置精度，且精度稳定。

2. 提高劳动生产率

使用机床专用夹具来安装工件，可以减少划线、找正、对刀等辅助时间；若采用多件、多工位夹具，以及气动、液压动力夹紧装置，则可以进一步减少辅助时间，提高劳动生产率。

3. 扩大机床使用范围

在机床上配备专用夹具，可以使机床使用范围扩大。如在车床床鞍上安放镗模夹具，就可以进行箱体零件的孔系加工，使车床具有镗床的功能；在摇臂钻床工作台上安放镗模后，可以进行箱体孔系的镗削加工，使摇臂钻床具有镗床的功能。

4. 减轻工人的劳动强度，保证生产安全

机床专用夹具要有工作安全性考虑，必要时加保护装置。要符合工人的操作位置和操作习惯，要有合适的工件装卸位置和空间，使工人操作方便。大批量生产和工件笨重时，更需要减轻工人劳动强度。

任务 2　机床夹具的分类

机床夹具通常有三种分类方法，即按应用范围分类、按夹具动力源分类、按使用机床分类，如图 4.1 所示。

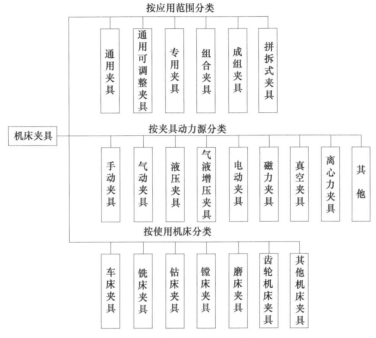

图 4.1　机床夹具的分类

其中通用夹具是指已经标准化的、可用于在一定范围内加工不同工件的夹具。如三爪自定心卡盘、四爪单动卡盘、机床用平口虎钳、平面磨床上的电磁吸盘等。这类夹具是由专门的机床附件厂制造的，一般不需调整就可适用于相当广泛的一类工件的装夹，所以称为通用夹具。它们不仅广泛应用在单件小批量生产中，在大批量生产中也常采用。

机床专用夹具是专为某个工件的某一道工序专门设计与制造的。这类夹具只有在大批量生产的情况下才能发挥它的经济效益。机床专用夹具设计和制造的工作量较大，而且它的结构随着产品的更新而更新，因此，是一项周期长、投资较大的生产准备工作。本项目内容主要是针对机床专用夹具的设计展开的。

任务 3　机床夹具的组成

如图 4.2 所示为一铣键槽专用夹具，机床专用夹具一般由下列几个基本部分组成。
(1) 定位元件及定位装置　用于确定工件正确位置的元件或装置。如图 4.2 中的 V 形块 5 和圆柱销 6。凡是夹具都有定位元件，它是实现夹具基本功能的元件。
(2) 夹紧元件及夹紧装置　用于固定工件已获得的正确位置的元件或装置，如图 4.2 中

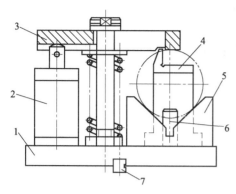

图 4.2 铣键槽专用夹具
1—夹具体；2—液压缸；3—压板；4—对刀块；5—V 形块；6—圆柱销；7—定向键

的夹紧机构由液压缸 2、压板 3 等组成。工件在夹具中定位之后，在进行加工之前必须将工件夹紧，使其在加工时，在切削力等的作用下不离开已获得的定位位置。

（3）导向及对刀元件　用于确定工件与刀具相互位置的元件。如图 4.2 中的对刀块 4。机床夹具中常用钻套或导套为钻头或镗杆导向；用对刀元件调整铣刀的位置。导向元件也可供钻镗类夹具在机床上安装时作基准找正用。

（4）定向元件　用于确定夹具对机床主轴、工作台或导轨面的相互位置的元件。如图 4.2 中的定向键 7。对铣床夹具来说，只有对刀元件是不能完全保证加工过程中铣刀对工件的正确位置的。为了保证铣刀的走刀方向沿着调整好的位置不致偏离，在铣床夹具的安装基面上沿走刀方向安装着两个定向键，使之与机床工作台中央的一个 T 形槽配合，即保证了夹具在机床上有一个正确的方向。

（5）夹具体　用于将各种定位元件、夹紧装置等连接于一体，并通过它将整个夹具安装在机床上。

如图 4.2 中的夹具体 1。一般采用铸铁制造，它是保证夹具的刚度和改善夹具动力学特性的重要部分。如果夹具体的刚性不好，加工时将会引起较大的变形和振动，产生较大的加工误差。

（6）其他元件及装置　根据加工需要来设置的元件或装置，如分度装置、液压管路附件、吊装元件等。

模块 2　工件定位

任务 1　定位原理

在制订工件的工艺规程时，已经初步考虑了加工工艺基准问题，有时还绘制了工序简图。设计机床专用夹具时原则上应选该工艺基准为定位基准。无论是工艺基准还是定位基准，均应符合六点定位原理。

1. 六点定位原理

一个物体在三维空间中可能具有的运动，称之为自由度。在 $Oxyz$ 坐标系中，物体可以有沿 x、y、z 轴的移动及绕 x、y、z 轴的转动，共有六个独立的运动，即有六个自由度。所谓工件的定位，就是采取适当的约束措施，来消除工件的六个自由度，以实现工件的定位。

如图 4.3 所示，在空间直角坐标系的 xOy 面上布置三个定位支承点 1、2、3 [如图 4.3（a）所示]，使工件的底面与三点相接触，则该三点就限制了工件沿 z 轴的移动及绕 x、y 轴的转动三个自由度。同理，在 zOy 面上布置两个定位支承点 4、5，使工件的侧面与两点相接触，则该两点就限制了工件沿 x 轴的移动及绕 z 轴的转动两个自由度。在 zOx 面上布置一个定位支承点 6，与工件的另一侧面相接触，则该点就限制了工件沿 y 轴的移动自由度,从而使工件的位置完全确定。

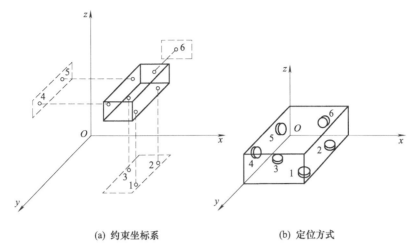

(a) 约束坐标系　　　　(b) 定位方式

图 4.3　六点定位原理

六点定位原理是工件定位的基本准则,在实际机床专用夹具设计过程中,起支承点作用的是一定形状的几何体[如图 4.3(b)所示]。这些用来限制工件自由度的几何体就是定位元件。表 4.1 所示为常见的定位情况所限制的自由度数。

这里要注意：每个定位点都必须起到限制一个自由度的作用,而绝不能用一个以上的点来限制同一个自由度。因此,这六个点绝不能随意布置。

表 4.1　常见定位情况所限制的自由度数

工件的定位图	夹具的定位元件				
平面	支承钉	定位情况	一个支承钉	两个支承钉	三个支承钉
		示意图			
		限制的自由度	$\vec{x}$	$\vec{y}\,\hat{z}$	$\vec{z}\,\hat{x}\,\hat{y}$
	支承板	定位情况	一块条形支承板	两块条形支承板	一块大面积支承板
		示意图			
		限制的自由度	$\vec{y}\,\hat{z}$	$\vec{z}\,\hat{x}\,\hat{y}$	$\vec{z}\,\hat{x}\,\hat{y}$
圆柱孔	圆柱销	定位情况	短圆柱销	长圆柱销	两段短圆柱销
		示意图			
		限制的自由度	$\vec{y}\,\vec{z}$	$\vec{y}\,\vec{z}\,\hat{y}\,\hat{z}$	$\vec{y}\,\vec{z}\,\hat{y}\,\hat{z}$

续表

工件的定位图	夹具的定位元件				
圆柱孔	圆柱销	定位情况	菱形销	长销小平面组合	短销大平面组合
		示意图			
		限制的自由度	$\vec{z}$	$\vec{x}\,\vec{y}\,\vec{z}\,\widehat{y}\,\widehat{z}$	$\vec{x}\,\vec{y}\,\vec{z}\,\widehat{y}\,\widehat{z}$
	圆锥销	定位情况	固定锥销	浮动锥销	固定锥销与浮动锥销组合
		示意图			
		限制的自由度	$\vec{x}\,\vec{y}\,\vec{z}$	$\vec{y}\,\vec{z}$	$\vec{x}\,\vec{y}\,\vec{z}\,\widehat{y}\,\widehat{z}$
	心轴	定位情况	长圆柱心轴	短圆柱心轴	小圆锥心轴
		示意图			
		限制的自由度	$\vec{x}\,\vec{z}\,\widehat{x}\,\widehat{z}$	$\vec{x}\,\vec{z}$	$\vec{x}\,\vec{y}$
外圆柱套	V形块	定位情况	一块短V形块	两块短V形块	一块长V形块
		示意图			
		限制的自由度	$\vec{x}\,\vec{z}$	$\vec{x}\,\vec{z}\,\widehat{x}\,\widehat{z}$	$\vec{x}\,\vec{z}\,\widehat{x}\,\widehat{z}$
	定位套	定位情况	一个短定位套	两个短定位套	一个长定位套
		示意图			
		限制的自由度	$\vec{x}\,\vec{z}$	$\vec{x}\,\vec{z}\,\widehat{x}\,\widehat{z}$	$\vec{x}\,\vec{z}\,\widehat{x}\,\widehat{z}$
圆锥孔	顶尖和锥度心轴	定位情况	固定顶尖	浮动顶尖	锥度心轴
		示意图			
		限制的自由度	$\vec{x}\,\vec{y}\,\vec{z}$	$\vec{y}\,\vec{z}$	$\vec{x}\,\vec{y}\,\vec{z}\,\widehat{y}\,\widehat{z}$

2. 完全定位和不完全定位

根据工件加工表面的位置要求，有时需要将工件的六个自由度全部限制，称为完全定位。有时需要限制的自由度少于六个，称为不完全定位。

如在平面磨床上磨长方体工件的上表面，工件的下表面与平面磨床的电磁吸盘接触，限制三个自由度，但工件上表面只要求保证上下面的厚度尺寸和平行度，以及上表面的粗糙度，那么此工序的定位只需限制三个自由度就可以了，这是不完全定位。

再如在车床上用三爪卡盘夹持工件车削外圆，三爪卡盘限制工件的四个自由度，但工件的外圆面只要求保证外圆直径尺寸及表面粗糙度，那么此工序的定位只需限制四个自由度就可以了，这也是不完全定位。

3. 欠定位与过定位

根据加工表面的位置尺寸要求，需要限制的自由度没有完全被限制，称为欠定位。它不能保证位置精度，是绝对不允许的。

根据加工表面的位置尺寸要求，需要限制的某自由度被两个或两个以上的约束重复限制，称为过定位（或重复定位）。加工中过定位一般是不允许的，但在特殊场合下，如果应用得当，不仅过定位是允许的，而且会成为对加工有利的因素。

如图4.4所示平面定位的过定位情况，若工件定位平面粗糙，支承钉［如图4.4（a）所示］或支承板［如图4.4（b）所示］的支承表面又不能保证在同一平面上，则这种定位是不允许的。若工件定位平面经过精加工，支承钉或支承板又在安装后经过一次磨平，则此定位是允许的，它的好处是支承面积大，刚性好，能减小工件在切削过程中的受力变形。

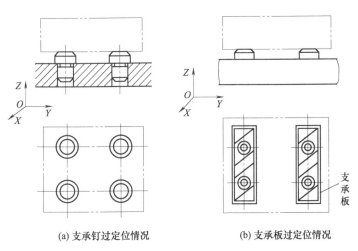

(a) 支承钉过定位情况　　(b) 支承板过定位情况

图 4.4　平面定位的过定位

在夹具设计过程中，采用过定位的方案，必须解决两个问题：其一是重复限制自由度的支承之间，不能使工件的安装发生干涉；其二是因为过定位而引起的不良后果，在采取相应措施后，应能保证工件的加工要求。

由以上分析可知，在机床专用夹具设计过程中，应尽量避免过定位。若要使用过定位，应用其利、避其害，注意避免或减少过定位的有害影响。

任务 2　定位元件

工件的定位是用各种不同结构与形状的定位元件与工件相应的定位基准面相接触或配合来实现的。定位元件的选择及其制造精度直接影响工件的定位精度和机床专用夹具的制造及其使用性能。这里主要按不同的定位基准面分别介绍常用的定位元件。

1. 工件以平面为定位基准

（1）支承钉　如图4.5所示，支承钉有平头、圆头和花头之分，平头支承钉可以减少磨损，避免定位表面压坏，多用于工件以精基准定位；圆头支承钉容易保证它与工件定位基准面间的点接触，位置相对稳定，但易磨损而失去精度，多用于粗基准定位。花头支承钉能增大接触面间的摩擦力，与工件定位基准表面有稳定的接触，但落入花纹中的切屑不易清除，故多用于侧面和顶面的粗基准定位。一个支承钉相当于一个支承点，可限制工件的一个自由度。支承钉与夹具体上孔的配合一般为 H7/r6 或 H7/n6。

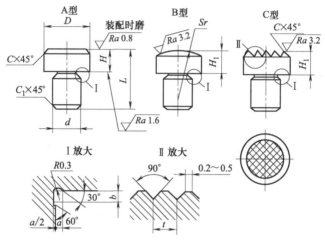

图4.5　支承钉的种类和形状

（2）支承板　如图4.6所示，支承板有两种标准形式，A型支承板结构简单、紧凑，但切屑易落入螺钉头周围的缝隙中，且不易清除。因此，多用于侧面和顶面的定位。B型支承板在工作面上有45°的斜槽，且能保持与工件定位基准面连续接触，清除切屑方便，所以多用于底面定位。两种支承板都适用于工件以精基准定位的场合。

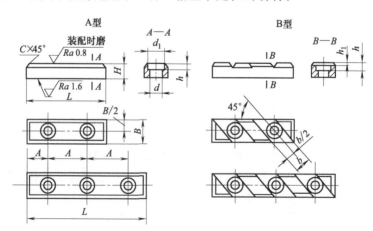

图4.6　支承板的种类和形状

使用一组支承板定位时必须保证等高，故支承板的工作面装配后必须在一道工序中精磨，保证等高。一组支承板，相当于不在一条直线上的三个支承点，限制三个自由度；一块长支承板定位时，形成线定位，限制两个自由度。

（3）可调支承　可调支承的形式如图4.7所示，其中图4.7（a）所示的球头可调支承可用手直接调节或用杠杆旋动进行调节，适用于支承小型工件；图4.7（b）所示的锥头可调支承需用扳手调节，适用于粗基准定位；图4.7（c）所示的自位可调支承需用扳手调节，支承钉1起自位作用；图4.7（d）所示的侧向可调支承需用螺丝刀调节，适用于侧向定位情况。

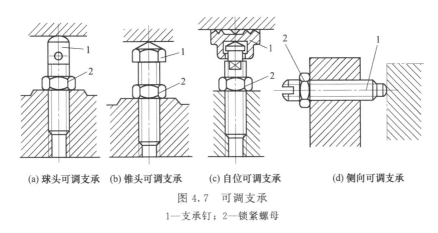

(a) 球头可调支承　(b) 锥头可调支承　(c) 自位可调支承　(d) 侧向可调支承

图4.7　可调支承

1—支承钉；2—锁紧螺母

可调支承是指高度可以调节的支承，一个可调支承限制工件一个自由度。可调支承一般只对一批毛坯调整一次，在同一批工件加工中，其位置保持不变，作用相当于固定支承，所以，可调支承在调整后必须用锁紧螺母2锁紧。

（4）自位支承（浮动支承）　自位支承的结构形式如图4.8所示，其中图4.8（a）为3点浮动、图4.8（b）、（c）为2点浮动。

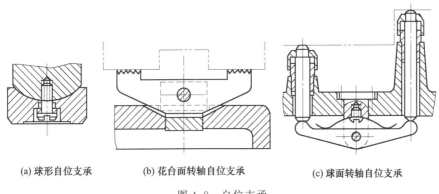

(a) 球形自位支承　(b) 花台面转轴自位支承　(c) 球面转轴自位支承

图4.8　自位支承

自位支承是在工件定位过程中，能随工件定位基准面的位置变化而自动与之适应的多点接触的浮动支承，其作用仍相当于一个定位支承点，限制工件的一个自由度。由于接触点数的增多，可提高工件的支承刚度和定位稳定性，适用于粗基准定位或工件刚度不足的定位情况。

2. 工件以内孔为定位基准

（1）固定式定位销　如图4.9所示为固定式定位销A型结构。直径d的作用是将定位销定位在夹具体上，一般与夹具体上的孔过盈配合；直径D的作用是给工件做定位，一般与工件上的孔间隙配合。当$D>10\sim18$mm时，定位销D_1的轴肩面与工件接触可以起定位作用，也可以不与工件接触不起定位作用，视夹具具体定位结构而定。一般情况下定位销只能限制工件的两个移动自由度。

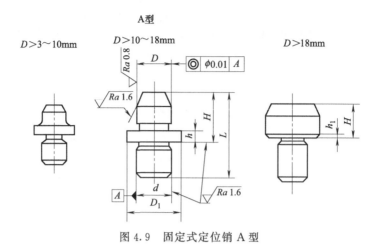

图 4.9　固定式定位销 A 型

如图 4.10 所示为固定式定位销 B 型结构。固定式定位销 B 型有时也称为菱形圆柱销（或称为削边销），也是一种常用的孔定位元件。菱形销是在定位销 A 型的基础上，将圆形截面 D 铣削成菱形截面而成。由于菱形销在宽度方向（图中 B 方向）上与工件失去了配合，而不起定位作用，因此，一般情况下，菱形销只限制一个自由度。

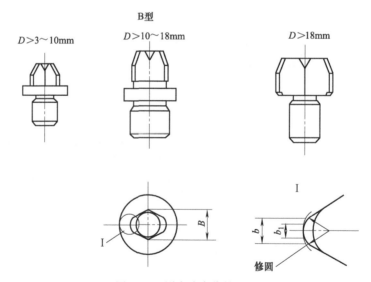

图 4.10　固定式定位销 B 型

定位销 A 型常与定位销 B 型配合使用，组成一面两销定位，限制工件的六个自由度（如箱体类工件加工）。菱形销能够补偿工件的定位基准与夹具定位元件之间的实际尺寸误差，消除过定位。它的直径选择除留有必要的安装间隙外，还需要考虑补偿上述误差所需要的间隙。

（2）心轴　心轴的结构形式有很多种，根据不同工件的特点，不同的工厂采用不同的设计。如图 4.11 所示为常用的几种心轴结构形式。

图 4.11（a）所示为间隙配合心轴，由于心轴工作部分一般按 h6、g6 或 f7 制造，故工件装卸比较方便，但定心精度不高。采用间隙配合心轴时，工件常以内孔和端面联合定位。心轴限制工件 4 个自由度，心轴的小台肩端面限制工件 1 个自由度。

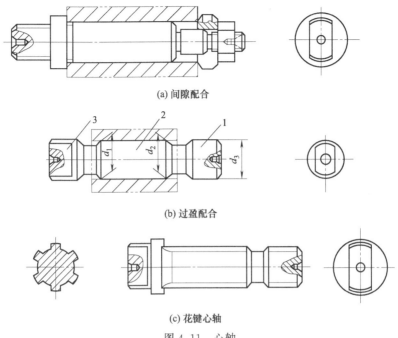

(a) 间隙配合

(b) 过盈配合

(c) 花键心轴

图 4.11 心轴
1—引导部分；2—工作部分；3—传动部分

图 4.11（b）所示为过盈配合心轴。心轴由引导部分 1、工作部分 2 以及与传动装置（如拨盘、鸡心夹头等）相联系的传动部分 3 组成。引导部分的作用是使工件迅速而准确地套在心轴上。这种心轴制造简单、定心精度高，无需另设计夹紧装置，但装卸工件不便，且易损伤工件定位孔。因此，多用于定心精度要求高的精加工场合。

图 4.11（c）所示为花键心轴，用于加工以花键孔定位的工件。设计花键心轴时，应根据工件的不同定心方式来确定定位心轴的结构。

（3）锥面定位销 锥面定位销的工作面是圆锥面，如图 4.12 所示，锥面和基准孔的棱边接触形成理想的线接触，它限制工件 x、z、y 三个移动自由度。在实际应用中，为了减少基准孔棱边的误差对定位的影响，常采用图 4.12（a）所示的削边圆锥销，削边圆锥销多用于粗基准孔的定位设计中，锥顶角一般取为 90°；图 4.12（b）所示的圆锥销多用于精基准孔的定位设计中。

3. 工件以外圆为定位基准

（1）V 形块 V 形块的结构如图 4.13 所示，图中直径 d 是圆柱销的配合尺寸，将 V 形块定位在夹具体上；直径 D 是螺钉过孔，起固定 V 形块作用。工件以外圆柱面定位时，不管是粗基准还是精基准均可采用这种定位元件。V 形块的 V 形角有 60°、90°、120° 三种，90° 的 V 形块应用最广泛，其定位精度和稳定性介于 60°、120° V 形块之间，精度比 60° V 形块高，稳定性比 120° V 形块高。

V 形块分短 V 形块和长 V 形块两种。一般 V 形块和工件定位面的接触长度小于工件定位直径时，属短 V

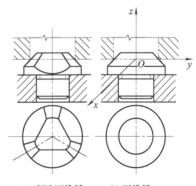

(a) 削边圆锥销　(b) 圆锥销

图 4.12 锥面定位销

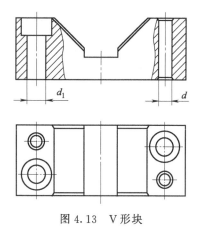

图 4.13 V形块

形块；大于 1.5～2 倍工件定位直径时，属长 V 形块（一般采用图 4.13 所示两块 V 形块组成）。短 V 形块，可限制工件两个自由度；长 V 形块，可限制工件四个自由度。

V 形块的最大优点是对中性好，可使一批工件的定位基准（轴线）对中在 V 形块的两斜面的对称平面上，而不受定位基准面直径误差的影响，且装夹很方便。

V 形块的结构种类多样化，具体尺寸已经标准化，设计时可按标准选用，特殊场合也可自行设计。

（2）圆定位套 如图 4.14 所示为两种常见的圆定位套。为了限制工件的轴向移动自由度，圆定位套常与其端面（或支承板）配合使用。图 4.14（a）所示是带小端面的长圆定位套，工件可以较长的外圆柱面在长圆定位套的孔中定位，限制工件四个自由度，同时工件可以端面在长圆定位套的小端面上定位，限制工件一个自由度，共限制工件五个自由度。图 4.14（b）所示是带大端面的短圆定位套，工件可以较短的外圆柱面在短圆定位套的孔中定位，限制工件的两个自由度，同时，工件可以端面在短圆定位套的大端面上定位，限制了工件的三个自由度，共限制工件五个自由度。

圆定位套结构简单、容易制造，但定心精度不高，只适用于工件以精基准定位，且为了便于工件的装入，在圆定位套孔口端应有 15°或 30°的倒角或圆角。

（3）半圆套 如图 4.15 所示为两种半圆套定位装置，其下面的半圆套部分起定位作用，上面的半圆套部分起夹紧作用。图 4.15（a）为可卸式，图 4.15（b）为铰链式，后者装卸工件更方便。半圆套主要适用于大型轴类工件及从轴向进行装卸不方便的工件。

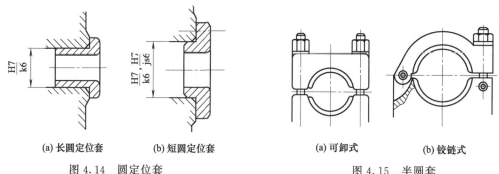

图 4.14 圆定位套   图 4.15 半圆套

采用半圆套定位时，限制工件自由度的情况与圆定位套相同，但工件定位基准面的精度不应低于 IT8～IT9 级，半圆套的最小内径应取工件定位基准面的最大直径。

4. 辅助支承

辅助支承不是定位元件，它的主要作用是增加工件的刚性，减少切削变形。

在实际生产中，由于工件形状以及在夹紧力、切削力、工件重力等作用下，可能使工件在定位后会产生变形或定位不稳定，为了提高工件的装夹刚性和稳定性，常需设置辅助支承。如图 4.16 所示，工件以内孔、端面及右侧面定位钻小孔。若右端不

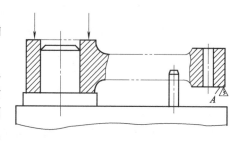

图 4.16 辅助支承的应用

设支承，工件装夹好后，右边悬空，钻孔加工时，工件刚性很差。若在 A 处设置固定支承，属过定位，有可能破坏左端的定位。若在 A 处设置辅助支承，则能增加工件的装夹刚性，解决上述问题。

辅助支承有以下几种类型，如图 4.17 所示。

（1）螺旋式辅助支承　如图 4.17（a）所示，这种支承结构简单，制造方便，但支承高度需手工调解，效率较低。

（2）自位式辅助支承　如图 4.17（b）所示，松开滑块 3，弹簧 2 推动滑柱 1 与工件接触，再用滑块 3 锁紧滑柱 1。弹簧力的大小应能使滑柱 1 弹出，但不能顶起工件，防止工件变形。

（3）推引式辅助支承　如图 4.17（c）所示，它适用于工件较重、垂直作用的切削负荷较大的场合。工件定位后，推动手轮 4 使滑柱 5 与工件接触，然后转动手轮使斜楔 6 开槽部分张开而锁紧，反转手轮则松开。

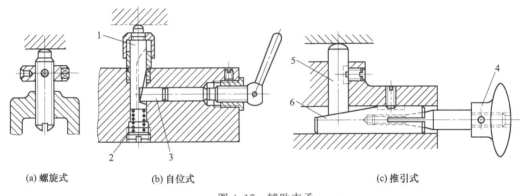

图 4.17　辅助支承
1,5—滑柱；2—弹簧；3—滑块；4—手轮；6—斜楔

可调支承与辅助支承的作用完全不同，可调支承起定位作用，而辅助支承不起定位作用；可调支承是先调整工件定位点，然后使工件在可调支承上定位，最后夹紧工件；辅助支承则是先将工件定位，然后夹紧工件，最后调整辅助支承。

模块 3　定位误差

遵循定位原理，可使工件在夹具中占据预定而正确的加工位置。实际上，工件的定位基准和定位元件均有制造误差，因而工件在夹具中的实际位置，将在一定的范围内变动，即存在一定的定位误差。设计定位装置时，就要控制这一误差在加工要求所允许的范围内。

1. 定位误差

定位误差是指工序基准在加工方向上的最大位置变动量所引起的加工误差。

工件在加工过程中的误差主要是由以下三部分因素产生的：

（1）定位误差　工件在夹具中的定位、夹紧产生的误差。

（2）对定误差　夹具连带工件安装在机床上，相对机床主轴（或刀具）或运动导轨的位置误差。

（3）加工误差　工件在加工过程中产生的误差，如机床几何精度，工艺系统的受力、受热变形、切削振动等原因引起的误差。

可见定位误差只是工件加工误差的一部分。设计夹具定位方案时，要充分考虑此定位方案的定位误差的大小是否在允许的范围内。一般定位误差应控制在工件公差值的 1/3~1/5。

2. 定位误差产生的原因

（1）基准不重合误差　由于定位基准与工序基准不重合而引起的加工误差，称为基准不重合误差。其大小等于工序基准相对于定位基准在加工尺寸方向上的最大位置变动量。

基准不重合误差分析如图 4.18 所示。图 4.18（a）为在工件上铣缺口的工序简图，加工尺寸为 A 和 B，加工尺寸 A 的工序基准是 F，加工尺寸 B 的工序基准是底面。图 4.18（b）是该工件的加工示意图，工件以底面和 E 面定位，C 是确定刀具与夹具水平方向上相对位置的对刀尺寸，在一批工件的加工过程中是不变的。加工尺寸 B 的定位基准与工艺基准（都是底面）重合，没有基准不重合误差；加工尺寸 A 的工序基准是 F，定位基准是 E，两者不重合。当一批工件逐个在夹具上定位时，受尺寸 $S \pm T_S/2$ 的影响，

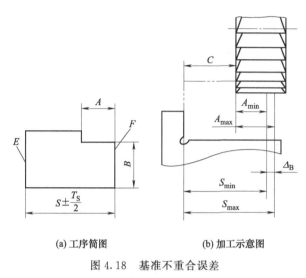

图 4.18　基准不重合误差

工序基准 F 的位置是变动的。F 的变动直接影响尺寸 A 的大小，给尺寸 A 造成误差，这个误差就是基准不重合误差。

（2）基准位移误差　由于定位基准面和定位元件的工作表面的制造误差及配合间隙的影响，而使工件产生的加工误差，称为基准位移误差。其大小等于定位基准相对于限位基准在加工尺寸方向上的最大位置变动量。

基准位移情况如图 4.19 所示，图 4.19（a）为铣键槽工件，要求保证尺寸 A，基准为工件孔轴线。当采用工件轴孔为定位基准在心轴上定位时，如图 4.19（b）所示，其理想情况应是工件孔轴线与心轴轴线重合。但由于定位基准与定位元件存在制造误差，同时为了使

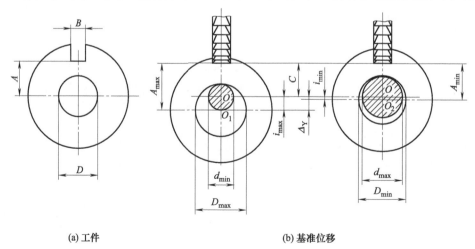

图 4.19　基准位移误差

工件易于套在心轴上，还必须使定位孔与心轴之间有一定的配合间隙。这样，孔中心与心轴轴线便不能重合，必然使定位基准下移，即整个工件下移。因此，按心轴轴线调整刀具的位置之后加工一批工件时，工件定位基准相对于夹具中定位元件的位置产生了位移误差，此误差就是基准位移误差。

任务 1　以工件平面定位时定位误差计算

工件以平面定位时，由于所用的定位元件（如支承钉或支承板）的制造精度较高，其误差一般不考虑；工件以精基准定位时，基准面的制造误差一般也不考虑，即基准位移误差为 0。工件以平面定位时可能产生的定位误差，主要是由基准不重合引起的。

如图 4.18（b）所示，由于定位基准 E 与工序基准 F 不重合，因此存在基准不重合误差。工序基准 F 的变动范围等于尺寸 S 的公差 T_S。因此，基准不重合误差为：

$$\Delta_B = A_{\max} - A_{\min} = S_{\max} - S_{\min} = T_S \tag{4-1}$$

任务 2　以工件圆孔定位时定位误差计算

工件以圆孔定位时，心轴与工件内孔的间隙配合情况如图 4.20 所示，有以下两种情况。

（1）心轴水平放置　如图 4.20（a）所示，工件以内孔在水平放置的心轴上定位。由于定位心轴与工件轴孔是间隙配合，存在径向间隙，因此有径向基准位移误差。在重力作用下定位心轴与工件轴孔只存在单边间隙，即工件始终以孔壁与心轴上母线接触，故此时的径向基准位移误差仅在 z 轴方向，则有：

$$\Delta_{Y_z} = \frac{\varepsilon + T_D + T_d}{2} \tag{4-2}$$

式中　ε——定位心轴与工件轴孔配合的最小间隙，mm；
　　　T_D——工件轴孔的直径公差，mm；
　　　T_d——心轴外圆的直径公差，mm。

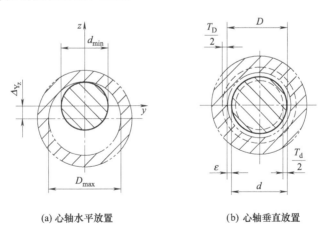

(a) 心轴水平放置　　　　　(b) 心轴垂直放置

图 4.20　工件以内孔与心轴间隙配合

（2）心轴垂直放置　如图 4.20（b）所示，由于定位心轴与工件轴孔间存在径向间隙，因此也必将引起径向基准位移误差。不过这时的径向定位误差不再只是单向的了，而是在水平面内任意方向上都有可能发生，其最大值也比心轴水平放置时大一倍，即：

$$\Delta_{Y_x} = \Delta_{Y_y} = \varepsilon + T_D + T_d \tag{4-3}$$

任务3 以工件外圆定位时定位误差计算

在实际生产过程中，有不少工件是以其外圆柱面作为定位基准的，其定位元件是V形块，工件尺寸标注及铣键槽的定位情况如图4.21所示。由于工件在V形块中定位时，是以外圆柱面与平面相接触，所以只要V形块工作表面对称，就可以保证定位基准中心在V形块的对称面上，即定位基准在水平方向上的位移为零。但在垂直方向上，当工序基准不同时，基准不重合误差是不一样的。

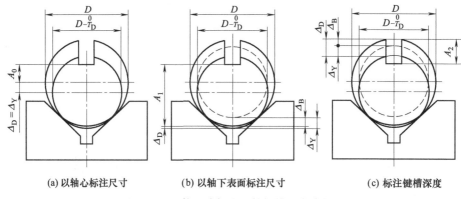

(a) 以轴心标注尺寸　　(b) 以轴下表面标注尺寸　　(c) 标注键槽深度

图4.21 工件尺寸标注及铣键槽的定位情况

如图4.21(a)所示，当加工尺寸是从外圆柱面的轴线起始标注时，保证尺寸 A_0，由于定位基准与设计基准重合，则 $\Delta_B=0$，则基准位移误差为：

$$\Delta_D = \Delta_Y = \frac{T_D}{2\sin\frac{\alpha}{2}} \tag{4-4}$$

式中，α 为V形块的夹角。

如图4.21(b)所示，当加工尺寸是从外圆柱面的下母线起始标注时，则由于定位基准与设计基准不重合，而有基准不重合误差存在，其值为：

$$\Delta_B = \frac{T_D}{2}$$

在保证加工尺寸 A_1 时，其 Δ_Y 与 Δ_B 对 A_1 的综合影响为：

$$\Delta_D = \Delta_Y - \Delta_B = \frac{T_D}{2}\left(\frac{1}{\sin\frac{\alpha}{2}}-1\right) \tag{4-5}$$

如图4.21(c)所示，当加工尺寸是从外圆柱面的上母线起始标注时，在保证加工尺寸 A_2 时，其 Δ_Y 与 Δ_B 对 A_2 的综合影响为：

$$\Delta_D = \Delta_Y - \Delta_B = \frac{T_D}{2}\left(\frac{1}{\sin\frac{\alpha}{2}}+1\right) \tag{4-6}$$

模块4 工件夹紧

工件定位之后，在切削加工之前，必须用夹紧装置将其夹紧，以防在加工过程中受到切削力、重力、惯性力等的作用发生位移和振动，影响加工质量，甚至使加工无法顺利进行。因此，夹紧装置的合理选用至关重要。夹紧装置也是机床夹具的重要组成部分，对夹具的使用性能和制造成本等有很大的影响。

任务 1　夹紧机构设计原则

1. 夹紧机构设计应满足的主要原则

① 夹紧必须保证定位准确可靠，不能破坏定位。

② 工件和夹具的变形必须在允许的范围内。夹紧力大小要适当，既要保证工件被可靠夹紧，又要防止工件产生不允许的夹紧变形和表面损伤。

③ 夹紧机构必须可靠。夹紧机构各元件要有足够的强度和刚度，手动夹紧机构必须保证自锁，机动夹紧机构应有联锁保护装置，夹紧行程必须足够。

④ 夹紧机构操作必须安全、省力、方便、符合工人操作习惯。

⑤ 夹紧机构的复杂程度、自动化程度必须与生产纲领和工厂的条件相适应。

上述要求是为了保证加工质量和安全生产的，必须无条件予以满足，它是衡量夹紧装置好坏的最根本的准则。

2. 夹紧力的确定

确定夹紧力就是确定夹紧力的大小、方向和作用点三个要素。在确定夹紧力的三要素时，要分析工件的结构特点、加工要求、切削力及其他外力作用于工件的情况，而且必须考虑定位装置的结构形式和布置方式。

（1）夹紧力方向的确定

① 夹紧力的方向应有利于工件的准确定位，不能破坏定位。如图 4.22 所示的夹具，用于对直角支座零件进行镗孔加工。本工序要求所镗孔与端面 A 垂直，因此应选 A 面为第一定位基准，夹紧力 F_{j1} 应垂直压向 A 面，确保定位准确。若采用夹紧力 F_{j2}，由于工件 A 面与 B 面的垂直度误差，则镗孔只能保证孔轴线与 B 面的平行度，而不能保证孔轴线与 A 面的垂直度。

② 夹紧力的方向应与工件刚度高的方向一致，以利于减少工件的变形。如图 4.23 所示薄壁套筒的夹紧情况，由于工件在不同的方向上刚度是不等的，不同的受力表面也因其接触面积大小不同而变形各异。尤其在夹紧薄壁工件时，更需注意。如图 4.23（a）所示，采用三爪卡盘夹紧薄壁工件时，由于工件径向刚度很小，易引起工件的夹紧变形。如图 4.23（b）为改进后的夹紧方式，采用螺纹夹紧工件凸台端面，由于凸台端面刚度较大，几乎不产生夹紧变形。

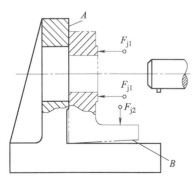

图 4.22　夹紧力的方向选择

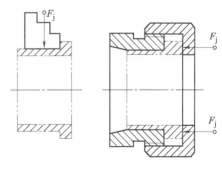

(a) 三爪自定心卡盘夹紧　　(b) 端面夹紧

图 4.23　薄壁套筒的夹紧

③ 夹紧力的方向尽可能与切削力、重力方向一致。如图 4.24 所示为设计夹紧力与切削力方向的情况，当夹紧力和切削力、工件自身重力的方向均相同时，加工过程中所需的夹紧力最小，从而能简化夹紧装置的结构和便于操作，且利于减少工件变形。如图 4.24（a）所示情况是合理的，图 4.24（b）所示的情况，由于切削力与夹紧力反向，工件有脱开定位面的趋势，不尽合理。

（2）夹紧力作用点的确定

① 夹紧力作用点应落在定位元件上或几个定位元件所形成的支承区域内。如图 4.25 所示为夹紧力作用点的位置情况，图 4.25（a）所示夹紧力作用点的位置超出了几个定位元件所形成的支承区域，工件有翻转趋势，脱离定位表面，不合理。图 4.25（b）所示夹紧力作用点位置不合理，会使工件倾斜或移动，破坏工件的定位。

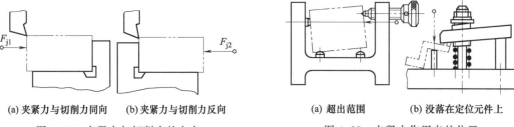

(a) 夹紧力与切削力同向　(b) 夹紧力与切削力反向

图 4.24　夹紧力与切削力的方向

(a) 超出范围　(b) 没落在定位元件上

图 4.25　夹紧力作用点的位置

② 夹紧力作用点应作用在工件刚性较高的部位上。如图 4.26 所示为夹紧力作用点与工件变形情况，如图 4.26（a）所示，若夹紧力作用点作用在工件刚性较差的顶部中点，工件就会产生较大的变形；如图 4.26（b）所示为夹紧力作用点作用在工件刚性较高的实体部位，并改单点夹紧为多点夹紧，避免了工件产生不必要的变形，且夹紧牢固可靠。

③ 夹紧力的作用点应尽量靠近加工部位。夹紧力作用点靠近加工部位可提高加工部位的夹紧刚性，防止或减少在切削加工过程中工件的变形或振动。如图 4.27 所示，主要夹紧力 F_j 垂直作用于主要定位基准面，如果不再施加其他夹紧力，因夹紧力 F_j 与切削力作用的距离较远，加工过程中工件易产生振动。所以，应在靠近加工部位处采用辅助支承并施加夹紧力 F_j，既可提高工件的夹紧刚度，又可减小振动。

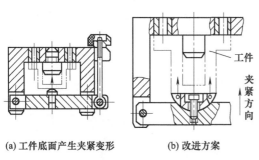

(a) 工件底面产生夹紧变形　(b) 改进方案

图 4.26　夹紧力作用点与工件变形

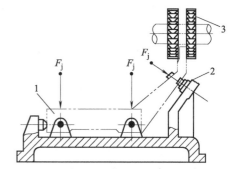

图 4.27　夹紧力作用点应尽量靠近加工部位
1—工件；2—辅助支承；3—三面刃铣刀

④ 夹紧力的反作用力不应使夹具产生影响加工精度的变形。如图 4.28 所示为夹紧力引起导向支架变形情况，如图 4.28（a）所示，用螺杆 3 夹紧工件时，工件对螺杆 3 的反作用力使导向支架 2 变形，从而使镗套 4 产生导向误差。经改进后，如图 4.28（b）所示，螺杆

3的支架作用在夹具体上，夹紧力的反作用力不再作用在导向支架2上，避免了支架2变形。

(3) 夹紧力大小的确定　夹紧力的大小要适当，夹紧力太小，难以夹紧工件；夹紧力太大，将增大夹紧装置的结构尺寸，且会增大工件变形，影响加工质量。

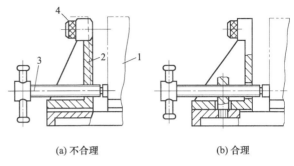

图4.28　夹紧力引起导向支架变形
1—工件；2—导向支架；3—螺杆；4—镗套

在计算夹紧力时，将夹具和工件看作一个刚性系统，以切削力的作用点、方向和大小处于最不利于夹紧时的状况为工件受力状况。根据切削力、夹紧力（大工件还应考虑重力，运动速度较大时应考虑惯性力），以及夹紧机构具体尺寸，列出工件的静力平衡方程式，求出理论夹紧力。

实际所需夹紧力为理论夹紧力乘以安全系数K，安全系数一般可取$K=2\sim3$，或按下式计算：

$$K=K_1K_2K_3K_4 \tag{4-7}$$

式中　K_1——一般安全系数，考虑工件材料性质及余量不均匀等引起切削力变化，$K_1=1.5\sim2$；

K_2——加工性质系数，粗加工$K_2=1.2$，精加工$K_2=1$；

K_3——刀具钝化系数，$K_3=1.1\sim1.3$；

K_4——断续切削系数，断续切削时$K_4=1.2$，连续切削时$K_4=1$。

任务2　典型夹紧机构

夹紧机构的种类很多，这里只简单介绍其中一些典型装置，其他实例详见有关手册或图册。

1. 斜楔夹紧机构

利用斜楔直接或间接夹紧工件的机构称为斜楔夹紧机构。如图4.29所示为几种典型的利用斜楔夹紧机构夹紧工件的实例。图4.29 (a) 所示为用斜楔直接夹紧工件，工件3装入夹具后敲击斜楔2大头，夹紧工件。加工完毕后，敲击斜楔小头，松开工件。这种机构夹紧力较小，操作费时，实际生产中应用较少，多数情况下是将斜楔与其他机构联合起来使用。图4.29 (b) 所示为气缸驱动斜楔夹紧机构，当斜楔2在气缸带动下向左运动时，夹具体1不动，立柱上移，推动杠杆夹紧工件3；反之松开工件。由于夹紧机构必须自锁的关系，斜楔的升角α_1比较小，夹紧行程小。采用气缸驱动后，可以加大斜楔的升角α_1，即增大夹紧行程。图4.29 (c) 所示为人工驱动斜楔夹紧机构，将斜楔延圆柱面做成螺旋结构，同时安装手柄，增加旋转半径（力臂），即增加旋转力矩，减轻了人的劳动强度。

斜楔夹紧机构的特点：

① 斜楔夹紧机构具有自锁性，其自锁条件是：斜楔的升角小于斜楔与工件、斜楔与夹具体之间的摩擦角之和。手动夹紧机构一般斜楔角取$\alpha=6°\sim8°$。用气压或液压装置驱动的斜楔不需要自锁，可取$\alpha=15°\sim30°$。

② 斜楔能改变夹紧作用力的方向，一般外力作用于斜楔的方向与夹紧力的方向成90°。

③ 斜楔具有一定的扩力作用，减小α可增大夹紧力，增加自锁性能，但也增大了斜楔

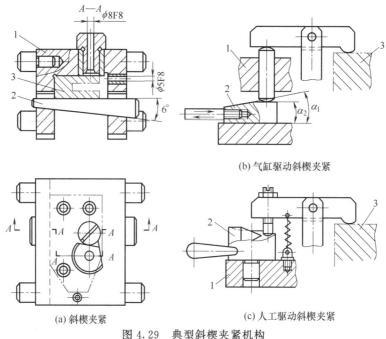

(b) 气缸驱动斜楔夹紧

(a) 斜楔夹紧

(c) 人工驱动斜楔夹紧

图 4.29 典型斜楔夹紧机构
1—夹具体；2—斜楔；3—工件

的移动行程。

④ 夹紧行程小，由于 α 角比较小，斜楔移动距离较长，但夹紧行程较小。

⑤ 效率低，因为斜楔与夹具体及工件间是滑动摩擦，所以夹紧效率低。

2. 螺旋夹紧机构

由螺钉、螺母、螺栓或螺杆等带有螺旋结构的元件与垫圈、压板或压块等组成的夹紧机构称为螺旋夹紧机构。如图 4.30 所示为典型螺旋夹紧机构应用的实例。

图 4.30（a）、(b) 是直接用螺钉或螺母夹紧工件的机构，称为单个螺旋夹紧机构。单个螺旋夹紧机构用螺钉头直接压在工件表面上，接触面小、压强大，螺钉转动时，可能会损伤工件已加工表面，或带动工件旋转。图 4.30（c）为压板夹紧机构。其右侧螺杆为支承，旋紧螺母，压板绕螺杆旋转夹紧工件；松开螺母，压板在弹簧作用下向上抬起，将压板向右侧移动，即可移走工件，此设计提高了压板夹紧机构的工作效率。图 4.30（d）是钩形压板夹紧机构，旋紧螺母，钩板向下夹紧工件；松开螺母，钩板在弹簧作用下向上抬起，旋转钩板，即可移走工件，此设计同样是为了提高钩形压板的工作效率。

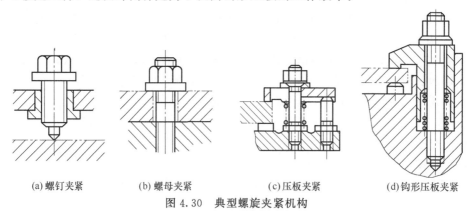

(a) 螺钉夹紧　　(b) 螺母夹紧　　(c) 压板夹紧　　(d) 钩形压板夹紧

图 4.30 典型螺旋夹紧机构

螺旋夹紧机构的特点：

① 结构简单，制造容易。螺杆、压板结构简单，制造时间短，成本低，通用性比较强，适用范围广。

② 扩力比 80 以上，夹紧行程不受限制。螺旋夹紧机构的夹紧力与外扭矩有关，外扭矩越大，夹紧力越大；而外扭矩的力臂可以增长，因此螺旋夹紧机构扩力比较大。

③ 自锁性好。由于缠绕在螺钉表面的螺旋线很长，升角又很小，所以螺旋夹紧机构的自锁性能好。

④ 夹紧动作慢，效率低。工件装卸费时是螺旋夹紧机构的缺点，为提高效率，常采用开口压板或螺旋钩形压板等结构。

3. 偏心夹紧机构

用偏心件直接或间接夹紧工件的机构称为偏心夹紧机构。常用的偏心件是圆偏心轮和偏心轴，图 4.31 所示为典型偏心夹紧机构，图 4.31（a）、（b）、（d）用的是偏心轮，图 4.31（c）用的是偏心轴。

圆偏心轮的几何中心并不是其实际回转中心，其几何中心与实际回转中心存在偏心距，当圆偏心轮绕其实际回转中心旋转时，进入实际回转中心与夹紧点的半径越来越大，在轴和夹紧件受压表面之间产生施力作用。

偏心轮实际上是斜楔的一种变形，与平面斜楔相比，主要特性是其工作表面上各夹紧点的升角不是一个常数，它随偏心转角的改变而变化。

使用偏心轮施力时，必须保证自锁，否则将不能使用。要保证偏心轮夹紧时的自锁性能，与前述斜楔夹紧机构相同，即偏心轮工作段的最大升角小于偏心轮与夹紧件之间的摩擦角与偏心轮转轴处的摩擦角之和。

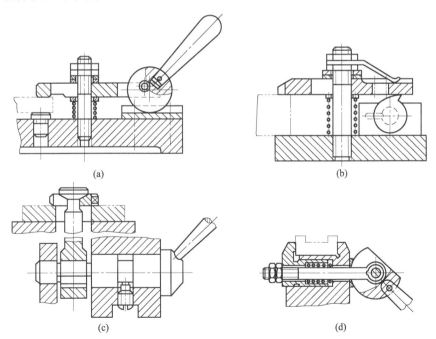

图 4.31 典型偏心夹紧机构

偏心夹紧机构的特点：

① 结构简单。偏心夹紧机构主要由偏心轮、转轴组成，结构简单，制造方便。

② 操作方便，夹紧迅速。偏心夹紧机构的行程较小，操作动作快。

③ 自锁性能较差。其工作段的升角随夹紧行程越来越大，不利于自锁。

④ 增力比小。偏心轮的实际回转中心与夹紧作用点距离固定，能旋进的半径尺寸有限，增力比受到限制。

模块 5　其他装置

机床夹具在某些情况下还需要其他一些装置才能符合该夹具的使用要求。这些装置有导向装置、对刀装置、对定装置等。

任务 1　导向装置

导向装置能够保证孔的位置精度，增加钻头和镗杆的支承以提高其刚度，减少刀具的变形，确保孔加工的位置精度。

1. 钻套

钻床夹具中钻头的导向采用钻套，钻套有固定钻套、可换钻套、快换钻套和特殊钻套四种，如图 4.32、图 4.33 所示。

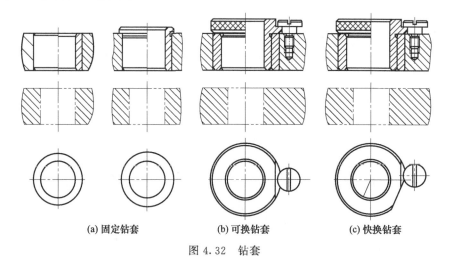

(a) 固定钻套　　(b) 可换钻套　　(c) 快换钻套

图 4.32　钻套

图 4.32（a）所示为固定钻套，固定钻套分为无肩钻套、带肩钻套两种。如果需用钻套台肩下端面作装配基面，或者钻模板较薄以及需要防止钻模板上切屑等杂物进入钻套孔内时，常采用带肩钻套。固定钻套是直接压入钻模板或夹具体的孔中，过盈配合，位置精度高，结构简单，但磨损后不易更换，适合于中、小批生产中只钻一次的孔。

图 4.32（b）所示的可换钻套是先把衬套用过盈配合 H7/n6 或 H7/r6 固定在钻模板或夹具体孔上，再采用间隙配合 H6/g5 或 H7/g6 将可换钻套装入衬套中，并用螺钉压住钻套。采用衬套的目的是为了避免更换钻套时磨损钻模板，可换钻套更换方便，适用于中批以上生产。

图 4.32（c）所示的快换钻套与可换钻套结构上基本相似，只是在钻套头部多开一个圆弧状或直线状缺口。换钻套时，只需将钻套逆时针转动，当缺口转到螺钉位置时即可取出，换套方便迅速。当被加工孔需要依次进行钻、扩、铰孔或加工台阶孔、攻螺纹等多工步加工时，应采用快换钻套。

上述钻套均已标准化了，设计时可以查阅夹具设计手册选用。但对于一些特殊场合，如果受工件的形状或加工孔位置的分布等限制不能采用上述标准钻套时，可根据需要设计特殊结构的钻套。如图 4.33 所示为几种特殊钻套。图 4.33（a）所示钻套用于两孔间距较小的场合；图 4.33（b）所示钻套用于加工沉孔或凹槽上的孔；图 4.33（c）所示钻套用于加工斜面上的孔，可防止钻头切入时引偏或折断。

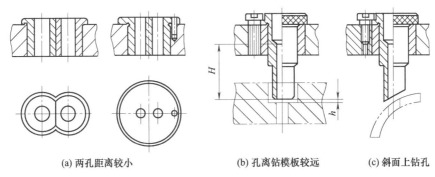

(a) 两孔距离较小　　(b) 孔离钻模板较远　　(c) 斜面上钻孔

图 4.33　特殊钻套

设计钻套时，要注意钻套的高度 H 和钻套底端与工件间的距离 h。钻套高度是指钻套与钻头接触部分的长度。太短不能起到导向作用，降低了位置精度，太长则增加了摩擦和钻套的磨损。一般 $H=(1\sim2)d$，孔径 d 大时取小值，d 小时取大值，对于 $d<5\text{mm}$ 的孔，$H\geqslant 2.5d$。h 的大小决定了排屑空间的大小，对于铸铁类脆性材料工件，$h=(0.6\sim0.7)d$；对于钢类韧性材料工件，$h=(0.7\sim1.5)d$。h 不要取得太大，否则会容易产生钻头偏斜。对于在斜面、弧面上钻孔，h 可取再小些。

2. 镗套

箱体类零件上的孔系加工，若采用精密坐标镗床，加工中心或具有高精度的刚性主轴的组合机床加工时，一般不需要导向，孔系位置精度由机床本身精度和精密坐标系统来保证。对于普通镗床或如车床改造的镗床，或一般组合机床，为了保证孔系的位置精度，需要采用镗模来引导镗刀，孔系的位置由镗模上镗套的位置来决定。

镗套有两种，一种是固定式镗套，它适用于镗杆速度低于 20m/min 时的镗孔；一种是滚动式回转镗套，适用于镗杆速度高于 20m/min 时的镗孔。

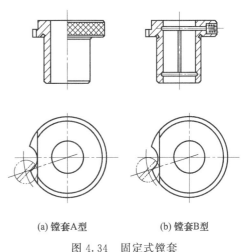

(a) 镗套A型　　　(b) 镗套B型

图 4.34　固定式镗套

固定式镗套（如图 4.34 所示）在镗孔过程中不随镗杆转动，结构与快换钻套相同。图 4.34（a）所示为不带油杯的镗套，由于镗杆在镗套内回转和轴向移动，镗套容易磨损，故不带油杯的镗套只适于低速切削。图 4.34（b）所示为带有压配式油杯的镗套，内孔开有油槽，加工时可适当提高切削速度。

滚动式回转镗套（如图 4.35 所示）转动灵活，允许的切削速度高，但其径向尺寸较大，回转精度低。如需减小径向尺寸，可采用滚针轴承。镗套的长度 H 影响导向性能，一般固定式镗套取 $H=(1.5\sim2)d$；滚动式回转镗套双支承时 $H=0.75d$，单支承时与固定式镗套相同。镗套的材料可选用铸铁、青铜、粉末冶金或钢等，其硬度一般应低于镗杆硬度。

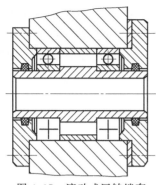

图 4.35 滚动式回转镗套

镗套内孔直径应按镗杆的直径配制。设计镗杆时，一般取镗杆直径 $d=(0.6\sim0.8)D$，镗孔直径 D、镗杆直径 d、镗刀截面 $B\times B$ 之间的关系，应符合公式：$(D-d)/2=(1\sim1.5)B$。镗杆的制造精度对其回转精度有很大影响。其导向部分的直径精度要求较高，精镗时按 g5 制造。镗杆材料一般采用 45 钢或 40Cr，硬度为 40~45HRC；也可用 20 钢或 20Cr 渗碳淬火处理，硬度为 61~63HRC。

任务 2　对刀装置

在铣床或刨床夹具中，刀具相对工件的位置需要调整，因此常设置对刀装置，如图 4.36 所示为几种常见的铣床对刀情况。图 4.36（a）为铣工件平面对刀；图 4.36（b）为铣工件直角对刀；图 4.36（c）、（d）为铣工件圆弧面对刀。

对刀时，一般不允许铣刀与对刀装置的工作表面接触，而是通过塞尺来校准它们之间的相对位置，这样就避免了对刀时损坏刀具和加工时刀具经过对刀块而产生摩擦。操作方法是：移动铣床工作台，使铣刀 1 靠近对刀块 3，在铣刀刀刃与对刀块 3 之间塞进一规定尺寸的塞尺 2，让刀刃轻轻靠紧塞尺，抽动塞尺感觉到有一定的摩擦力存在，这样确定铣刀的最终位置，抽走塞尺，就可以开动机床进行加工。

对刀块已经标准化，特殊形式的对刀块可以自行设计。

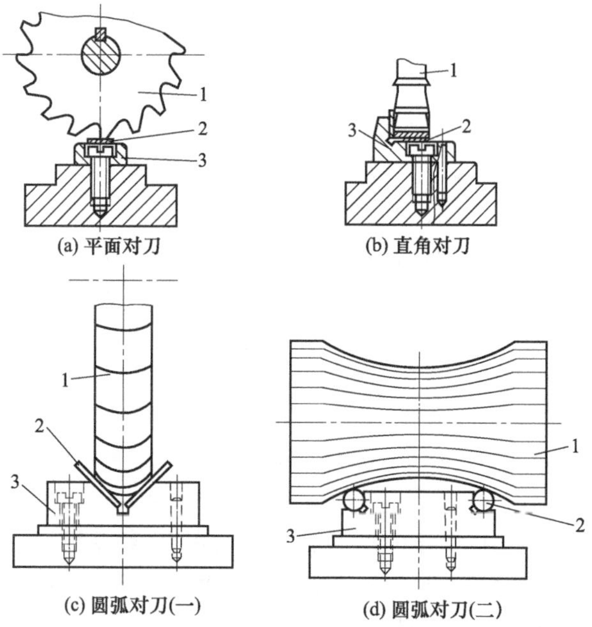

对刀装置通常制成单独元件，用销钉和螺钉紧固在夹具体上，其位置应便于使用塞尺对刀和不妨碍工件的装卸。

图 4.36　铣床对刀装置
1—铣刀；2—塞尺；3—对刀块

对刀块对刀表面的位置应以定位元件的定位表面来标注，以减小基准转换误差，该位置尺寸加上塞尺厚度就应该等于工件的加工表面与定位基准面间的尺寸，该位置尺寸的公差应为工件该尺寸公差的 1/3~1/5。

任务 3　对定装置

在进行机床夹具总体设计时，还要考虑夹具在机床上的定位、固定，才能保证夹具（含工件）相对于机床主轴（或刀具）、机床运动导轨有准确的位置和方向。

铣床类夹具，夹具体底面是夹具的主要基准

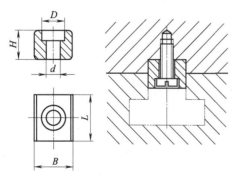

图 4.37　定向键

面，要求底面加工精度较高，夹具的各定位元件相对于此底平面应有较高的位置精度要求。为了保证夹具具有相对切削运动的准确方向，夹具体底平面的对称中心线上开有定向键槽，安装上两个定向键（定向键的结构和使用如图 4.37 所示），夹具靠这两个定向键定位在工作台面中心线上的 T 形槽内，采用良好的配合，一般选为 H7/h6，再用 T 形槽螺钉固定夹具。由此可见，为了保证工件相对切削运动方向有准确的方向，夹具上的导向元件必须与两定向键保持较高的位置精度，如平行度或垂直度等。

模块 6　机床专用夹具设计

任务 1　机床专用夹具应满足的基本要求

1. 保证工件的加工精度

这是必须做到的最基本要求。其关键是采用正确的定位、夹紧和导向方案，选择合适的尺寸、公差和技术要求，并进行必要的定位误差的分析和验算，确保夹具能满足工件的加工精度要求。

2. 提高劳动生产率

机床夹具设计的复杂程度应与工件的年生产纲领相适应。在大批量生产时，尽量采用快速、高效的定位、夹紧机构和动力装置，提高自动化程度，符合生产节拍要求。在中、小批量生产时，夹具应有一定的可调性，以适应多品种工件的加工。

3. 安全、方便、减轻劳动强度

机床夹具设计要有工作安全性考虑，必要时加保护装置。要符合工人的操作位置和习惯，要有合适的工件装卸位置和空间，使工人操作方便。大批量生产和工件笨重时，更需要减轻工人的劳动强度。

4. 排屑顺畅

机床夹具中积集切屑会影响到工件的定位精度，切屑的热量使工件和夹具产生热变形，影响加工精度。清理切屑将增加辅助时间，降低生产率。因此夹具设计中要给予排屑问题充分的重视。

5. 机床夹具应有好的结构工艺性

机床夹具设计时，要方便制造、检测、调整和装配，有利于提高夹具的制造精度。

任务 2　机床专用夹具的设计步骤

1. 明确设计任务，收集设计资料

（1）收集有关资料　如机床的技术参数，夹具零部件的国家标准、企业标准，各类夹具设计手册、夹具图册等，还可收集一些同类夹具的设计图样，并了解本厂制造夹具的生产条件、制造技术水平等。

（2）明确工件的年生产纲领　它是确定夹具总体方案的依据之一，它决定了夹具的复杂程度和自动化程度。如大批量生产时，一般选择机动、多工件、自动化程度高的方案，结构也随之复杂，成本也提高较多。

（3）分析研究被加工零件的零件图和工序图　零件图给出了工件的尺寸、形状和位置、表面粗糙度等精度的总体要求，工序图则给出了夹具所在工序的零件的工序基准、工序尺寸、已加工表面、待加工表面，以及本工序的定位、夹紧原理方案，这是夹具设计的直接依据。

(4) 了解工艺规程中本工序的加工内容 要了解本工序使用的机床型号和性能，了解使用的刀具、切削用量、工步安排、工时定额、同时加工零件数等情况。这些是在考虑夹具总体方案、操作、估算夹紧力等方面必不可少的。

2. 确定夹具的结构方案，绘制夹具结构草图

(1) 确定工件的定位方案，设计定位装置 工序图只是给出了原理方案，此时应仔细分析本工序的工序内容及加工精度要求，按照六点定位原理和本工序的加工精度要求，确定具体的定位方案和定位元件。要拟定几种具体方案进行分析比较，选择或组合成最佳方案。

(2) 确定工件的夹紧方案，设计夹紧装置 确定夹紧力的方向、作用点，以及夹紧元件或夹紧机构，估算夹紧力大小，要选择和设计动力源。夹紧方案也需反复分析比较，确定后，正式设计时也可能在具体结构上作一些修改。

(3) 确定刀具的对刀或引导方法，并设计对刀装置或引导元件 确定刀具导向装置（例如钻头导向套、镗刀杆导套等）及其安装方式，确定对刀装置及其安装方式等。

(4) 确定夹具总体结构形式以及夹具体的结构形式 例如钻床夹具，有固定式钻模、翻转式钻模、回转式钻模、滑柱式钻模、盖板式钻模等不同的总体结构形式，一般应根据工件的形状、大小、加工内容及选用机床等因素来确定。夹具体的结构主要是考虑定位元件、夹紧机构、导向元件的固定方法，切屑的排出方法等。

(5) 确定其他装置及元件的结构形式 确定夹具在机床上的对定方式、安装方式，设计分度装置等。

3. 绘制夹具总装配图

夹具装配图应按国家标准绘制，图形比例尽量采用1∶1，这样的图样有良好的直观性。主视图按夹具面对操作者的方向绘制。总装配图应把夹具的工作原理、各种装置的结构及其相互关系表达清楚。夹具总装配图的绘制次序如下。

(1) 用双点画线将工件的外形轮廓、定位基面、夹紧表面及加工表面绘制在各个视图的合适位置上，无关表面可以省略 在总装配图中工件可看做透明体，不遮挡后面的线条。

(2) 画出定位装置、夹紧机构、导向元件 按夹紧状态画出夹紧元件和夹紧机构，必要时可用双点画线画出松开位置时夹紧元件的轮廓。

(3) 画出其他元件或机构、画出夹具体 画出上述各元件与夹具体的连接，使夹具形成一个整体。

(4) 标注必要的尺寸、公差和技术要求 标注定位元件以及导向元件的配合尺寸、定位元件间的形位公差、导向元件与定位元件间的形位公差、标注夹具总体尺寸等，确定装配要求、检验要求、各装置间的位置精度等技术要求。

(5) 编制夹具明细表及标题栏 应标出夹具名称、图号、各零件的编号，填写零件明细表、标题栏等。

4. 绘制夹具零件图

对夹具中的非标准零件均应绘制零件图，零件图视图的选择应尽可能与零件在装配图上的工作位置相一致，尺寸、形状、位置、配合、加工表面的表面粗糙度等要标注完整。

任务 3 工程应用

如图 4.38 所示为一拨叉零件，材料为铸铁，产量为中批生产，需要设计在摇臂钻床上加工两个 $\phi 12^{+0.018}_{\ 0}$ 和 $\phi 25^{+0.021}_{\ 0}$ 孔的夹具。

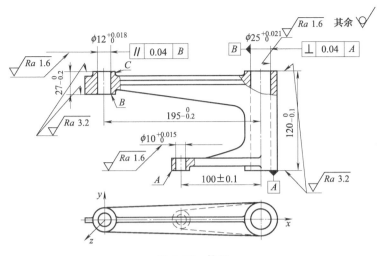

图 4.38 拨叉

1. 加工工艺分析

在本工序中，除保证孔本身的尺寸精度和表面粗糙度外，还需要保证以下的位置精度：

① 两孔轴线的平行度误差不得大于 0.04mm；

② $\phi 25_0^{+0.021}$ 孔与端面 A 的垂直度误差不得大于 0.04mm；

③ 两孔中心距精度 $195_{-0.2}^{0}$；

④ $\phi 25_0^{+0.021}$ 孔与已加工表面 $\phi 10_0^{+0.015}$ 孔相距为 (100 ± 0.1) mm；孔壁厚应均匀。

加工方法分析：$\phi 25_0^{+0.021}$ 为深孔且该工件的刚性较差，两孔的加工精度要求较高，故本工序分三个工步即钻、扩、铰进行加工。在进入本工序前，工件上的平面 A、B、C 和 $\phi 10_0^{+0.015}$ 孔均已加工完成，为定位基准的选择提供了有利条件。

2. 定位方案和定位元件的设计

设计工件的定位方案时，必须解决两个问题：①根据加工技术要求限制工件的自由度；②使定位误差控制在允许的范围内。拨叉工件的两个孔，在三个坐标方向都有要求，为保证加工质量，应按完全定位的方式来设计夹具。定位基准的选择应注意基准重合原则，尽量以精基准定位和考虑孔壁均匀等特殊要求，以便将定位误差控制在允许的范围内。

根据以上原则，工件的定位有下列三个可能方案。

第一方案：以平面 C、$\phi 25_0^{+0.021}$ 外廓的半圆周、$\phi 12_0^{+0.018}$ 外廓的一侧为定位基准，以限制工件的六个自由度，而从 A、B 面钻孔。优点是工件安装稳定，但违背基准重合原则，使孔心距尺寸 (100 ± 0.1) mm 不易保证。且钻模板不在一个平面上，夹具结构复杂。

第二方案：以平面 A、B、$\phi 25_0^{+0.021}$ 外廓的一侧和销孔 $\phi 10_0^{+0.015}$ 为基准实现定位。优点是工件安装稳定，定位基准与设计基准重合。但突出的问题是：平面 B 和 A 形成"台阶"式的定位基准。由于尺寸 $120_{-0.1}^{0}$ 和 $27_{-0.2}^{0}$ 的公差影响平面 B 和 A 之间的尺寸，将造成工件倾斜，可能使孔与端面的垂直度超差。另外，以外廓一侧定位、限制工件的回转自由度，不易保证孔壁的均匀性。

第三方案：以平面 A、销孔 $\phi 10_0^{+0.015}$ 和 $\phi 25_0^{+0.021}$ 外廓的半圆周进行定位，满足完全定位的要求，做到基准重合。如采用自动定心夹紧机构来实现 $\phi 25_0^{+0.021}$ 外廓的定位夹紧，还可保证孔壁均匀。但工件的安装稳定性较差，需要使用辅助支承来承受钻削 $\phi 12_0^{+0.018}$ 孔时的轴向钻削力，夹具结构较第二方案复杂。

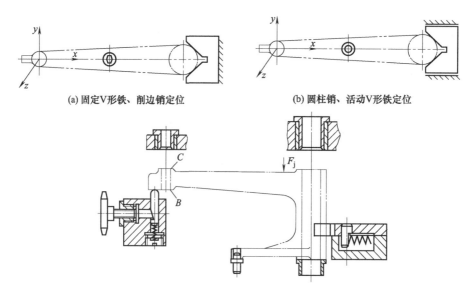

图 4.39 定位方案和定位元件设计

从保证加工要求（包括孔壁均匀性）和夹具结构的复杂性两方面来分析比较，第一方案可不予考虑，第二方案夹具结构可能比较简单，但定位误差大，难以保证加工要求。对于中批生产来说，增加辅助支承所引起的成本增加，分摊到每个工件是很少的。因此，应按第三方案来设计定位装置。

为实现第三种定位方案，所使用的定位元件又有下面两种可能性（如图 4.39 所示）：

① 用夹具平面，短削边销，固定 V 形块给工件定位 [如图 4.39（a）所示]。此方案在纵向方向上的定位误差较大，不易保证孔距尺寸（100±0.1）mm 的要求，另外，安装工件较不方便。

② 用夹具平面，短圆柱销，活动 V 形块给工件定位 [如图 4.39（b）所示]。这样的定位方式，在纵向方向上的定位误差决定于圆柱销和销孔的配合性质。使用活动 V 形块具有较好的对中性，可保证孔壁均匀。且装卸工件较方便，故应按此方案设计夹具。

如图 4.39（c）所示，定位元件选用带轴肩平面的短圆柱销和带轴肩平面的短套，两定位件的轴肩平面应在同一水平面上，并和两钻套的轴线保持垂直。在工件的平面 B 上，采用了辅助支承，以增加工件的安装刚度，防止工件受力后发生倾斜和变形。

3. 确定夹紧方式和设计夹紧装置

由于工件结构刚性较差，应注意使夹紧力朝向主要定位基准，并使其作用点落在刚性较好的部位。如图 4.39（c）所示，夹紧力只应作用在靠近 $\phi 25^{+0.021}_{0}$ 的加强筋之上。在 $\phi 12^{+0.018}_{0}$ 孔附近由于使用辅助支承来承受钻孔的轴向力，且孔径较小，因此不需施加加紧力。对于钻削时所产生的扭转力矩，一方面依靠夹紧力 F_j 所产生的摩擦阻力矩来平衡，另一方面则由活动 V 形块承受。为使能产生较大的夹紧力，故采用螺旋压板机构对工件进行夹紧。

4. 钻套、钻模板、夹具体及整体结构设计

由于两加工孔须依次进行钻、扩、铰加工，故钻套选用快换钻套，其结构尺寸可查阅有关手册。

由于两加工孔中心相距较远，故钻模板以用固定式为宜，模板上预先加工有孔，其中心距严格按工件的公差缩小。钻模板通过销钉和螺钉固定在夹具体上，在装配时要注意保证钻套轴线与定位元件的尺寸关系和相互位置要求。

上述各种夹具元件的结构和布置，基本上决定了夹具体及夹具整体的结构形式。如图4.40所示，夹具为框式结构，装卸工件较方便、刚性也较好。

5. 确定夹具总图的技术要求

主要是规定定位元件的精度，限制夹具装配和在机床上的安装误差。对于上述双孔钻床夹具主要是确定：

① 钻套孔径与刀具、钻套外径与衬套孔的配合种类和精度等级；

② 钻套与钻套之间、钻套与定位元件之间的尺寸关系和相互位置要求；

③ 钻套与夹具安装基面之间的位置精度（平行度或垂直度）；

④ 定位元件与工件定位基准的配合种类和精度等级。

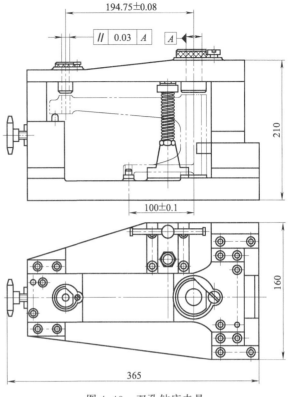

图4.40 双孔钻床夹具

此外，夹具总图上须标注夹具外形的最大轮廓尺寸，有时还标注定位元件与夹具体的配合或其他主要配合表面的配合性质等。

在确定上述夹具的装配、检验尺寸的允差值时，可根据经验选取工件相应尺寸公差的1/2～1/5（如表4.2所示），必要时可用误差计算不等式加以验算。

表4.2 双孔钻床夹具技术要求

序号	工件加工要求/mm	选取比例	夹具上相应技术要求/mm
1	孔间距 $195_{-0.5}^{0}$	1/3	两钻套距离 194.75±0.08
2	孔间距 100±0.5	1/5	定位套和定位销相距 100±0.1
3	两孔轴线平行度 0.16/全长	1/5	两钻套轴线平行度 0.03/全长
4	孔和端面垂直度 0.1/100	(0.01～0.05)/100	钻套与定位平面的垂直度，定位面和夹具底面的平行度 0.02/100

6. 钻孔精度分析

用钻床夹具加工时，其位置精度除了受定位误差的影响外，夹具的制造误差和装配误差，如钻套的配合间隙和位置误差，以及加工过程中刀具可能产生的偏斜误差等，也直接影响孔的位置精度。因此，当被加工孔的位置精度要求较高时，应进行精度分析核算，确保所设计的夹具能保证工件的加工要求。

为使精度分析具有普遍意义，将钻床夹具中的各种加工情况简化为图4.41所示的示意图。工件以设计基准定位，夹具采用固定钻模板，如图4.41（a）所示，设工件上孔Ⅰ与导向孔定位基准的尺寸为 $L_1 \pm 0.5T_1$，夹具上相应的尺寸为 $L'_1 \pm 0.5T'_1$；孔Ⅱ与孔Ⅰ的距离尺寸为 $L_2 \pm 0.5T_2$；夹具上相应的尺寸为 $L'_2 \pm 0.5T'_2$。由图中可以看出，孔Ⅰ至导向基准的尺寸精度，受下列误差因素的影响：

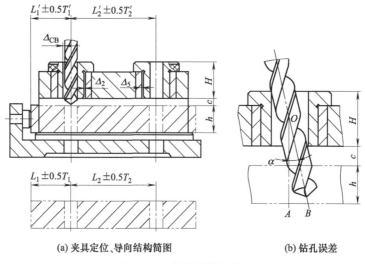

(a) 夹具定位、导向结构简图　　　(b) 钻孔误差

图 4.41　钻孔精度分析

① 第一个固定衬套的位置误差 Δ_1，其值等于夹具上相应的尺寸 L'_1 的公差 T'_1；

② 第一个快换钻套与衬套的配合间隙所引起的误差 Δ_2，其值等于衬套的最大孔径与快换钻套的最小外径之差。

③ 第一个快换钻套内外圆表面的同轴度所引起的误差 Δ_3，其值等于两倍偏心距（2e）。

④ 在加工过程中，刀具可能产生的偏斜误差，由下面两种误差所组成：刀具与钻套的配合间隙所引起的刀具偏斜误差 Δ_p；刀具在加工过程中弯曲变形。后一原因的误差很复杂，很难以估算，为简化起见，暂把这项误差略去不计，故刀具偏斜误差可由图 4.41（b）求出。

由 △AOB 得
$$\Delta_p = 2AB = 2\left(\frac{H}{2} + c + h\right)\tan\alpha$$

而
$$\tan\alpha = \frac{\Delta_{CB}}{H}$$

式中　Δ_{CB}——钻头与钻套间的最大间隙。当孔深小于直径，或采用前后双导向时，忽略不计。

由于本夹具钻模板为固定式，工件侧面和支承钉也无间隙，因此，上述各项误差综合起来，应小于尺寸 L_1 的公差 T_1，即为合格。

如果设计夹具的钻模板在左侧采用铰链式，工件又是安装在定位销上，则铰链连接的间隙，工件基准孔与定位销之间的间隙对加工尺寸 L_1 的影响，应予计算在内，前者设为 Δ_4 后者即为 Δ_D，故得 $\Delta_D + \Delta_1 + \Delta_2 + \Delta_3 + \Delta_4 + \Delta_p \leqslant T_1$。

以上各项误差因素都按最大值计算，作为粗略估算，多用此法。实际上各项误差不可能同时出现最大值，各项误差方向也很可能不一致，因此，其综合误差可按概率法求出

$$\sqrt{\Delta_D^2 + \Delta_1^2 + \Delta_2^2 + \Delta_3^2 + \Delta_4^2 + \Delta_p^2} \leqslant T_1 \tag{4-8}$$

在加工孔Ⅱ时，尺寸 L_2 的精度除受上述误差因素的影响外，还须考虑下列各项误差因素的影响：

① 夹具上两固定衬套的轴线距离 L'_2 的公差 T'_2。
② 第二个快换钻套与衬套的最大配合间隙。
③ 第二个快换钻套内外圆的同轴度误差所引起的误差。
④ 刀具在第二个导套内的偏斜误差 Δ'_p 等。

由以上分析可知，要想提高钻床夹具的工作精度，必须设法减小这些误差因素的影响，以使这些误差综合起来，不超过加工尺寸的公差范围。

4.1 什么是机床夹具？它包括哪几部分？各部分起什么作用？
4.2 什么是六点定位原理？常见定位情况限制哪些自由度？
4.3 什么是完全定位和不完全定位？
4.4 什么是欠定位和过定位？
4.5 可调支承和辅助支承有什么不同之处？
4.6 什么是定位误差？定位误差是由哪些因素引起的？
4.7 如何确定夹紧力的作用点、作用方向和夹紧力的大小？
4.8 为什么说夹紧不等于定位？
4.9 斜楔夹紧机构有何特点？有哪几种主要结构？
4.10 螺纹夹紧机构有何特点？有哪几种主要结构？
4.11 偏心夹紧机构有何特点？有哪几种主要结构？
4.12 机床夹具设计的步骤主要有哪些？
4.13 图 4.42 中图（a）夹具用于在三通管中心 O 处加工一孔，应保证孔轴线与管轴线 Ox、Oz 垂直相交；图（b）为车床夹具，应保证外圆与内孔同轴；图（c）为车阶梯轴；图（d）在圆盘零件上钻孔，应保证孔与外圆同轴；图（e）用于钻铰连杆小头孔，应保证大、小头孔的中心距精度和两孔的平行度。

试分析图 4.42 中各分图的定位方案，指出定位元件所限制的自由度，判断有无欠定位或过定位，对方案中不合理处提出改进意见。

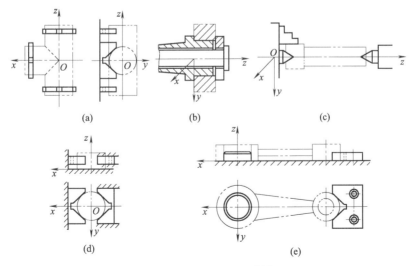

图 4.42 习题 4.13 附图

4.14 指出图 4.43 中各定位、夹紧方案及结构设计中不正确的地方，并提出改进意见。

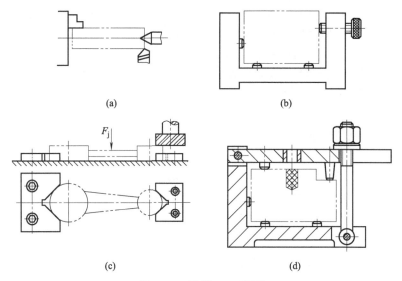

图 4.43 习题 4.14 附图

项目 5
机械加工工艺规程设计

导读

机械加工工艺规程是生产管理的重要技术文件，它直接影响零件的加工质量、成本及生产效率。本项目以模块的形式主要介绍机械加工工艺过程的组成、零件结构加工工艺性、毛坯的选择、定位基准选择、工艺路线拟订、加工余量的确定、工序尺寸及其公差的确定等内容，同时介绍工艺卡片填写、工艺方案的技术经济性分析及机器装配工艺。

本项目是整个课程的核心，在学习刀具、机床、夹具基础上，重点学习两个方面，一是零件工艺路线拟订，二是工序设计中工序尺寸及其公差确定。

通过本项目的学习，学生能够初步理解和掌握零件机械加工工艺规程制订的原则、步骤和方法，达到具备编制中等复杂零件机械加工工艺规程的基本能力。

本项目内容是零件制造过程的机械加工工艺技术，具有很强的实践性，学习过程中应结合实际，逐步摸索提高。

模块 1　机械加工工艺基础知识

机械加工工艺就是制造产品的方法。本模块只研究机械加工工艺过程和装配过程。铸造、锻造、冲压、焊接、热处理等工艺过程是"材料成形技术"的研究对象。

任务 1　生产过程与工艺过程

1. 生产过程

机器的生产过程是将原材料转变为成品的全过程。它不仅包括毛坯的制造，零件的机械加工、特种加工和热处理，机器的装配、检验、测试和涂装等主要劳动过程，还包括专用工具、夹具、量具和辅具的制造、机器的包装，工件和成品的储存和运输，加工设备的维修，以及动力（电、压缩空气、液压等）供应等辅助劳动过程。

2. 工艺过程

在生产过程中，凡是改变生产对象的形状、尺寸、位置和性质等，使其成为成品或半成品的过程称为工艺过程。工艺过程又可分为铸造、锻造、冲压、焊接、机械加工、装配等工艺过程，机械制造工艺过程一般是指零件的机械加工工艺过程和机器的装配工艺过程的总和。

一台结构相同、要求相同的机器，或者具有相同要求的机器零件，均可以采用几种不同的工艺过程完成，但其中总有一种工艺过程在某一特定条件下是最合理的。人们把合理工艺过程的有关内容写成工艺文件的形式，用以指导生产，这些工艺文件即称为工艺规程。经审定批准的工艺规程是指导生产的重要文件，生产人员必须严格执行。当然，工艺规程也不是一成不变的，随着科学技术的发展，一定会有新的更为合理的工艺规程来代替旧的相对不合理的工艺规程，但是工艺规程的修订或更改，必须经过充分的工艺试验验证，并按照工厂的相关规定审批手续。

任务2 机械加工工艺过程的组成

机械加工工艺过程由若干个工序组成，机械加工中的每一个工序又可依次细分为安装、工位、工步和走刀。

1. 工序

工序是组成加工工艺过程的基本单元。机械加工工艺过程中的工序是指：一个（或一组）工人，在同一个工作地点对一个（或同时对几个）工件所连续完成的那一部分工艺过程。根据这一定义，只要工人、工作地点、工作对象之一发生变化或不是连续完成，则应称为另一个工序。

2. 安装

如果在一个工序中需要对工件进行几次装夹，则每次装夹下完成的那部分工序内容称为一个安装。若在依次装夹后尚需有三次掉头装夹，才能完成全部工序内容，则该工序共有四个安装；若在一次装夹下完成全部工序内容，则该工序只有一个安装。

3. 工位

在工件的一次安装中，通过分度（或移位）装置、回转工作台或多轴机床上加工时，使工件在机床上一次装夹后，要经过若干个位置依次进行加工。工件在机床上所占据的每一个位置上所完成的那一部分工序就称为工位。在一个安装中，可能只有一个工位，也可能需要有几个工位。

4. 工步

加工表面不变、加工工具不变、切削用量不变的条件下所完成的工位内容，称为一个工步。

按照工步的定义，带回转刀架的机床（转塔车床、数控车床、加工中心），其回转刀架的一次转位所完成的工位内容应属一个工步，此时若有几把刀具同时参与切削，则该工步称为复合工步。

5. 走刀

切削刀具在加工表面上切削一次所完成的工步内容，称为一次走刀。一个工步可包括一次或数次走刀。当需要切去的金属层很厚，不可能在一次走刀下切完，则需分几次走刀。走刀次数又称为行程次数。

任务3 生产类型与加工工艺过程的特点

1. 生产类型

生产类型的划分依据是产品或零件的年生产纲领，产品的年生产纲领就是产品的年生产量。而零件的年生产纲领由下式计算：

$$N=Qn(1+a\%)(1+b\%)$$

式中　N——零件的年生产纲领，件/年；

　　　Q——产品的年产量，台/年；

n——每台产品中该零件的数量,件/台;

$a\%$——备品率;

$b\%$——废品率。

按年生产纲领划分生产类型,如表5.1所示。

表5.1 生产纲领与生产类型的关系

生产类型	零件年生产纲领/(件/年)		
	重型零件	中型零件	小型零件
单件生产	<5	<10	<100
批量生产	5~300	10~500	100~500
大批量生产	>300	>500	>5000

出于生产效率、成本、质量等方面的考虑,单件、小批量生产与大批量生产可能有不同的工艺过程。不仅如此,生产类型不同,工艺规程制订的要求也不同。对单件小批生产,可能只要制订一个简单的工艺路线就行了;对于大批量生产,应该制订一个详细的工艺规程,对每个工序、工步和工作行程,都要进行设计,详细地给出各种工艺参数。

各种生产类型的工艺过程特点可归纳成表5.2。

表5.2 各种生产类型工艺过程的主要特点

工艺过程特点 \ 生产类型	单件生产	成批生产	大批量生产
工件的互换性	一般是配对制造,没有互换性,广泛用钳工修配	大部分有互换性,少数用钳工修配	全部有互换性。某些精度较高的配合件用分组选择装配法
毛坯的制造方法及加工余量	铸件用木模手工造型,锻件用自由锻。毛坯精度低,加工余量大	部分铸件用金属模,部分锻件用模锻。毛坯精度中等,加工余量中等	铸件广泛采用金属模机器造型,锻件广泛采用模锻,以及其他高生产率的毛坯制造方法。毛坯精度高,加工余量小
机床设备	通用机床或数控机床,或加工中心	数控机床、加工中心或柔性制造单元。设备条件不够时,也采用部分通用机床、部分专用机床	专用生产线、自动生产线、柔性制造生产线或数控机床
夹具	多用标准附件,极少数用夹具,靠划线及试切法达到精度要求	广泛采用夹具和组合机床,部分靠加工中心一次安装	广泛采用高生产率夹具,靠夹具及调整法达到精度要求
刀具与量具	采用通用刀具和万能量具	可以采用专用刀具及专用量具或三坐标测量机	广泛采用高生产率刀具和量具,或采用统计分析法保证质量
对工人的要求	需要技术熟练的工人	需要一定熟练程度的工人和编程技术人员	对操作工人的技术要求较低,对生产线维护人员要求有高的素质

2. 生产类型与组织方式

产品的用途不同,决定了其市场需求量是不同的,因此不同的产品有不同的生产批量。如家电产品的市场需求可能是几千万台,而专用模具、长江三峡巨型发电机组等的需求则往往只是单件。需求的批量不同,形成了不同的生产规模类型,如大批量、中小批量、单件生产等。不同的生产类型即生产规模不同,生产组织的方式及相应的工艺过程也大不相同。

大批量生产往往是由自动生产线、专用生产线来完成的，单件、小批生产往往是由通用设备，靠工人的技术或技艺来完成的。数控技术及设备的智能化改善了这一状况，使单件小批生产也接近大批生产的效率及成本。单件、小批生产时，往往采用多工序集中在一起。大批量生产时，一个零件往往分成了许多工序，在流水线上协调完成加工任务。大批量生产时，产品的开发过程和大批量制造过程中间往往还有小批量试制阶段，以避免市场风险及完善生产准备工作。这些阶段间往往有较明确的界限，中间还要进行评估与分析。单件、小批生产中，产品的开发过程与生产过程往往结合为一体。但这些界限并不是绝对的，在敏捷制造、并行工程等先进制造模式下，大批量生产时，产品开发和生产组织阶段之间往往消除了明显的界限。这就是为了迅速响应市场，占有市场，在高技术群的支撑下所达到的制造技术的理想境界。

针对不同的产品所选用的生产模式及制造技术的准则是什么？质量、成本、生产率长期以来是评价机电产品制造过程的三大准则。然而随着科学技术的飞速发展及人们消费水平的提高，消费的个性化及制造业的竞争日趋激烈，使大批量生产类型越来越被多品种、小批量所取代。质量、成本、生产率这三大准则的内涵有了新的发展。T（交货时间）Q（质量）C（成本）S（服务）的准则被提出来了。服务实际上也可看作质量的一个要素，单独提出来，是引起更多重视。TQCS四要素孰轻孰重？由于市场竞争的日趋激烈，快速响应制造的概念被提出来了。最大程度地满足用户需求的产品往往并不是一次设计和制造就能定位的，快速制造可以加速质量改进迭代的进程，以求继续保持质量的领先。最早上市的几家公司往往占有市场份额的80%以上。最早实现顾客某些功能需求的厂商，由于市场的独占性，往往可以有较高的价格，即使生产成本较大，企业仍能获得丰厚利润。因此决策一个产品的生产组织、开发方式及制造工艺时，要灵活掌握运用以上思想和原则。不仅要对工艺技术有深刻透彻的掌握，而且能从管理学角度作出有战略眼光的选择。

产品的制造过程实际上包括了零件、部件、整机的制造。部件和整机的制造一般是一个装配的过程。

企业组织产品的生产可以有多种模式：
① 生产全部零部件、组装机器。
② 生产一部分关键的零部件，其余的由其他企业供应。
③ 完全不生产零部件，只负责设计及销售。

第一种模式的企业，必须拥有加工所有零件、完成所有工序的设备，形成大而全、小而全的工厂。当市场发生变化时，适应性差，难以做到设备负载的平衡，而且固定资产利用率差，定岗人员也有忙闲不均情况，影响管理和全员的积极性。

第三种模式具有场地占用少、固定设备投入少、转产容易等优点，较适宜市场变化快的产品生产。但对于核心技术和工艺应该自己掌握时，或大批量生产中附加值比较大的零部件生产，这一模式就有不足之处。许多高新技术开发区"两头在内、中间在外"的企业均是这种方式。国外敏捷制造中的动态联盟，其实质即是在INTERNET信息技术支持下，在全球范围内实现这一生产模式。这种组织方式中，更显示出知识在现代制造业的突出作用和地位。实际上是将制造业由资金密集型向知识密集型过渡的模式。

许多产品复杂的大工业多采用第二种模式，如汽车制造业。美国的三大汽车公司周围密布着数以千计的中小企业，承担汽车零配件、汽车生产所需的专用工模具、专用设备的生产供应，形成一个繁荣的产业。日本的汽车工业也是如此，汽车生产厂家只控制整车、车身和发动机的设计和生产。日本电装、丰田工机、美国的TRW、德尔福都是专门生产汽车零部件的巨型企业，它们对多家汽车生产厂供货。

对第二种模式及第三种模式来说，零部件供应的质量是重要的。保证质量的措施可以采取主机厂有一套完善的质量检测手段，对供应零件进行全检或按数理统计方法进行抽检。为了保证及时供货及质量的另一个措施是可以向两个供应商订货，以便有选择和补救的余地，同时形成了一定的竞争机制。

任务4 零件获得加工精度的方法

零件的加工精度主要包括形状精度、位置精度和尺寸精度。

1. 形状精度的获得方法

形状精度的获得可概括为以下3种方法：

（1）轨迹法 利用切削运动中刀具刀尖的运动轨迹形成被加工表面的形状。这种加工方法所能达到的精度，主要取决于这种成形运动的精度。

（2）成形法 利用成形刀具切削刃的几何形状切出工件的形状。这种方法所能达到的精度，主要取决于切削刃的形状精度和刀具的装夹精度。

（3）展成法 利用刀具和工件做展成切削运动，切削刃在被加工面上的包络面形成的成形表面。这种加工方法所能达到的精度，主要取决于机床展成运动的传动链精度与刀具的制造精度。

2. 位置精度的获得方法

位置精度（平行度、垂直度、同轴度等）的获得与工件的装夹方式和加工方法有关。当需要多次装夹加工时，有关表面的位置精度依赖夹具的正确定位来保证；如果工件一次装夹加工多个表面时，各表面的位置精度则依靠机床的精度来保证，如数控加工中主要靠机床的精度保证工件各表面之间的位置精度。

3. 尺寸精度的获得方法

尺寸精度的获得方法，有以下4种：

（1）试切法 先试切出很小一部分加工表面，测量试切后所得的尺寸，按照加工要求适当调整刀具切削刃相对工件的位置，再试切，再测量，如此经过两三次试切和测量，当被加工尺寸达到要求后，再切削整个待加工面。

（2）定尺寸刀具法 用具有一定尺寸精度的刀具（如铰刀、扩孔钻、钻头等）来保证被加工工件尺寸精度的方法（如钻孔）。

（3）调整法 利用机床上的定程装置、对刀装置或预先调整好的刀架，使刀具相对机床或夹具满足一定的位置精度要求，然后加工一批工件。这种方法需要采用夹具来实现装夹，加工后工件精度的一致性好。

在机床上按照刻度盘进刀然后切削，也是调整法的一种。这种方法需要先按试切法决定刻度盘上的刻度。大批量生产中，多用定程挡块、样板、样件等对刀装置进行调整。

（4）自动控制法 使用一定的装置，在工件达到要求的尺寸时，自动停止加工。这种方法可分为自动测量和数字控制两种，前者机床上具有自动测量工件尺寸的装置，在达到要求时，停止进刀。后者是根据预先编制好的机床数控程序实现进刀的。

模块2 机械加工工艺规程设计

机械加工工艺规程是确定产品或零部件机械加工工艺过程和操作方法等的工艺文件，是一切有关生产人员都应严格执行、认真贯彻的纪律性文件。生产规模的大小、工艺水平的高低以及解决各种工艺问题的方法和手段都要通过机械加工工艺规程来体现。因此，机械加工工艺规程设计是一项重要而又严肃的工作。它要求设计者必须具备丰富的生产实践经验和广博的机械制造工艺基础理论知识。

任务1 机械加工工艺规程设计的内容及步骤

1. 机械加工工艺规程的格式

通常，机械加工工艺规程被填写成表格（卡片）的形式。机械加工工艺规程的详细程度与生产类型、零件的设计精度和工艺规程的自动化程度有关。一般来说，采用普通加工方法的单件小批生产，只需填写简单的机械加工工艺过程卡片（表5.3）；大批大量生产类型要求有严密、细致的组织工作，因此各工序都要填写机械加工工序卡片（表5.4）。对有调整要求的工序要有调整卡，检验工序要有检验卡。对于技术要求高的关键零件的关键工序，即使是用普通加工方法的单件小批生产，也应制订较为详细的机械加工工艺规程（包括填写工序卡和检验卡等），以确保产品质量。若机械加工工艺过程中有数控工序或全部由数控工序组成，则不管生产类型如何，都必须对数控工序作出详细规定，填写数控加工工序卡、刀具卡等必要的与编程有关的工艺文件，以利于编程。

表5.3 机械加工工艺过程卡片

（厂名全称）	机械加工工艺过程卡片	产品型号		零(部)件图号		文件编号	
		产品名称		零(部)件名称		共 页 第 页	
材料牌号		毛坯种类	毛坯外形尺寸		每坯件数	每台件数	备注
工序名	工序名称	工序内容		车间	工段 设备	工艺装备	工序时间 准终 单件

描图							
描校							
底图号							
装订号							

| * a | | | | 编制（日期） | 审核（日期） | 会签（日期） | * * |
| 标记 | 处数 | 更改文件号 | 签字 | 日期 | 标记 处数 更改文件号 签字 日期 | | |

注：*可根据需要填写。

表 5.4 机械加工工序卡片

(厂名全称)	机械加工工序卡片	产品型号		零(部)件图号		文件编号		
		产品名称		零(部)件名称		共 页		
						第 页		

	车间	工序号	工序名称	材料牌号
(工序简图)				
	毛坯种类	毛坯外形尺寸	每坯件数	每台件数
	设备名称	设备型号	设备编号	同时加工件数
	夹具编号		夹具名称	冷却液
				工序时间
				准终 | 单件

工步号	工步内容	工艺装备	主轴转速/(r/min)	切削速度/(m/min)	进给量/(mm/r)	背吃刀量/mm	走刀次数	工时定额	
								基本	辅助

描图								
描校								
底图号								
装订号								
*	a				编制(日期)	审核(日期)	会签(日期)	*	*
	标记	处数	更改文件号	签字	日期	标记	处数	更改文件号	签字	日期

注：* 可根据需要写。

2. 设计机械加工工艺规程的内容和步骤

① 分析零件图和产品装配图。设计工艺规程时，首先应分析零件图和该零件所在部件或总成的装配图，了解该零件在部件或总成中的位置和功用以及部件或总成对该零件提出的技术要求，分析其关键技术和应相应采取的工艺措施，形成工艺规程设计的总体构思。

② 对零件图和装配图进行工艺审查。审查图样上的视图、尺寸公差和技术要求是否正确、统一、完整，对零件设计的结构工艺性进行评价，如发现有不合理之处应及时提出，并同有关设计人员商讨图样修改方案，报主管领导审批。

③ 由产品的年生产纲领研究确定零件生产类型。主要指在成批生产时，确定零件的生产批量；在大量流水生产时，确定生产一个零件的时间（即生产节拍）。

④ 确定毛坯。提高毛坯制造质量，可以减少机械加工劳动量，降低机械加工成本，但同时可能会增加毛坯的制造成本，要根据零件生产类型和毛坯制造的生产条件综合考虑。

⑤ 拟订工艺路线。其主要内容包括：选择定位基准，确定各表面加工方法，划分加工阶段，确定工序集中和分散程度，确定工序顺序等。

在拟订工艺路线时，需同时提出几种可能的加工方案，然后通过技术、经济性的对比分析，最后确定一种最为合理的工艺方案。

⑥ 确定各工序所用机床设备和工艺装备。工艺装备主要包括刀具、夹具、量具、辅具等,对需要改装或重新设计的专用工艺装备要提出设计任务书。
⑦ 确定各工序的加工余量,计算工序尺寸及公差。
⑧ 确定各工序的技术要求及检验方法。
⑨ 确定各工序的切削用量和工时定额。
⑩ 编制工艺文件。

任务 2　零件的结构工艺性分析

零件结构工艺性,是指所设计的零件在能满足使用要求的前提下制造的可行性和经济性。零件的结构对其机械加工工艺过程影响很大。使用性能完全相同而结构不同的两个零件,它们加工的难易和制造成本可能有很大区别。所谓良好的工艺性,首先指零件结构应方便机械加工,即在同样的生产条件下能够采用简便和经济的方法加工出来;其次零件结构还应适应生产类型和具体生产条件的要求。在制订机械加工工艺规程时,主要进行零件的切削加工工艺性分析,它主要涉及如下几点:

① 工件应便于在机床或夹具上装夹,并尽量减少装夹次数。
② 刀具易于接近加工部位,便于进刀、退刀、越程和测量以及便于观察切削情况等。
③ 尽量减少刀具调整和走刀次数。
④ 尽量减少加工面积及空行程,提高生产率。
⑤ 便于采用标准刀具,尽可能减少刀具种类。
⑥ 尽量减少工件和刀具的受力变形。
⑦ 改善加工条件,便于加工,必要时应便于采用多刀、多件加工。
⑧ 有适宜的定位基准,且定位基准至加工面的标注尺寸应便于测量。

表 5.5 是一些常见的零件结构工艺性示例。

表 5.5　零件结构的切削加工工艺性示例

主要要求	结构工艺性		工艺性好的结构的优点
	不好	好	
(1)加工面积应尽量小	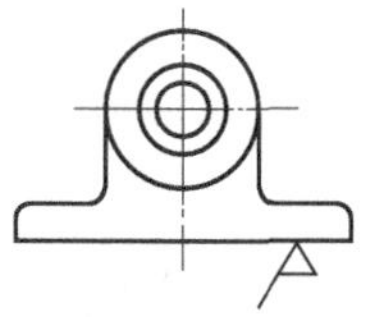	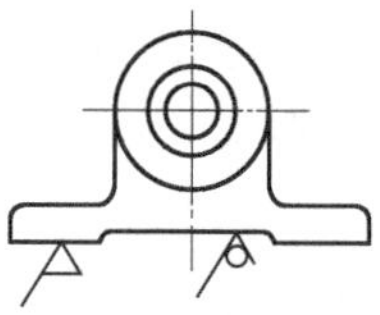	(1)减少加工量 (2)减少材料及切削工具的消耗量
(2)钻孔的入端和出端应避免斜面	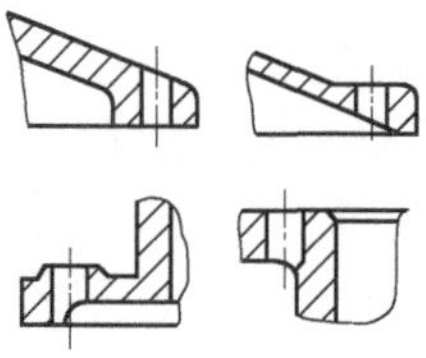	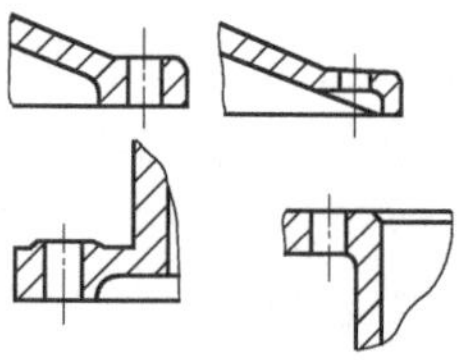	(1)避免刀具损坏 (2)提高钻孔精度 (3)提高生产率
(3)避免斜孔	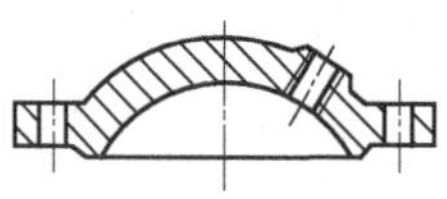	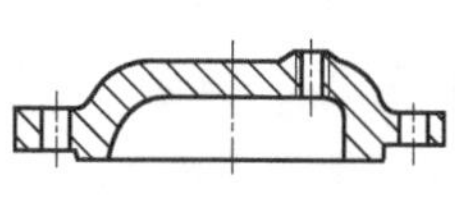	(1)简化夹具结构 (2)几个平行的孔便于同时加工 (3)减少孔的加工量

续表

主要要求	结构工艺性		工艺性好的结构的优点
	不好	好	
(4)孔的位置不能距壁太近		$S>D/2$	(1)可采用标准刀具和辅具 (2)提高加工精度

任务 3　毛坯

根据零件（或产品）所要求的形状、尺寸等而制成的供进一步加工用的生产对象称为毛坯。在制订工艺规程时，合理选择毛坯不仅影响到毛坯本身的制造工艺和费用，而且对零件机械加工工艺、生产率和经济性也有很大的影响。因此，选择毛坯时应从毛坯制造和机械加工两方面综合考虑，以求得到最佳效果。毛坯的选择主要包括以下几方面的内容。

1. 毛坯种类的选择

毛坯的种类很多，每一种毛坯又有许多不同的制造方法。常用的毛坯主要有以下几种。

（1）铸件　铸件适用于形状较复杂的毛坯。其制造方法主要有砂型铸造、金属型铸造、压力铸造、熔模铸造、离心铸造等。较常用的是砂型铸造，当毛坯精度要求低、生产批量较小时，采用木模手工造型法；当毛坯精度要求高、生产批量很大时，采用金属型机器造型法。铸件材料主要有铸铁、铸钢及铜、铝等有色金属。

（2）锻件　锻件适用于强度要求高、形状较简单的毛坯。其锻造方法有自由锻和模锻两种。自由锻毛坯精度低、加工余量大、生产率低，适用于单件小批量生产以及大型零件毛坯。模锻毛坯精度高、加工余量小、生产率高，适用于中批以上生产的中小型零件毛坯。常用的锻造材料为中、低碳钢及低合金钢。

（3）型材　主要包括各种热轧和冷拉圆钢、方钢、六角钢、八角钢等型材。热轧毛坯精度较低，冷拉毛坯精度较高。

（4）焊接件　焊接件是将型材或板料等焊接成所需的毛坯，简单方便，生产周期短，但常需经过时效处理消除应力后才能进行机械加工。

（5）其他毛坯　如冲压件、粉末冶金和塑料压制件等。

2. 毛坯形状与尺寸的确定

毛坯尺寸和零件图上相应的设计尺寸之差称为加工总余量，又叫毛坯余量。毛坯尺寸的公差称为毛坯公差。毛坯余量和毛坯公差的大小同毛坯的制造方法有关，生产中可参考有关工艺手册和标准确定。

毛坯余量确定后，将毛坯余量附加在零件相应的加工表面上，即可大致确定毛坯的形状与尺寸。此外，在毛坯制造、机械加工及热处理时，还有许多工艺因素会影响到毛坯的形状与尺寸。下面仅从机械加工工艺的角度分析一下在确定毛坯形状和尺寸时应注意的问题。

① 为了工件加工时装夹方便，有些毛坯需要铸出工艺搭子，如图 5.1 所示的车床小刀架，当以 C 面定位加工 A 面时，毛坯上为了满足工艺的需要而增设的工艺凸台 B 就是工艺

搭子。这里的工艺凸台 B 也是一个典型的辅助基准，由于是为了满足工艺上的需要而附加上去的，所以也常称为附加基准。工艺搭子在零件加工后一般可以保留，当影响到外观和使用性时才予以切除。

② 为了保证加工质量，同时也为了加工方便，通常将轴承瓦块、砂轮平衡块及车床中的开合螺母外壳（如图 5.2 所示）之类的分离零件的毛坯先做成一个整体毛坯，加工到一定阶段后再切割分离。

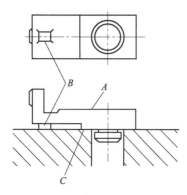

图 5.1　具有工艺搭子的车床小刀架毛坯

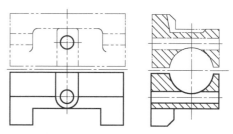

图 5.2　车床开合螺母外壳简图

③ 为了提高机械加工生产率，有时会将多个零件制成一个毛坯。如图 5.3 所示，对于许多短小的轴套、键、垫圈和螺母等零件［如图 5.3（a）所示］，在选择棒料、钢管及六角钢等为毛坯时，可以将若干个零件的毛坯合制成一件较长的毛坯，待加工到一定阶段后再切割成单个零件［如图 5.3（b）所示］。显然，在确定毛坯的长度时，应考虑切断刀的宽度和切割的零件数。

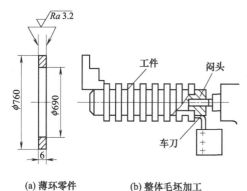

(a) 薄环零件　　(b) 整体毛坯加工

图 5.3　薄环的整体毛坯及加工

3. 选择毛坯时应考虑的因素

选择毛坯时应全面考虑下列因素：

（1）零件的材料及力学性能要求　某些材料由于其工艺特性决定了其毛坯的制造方法，例如，铸铁和有些金属只能铸造；对于重要的钢质零件为获得良好的力学性能，应选用锻件毛坯。

（2）零件的结构形状与尺寸　毛坯的形状与尺寸应尽量与零件的形状和尺寸接近；形状复杂和大型零件的毛坯多用铸造；薄壁零件不宜用砂型铸造；板状钢质零件多用锻造；轴类零件毛坯，如各台阶直径相差不大，可选用棒料；如各台阶直径相差较大，宜用锻件。对于锻件，尺寸大时可选用自由锻，尺寸小且批量较大时可选用模锻。

（3）生产纲领的大小　大批大量生产时，应选用精度和生产率较高的毛坯制造方法，如模锻、金属型机器造型铸造等。虽然一次投资较大，但生产量大，分摊到每个毛坯上的成本并不高，且此种毛坯制造方法的生产率较高，节省材料，可大大减少机械加工量，降低产品的总成本。单件小批生产时则应选用木模手工造型铸造或自由锻造。

（4）现有生产条件　选择毛坯时，要充分考虑现有的生产条件，如毛坯制造的实际水平和能力、外协的可能性等。有条件时应积极组织地区专业化生产，统一供应毛坯。

（5）充分考虑利用新技术、新工艺、新材料的可能性　为节约材料和能源，随着毛坯专业化生产的发展，精铸、精锻、冷轧、冷挤压等毛坯制造方法的应用将日益广泛，为实现少切屑、无切屑加工打下良好基础，这样，可以大大减少切削加工量甚至不需要切削加工，大大提高经济效益。

4. 毛坯-零件综合图的绘制

选定毛坯后，即应设计、绘制毛坯图。对于机械加工工艺人员来说，建议仅设计毛坯-零件综合图。毛坯-零件综合图是简化零件图与简化毛坯图的叠加图。它表达了机械加工对毛坯的期望，为毛坯制造人员提供毛坯设计的依据，并表明毛坯和零件之间的关系。

毛坯-零件综合图的内容应包括毛坯结构形状、余量、尺寸及公差、机械加工选定的粗基准、毛坯组织、硬度、表面及内部缺陷等技术要求。

毛坯-零件综合图的绘制步骤为：简化零件图—附加余量层—标注尺寸、公差及技术要求。具体方法如下。

（1）零件图的简化　简化零件图（如图 5.4 所示）就是将那些不需要由毛坯直接制造出来，而是由机械加工形成的表面，通过增加余块（或称敷料，为了简化毛坯形状，便于毛坯制造而附加上去的一部分金属）的方式简化掉，以方便毛坯制造。这些表面包括倒角、螺纹、槽以及不由毛坯制造的小孔、台阶等。如图 5.4（a）所示小轴图，增加余块后变成图 5.4（b）所示小轴简化图；如图 5.4（c）所示齿轮图，增加余块后变成图 5.4（d）所示齿轮简化图。小轴与齿轮零件都进行了简化。

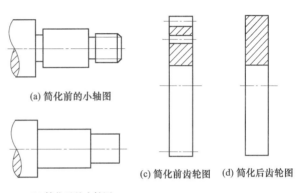

图 5.4　零件图的简化方法示例

(a) 简化前的小轴图
(b) 简化后的小轴图
(c) 简化前齿轮图
(d) 简化后齿轮图

将简化后的零件轮廓用双点画线按制图标准规定绘制成简化零件图。

（2）附加余量层　将加工表面的余量 Z 按比例用粗实线画在加工表面上，在剖切平面的余量层内打上网纹线，以区别剖面线。应当注意的是，对于简化零件图所用的余量，不应以附加余量层的方式表达。

（3）标注　毛坯-零件综合图的标注包括尺寸标注和技术要求标注两方面。

① 尺寸标注　仅标注公称余量 Z 和毛坯尺寸。

② 技术要求标注　包括以下内容：

a. 材料的牌号、内部组织结构等有关标准或要求。

b. 毛坯的精度等级、检验标准及其他要求。

c. 机械加工所选定的粗基准。

标注后的毛坯-零件综合图如图 5.5 所示，图 5.5（a）所示为齿轮零件的毛坯-零件综合图；图 5.5（b）所示为轴零件的毛坯-零件综合图的示例。

任务 4　拟订工艺路线

拟订工艺路线的主要内容包括：选择定位基准，确定各表面加工方法，划分加工阶段，

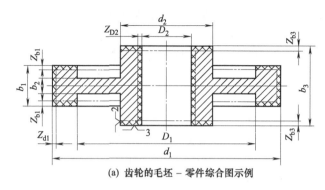

(a) 齿轮的毛坯-零件综合图示例

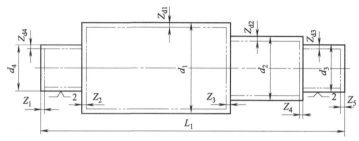

(b) 轴的毛坯-零件综合图示例

图 5.5　毛坯-零件综合图示例

确定工序集中和分散程度，确定工序顺序等。

在拟订工艺路线时，需同时提出几种可能的加工方案，然后通过技术、经济的对比分析，最后确定一种最为合理的工艺方案。

1. 定位基准的选择

在工艺规程设计中，正确选择定位基准，对保证零件加工要求、合理安排加工顺序有着至关重要的影响。定位基准有精基准与粗基准之分，用毛坯上未经加工的表面作为定位基准，这种定位基准称为粗基准。用加工过的表面作定位基准，这种定位基准称为精基准。在选择定位基准时往往先根据零件的加工要求选择精基准，由工艺路线向前反推，最后考虑选用哪一组表面作为粗基准才能把精基准加工出来。

(1) 精基准的选择原则　选择精基准一般应遵循以下几项原则：

① 基准重合原则　应尽可能选择被加工表面的设计基准作为精基准，这样可以避免由于基准不重合引起的定位误差。

② 统一基准原则　应尽可能选择用同一组精基准加工工件上尽可能多的表面，以保证各加工表面之间的相对位置精度。例如，加工轴类零件时，一般采用两个顶尖孔作为统一精基准来加工轴类零件上的所有外圆表面和端面，这样可以保证各外圆表面间的同轴度和端面对轴心线的垂直度。采用统一基准加工工件还可以减少夹具种类，降低夹具的设计制造费用。

③ 互为基准原则　当工件上两个加工表面之间的位置精度要求比较高时，可以采用两个加工表面互为基准反复加工的方法。例如，车床主轴前后支承轴颈与主轴锥孔间有严格的同轴度要求，常先以主轴锥孔为基准磨主轴前、后支承轴颈表面，然后再以前、后支承轴颈表面为基准磨主轴锥孔，最后达到图样上规定的同轴度要求。

④ 自为基准原则　一些表面的精加工工序，要求加工余量小而均匀，常以加工表面自身作为精基准。如精铰孔时，铰刀与主轴用浮动连接，加工时是以孔本身作为定位基准的。

又如磨削车床床身导轨面时，常在磨头上装百分表以导轨面本身为基准找正工件，或者用观察火花的方法来找正工件。应用这种精基准加工工件，只能提高加工表面的尺寸精度，不能提高表面间的相互位置精度，位置精度应由先行工序保证。

⑤ 定位准确，夹紧可靠，便于装夹。

上述 5 项选择精基准的原则，有时不可同时满足，应根据实际条件决定取舍。

（2）粗基准的选择原则　工件加工的第一道工序要用粗基准，粗基准选择得正确与否，不但与第一道工序的加工有关，而且还将对工件加工的全过程产生重大影响。选择粗基准，一般应遵循以下几项原则：

① 保证零件加工表面相对于不加工表面具有一定位置精度的原则　被加工零件上如有不加工表面，应选不加工面作粗基准，这样可以保证不加工表面相对于加工表面具有较为精确的相对位置关系。图 5.6 所示套筒法兰零件，表面 1 为不加工表面，为保证镗孔后零件的壁厚均匀，应选表面 1 作粗基准，镗孔 2、车外圆 3、车端面 4。当零件上有几个不加工表面时，应选择与加工面相对位置精度要求较高的不加工表面作为粗基准。

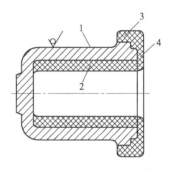

图 5.6　套筒法兰加工实例
1—粗基准表面；2—镗孔；
3—车外圆；4—车端面

② 合理分配加工余量的原则　从保证重要表面加工余量均匀考虑，应选重要表面作粗基准（如图 5.7 所示）。如机床床身零件的加工中，导轨面是最重要的表面，它不仅精度要求高，而且要求导轨面具有均匀的金相组织和较高的耐磨性。由于在铸造床身时，导轨面是倒扣在砂箱的最底部浇铸成形的，导轨面材料质地致密，砂眼、气孔相对较少，因此要求加工床身时，导轨面的实际切除量要尽可能地小而均匀。按照上述原则，故第一道工序应该选择导轨面作粗基准加工床身底面 [图 5.7（a）]，然后再以加工过的床身底面作精基准加工导轨面 [图 5.7（b）]，此时从导轨面上去除的加工余量小而均匀。

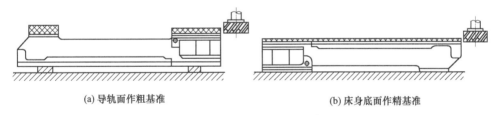

(a) 导轨面作粗基准　　　　　　(b) 床身底面作精基准

图 5.7　床身加工粗基准选择

③ 便于装夹的原则　为使工件定位稳定、夹紧可靠，要求所选用的粗基准尽可能平整、光洁，不允许有锻造飞边、铸造浇冒口切痕或其他缺陷，并有足够的支承面积。

④ 粗基准一般不得重复使用的原则　在同一尺寸方向上粗基准通常只允许使用一次，这是因为粗基准一般都很粗糙，重复使用同一粗基准所加工的两组表面之间的位置误差会相当大，因此，粗基准一般不得重复使用。

上述 4 项选择粗基准的原则，有时不能同时兼顾，只能根据主次抉择。

2. 加工方法的选择

在分析研究零件图的基础上，对各加工表面选择相应的加工方法。

① 首先要根据每个加工表面的技术要求，确定加工方法及分几次加工（各种加工方法

及其组合后所能达到的经济精度和表面粗糙度,可参阅有关的机械加工手册)。

选择零件表面的加工方案,该方案必须在保证零件达到图样要求方面是可靠的,并在生产率和加工成本方面是最经济合理的。表5.6~表5.8分别介绍了机器零件的三种最基本的表面的常用加工方案及其所能达到的经济精度和表面粗糙度。

表5.6 外圆表面加工方案及其经济精度

加工方案	经济精度公差等级	表面粗糙度/μm	适用范围
粗车 └→半精车 　└→精车 　　└→滚压(或抛光)	IT11~13 IT8~9 IT7~8 IT6~7	Ra 50~100 Ra 3.2~6.3 Ra 0.8~1.6 Ra 0.08~0.20	适用于除淬火钢以外的金属材料
粗车→半精车→磨削 　└→粗磨→精磨 　　　└→超精磨	IT6~7 IT5~7 IT5	Ra 0.40~0.80 Ra 0.10~0.40 Ra 0.012~0.10	除不宜用于有色金属外,主要适用于淬火钢件的加工
粗车→半精车→精车→金刚石车	IT5~6	Ra 0.025~0.40	主要用于有色金属
粗车→半精车→粗磨→精磨→镜面磨 　└→精车→精磨→研磨 　　　└→粗研→抛光	IT5以上 IT5以上 IT5以上	Ra 0.025~0.20 Ra 0.05~0.10 Ra 0.025~0.40	主要用于高精度要求的钢件加工

注:1. 经济精度,是指在正常加工条件下(采用符合质量标准的设备、工艺装备和标准技术等级的工人,不延长加工时间),所能达到的加工精度。
2. 表中经济精度是指加工后的尺寸精度,可供选择加工方案时参考;有关形状精度与位置精度方面各种加工方法所能达到的经济精度与表面粗糙度可参阅各种机械加工手册。

表5.7 孔加工中各种加工方法的加工经济精度和表面粗糙度

加工方案	经济精度公差等级	表面粗糙度/μm	适用范围
钻 └→扩 　└→铰 　　└→粗铰→精铰 　└→铰 　　└→粗铰→精铰	IT11~13 IT10~11 IT8~9 IT7~8 IT8~9 IT7~8	Ra≥50 Ra 25~50 Ra 1.60~3.20 Ra 0.80~1.60 Ra 1.60~3.20 Ra 0.80~1.60	加工未淬火钢及铸铁的实心毛坯,也可用于加工有色金属(所得表面粗糙度Ra值稍大)
钻→(扩)→拉	IT7~8	Ra 0.80~1.60	大批大量生产(精度可由拉刀精度而定),如校正拉削后,而Ra可降低到0.40~0.20
粗镗(或扩) └→半精镗(或精扩) 　└→精镗(或铰) 　　└→浮动镗	IT11~13 IT8~9 IT7~8 IT6~7	Ra 25~50 Ra 1.60~3.20 Ra 0.80~1.60 Ra 0.20~0.40	除淬火钢外的各种钢材,毛坯上已有铸出的或锻出的孔
粗镗(扩)→半精镗→磨 　　└→粗磨→精磨	IT7~8 IT6~7	Ra 0.20~0.80 Ra 0.10~0.20	主要用于淬火钢,不宜用于有色金属
粗镗→半精镗→精镗→金刚镗	IT6~7	Ra 0.05~0.20	主要用于精度要求高的有色金属
钻→(扩)→粗铰→精铰→珩磨 　└→拉→珩磨 粗镗→半精镗→精镗→珩磨	IT6~7 IT6~7 IT6~7	Ra 0.025~0.20 Ra 0.025~0.20 Ra 0.025~0.20	精度要求很高的孔,若以研磨代替珩磨,精度可达IT6以上,Ra可降低到0.16~0.01

表 5.8 平面加工方案及其经济精度

加工方案	经济精度 公差等级	表面粗糙度/μm	适用范围
粗车 └→半精车 　└→精车 　　└→磨	IT11~13 IT8~9 IT7~8 IT6~7	$Ra \geqslant 50$ $Ra\ 3.20$~6.30 $Ra\ 0.80$~1.60 $Ra\ 0.20$~0.80	适用于工件的端面加工
粗刨(或粗铣) └→精刨(或精铣) 　└→刮研	IT11~13 IT7~9 IT5~6	$Ra \geqslant 50$ $Ra\ 1.60$~6.30 $Ra\ 0.10$~0.80	适用于不淬硬的平面（用端铣加工,可得较低的粗糙度）
粗刨(或粗铣)→精刨(或精铣)→宽刃精刨	IT6~7	$Ra\ 0.20$~0.80	批量较大,宽刃精刨效率高
粗刨(或粗铣)→精刨(或精铣)→磨 　　└→粗磨→精磨	IT6~7 IT5~6	$Ra\ 0.20$~0.80 $Ra\ 0.025$~0.40	适用于精度要求较高的平面加工
粗铣→拉	IT6~9	$Ra\ 0.20$~0.80	适用于大量生产中加工较小的不淬火平面
粗铣 → 精铣 → 磨 → 研磨 　　　　　└→抛光	IT5~6 IT5 以上	$Ra\ 0.025$~0.20 $Ra\ 0.025$~0.10	适用于高精度平面的加工

表中所列都是生产实际中的统计资料,可以根据被加工零件加工表面的精度和粗糙度要求、零件结构和被加工表面的形状、大小以及车间或工厂的具体条件,选取最经济合理的加工方案,必要时应进行技术经济论证。

② 确定加工方法时要考虑被加工材料的性质。如淬火钢用磨削的方法加工;而非铁金属则磨削困难,一般采用金刚镗或高速精密车削的方法进行精加工。

③ 确定加工方法要考虑到生产类型,即要考虑生产率和经济性的问题。大批大量可采用专用高效率的设备,单件小批生产通常采用通用设备和工艺装备。

④ 确定加工方法要考虑本厂(本车间)的现有设备和技术条件,应该充分利用现有设备,挖掘企业潜力。

3. 加工阶段的划分

当零件的加工质量要求较高时,一般都要经过不同的加工阶段,逐步达到加工要求,即所谓的"渐精"原则。一般要经过粗加工、半精加工和精加工三个阶段,如果零件的加工精度要求特别高、表面粗糙度要求特别小时,还要经过光整加工阶段。各个加工阶段的主要任务概述如下:

① 粗加工阶段高效地切除加工表面上的大部分余量,使毛坯在形状和尺寸上接近零件成品。

② 半精加工阶段切除粗加工后留下的误差,使被加工工件达到一定精度,为精加工作准备,并完成一些次要表面的加工(如钻孔、攻螺纹、铣键槽等)。

③ 精加工阶段保证各主要表面达到零件图规定的加工质量要求。

④ 光整加工阶段对于精度要求很高(IT5 以上)、表面粗糙度值要求很小($Ra\ 0.2\mu m$ 以下)的表面,还需安排光整加工阶段,其主要任务是减小表面粗糙度或进一步提高尺寸精度和形状精度,但一般不能纠正表面间位置误差。

将零件的加工过程划分为加工阶段的主要目的如下:

① 保证零件加工质量。粗加工阶段要切除加工表面上的大部分余量，切削力和切削热都比较大，装夹工件所需夹紧力亦较大，被加工工件会产生较大的受力变形和受热变形；此外，粗加工阶段从工件上切除大部分余量后，残存在工件中的内应力要重新分布，也会使工件产生变形。如果加工过程不划分阶段，把各个表面的粗、精加工工序混在一起交错进行，那么工艺过程前期精加工工序获得的加工精度势必会被后续的粗加工工序所破坏，这是不合理的。加工过程划分阶段以后，粗加工阶段造成的加工误差，可以通过半精加工和精加工阶段予以逐步修正，零件的加工质量容易得到保证。

② 有利于及早发现毛坯缺陷并得到及时处理。粗加工各表面后，由于切除了各加工表面的大部分加工余量，可及早发现毛坯的缺陷（气孔、砂眼、裂纹和加工余量不足），以便及时报废或修补，不会浪费精加工工序的制造费用。

③ 有利于合理利用机床设备。加工工序需选用电机功率大、精度不高的机床，精加工工序则应选用高精度机床。在高精度机床上安排做粗加工工作，机床精度会迅速下降，将某一表面的粗精加工工作安排在同一设备上完成是不合理的。

④ 为了在机械加工工序中插入必要的热处理工序，同时使热处理发挥充分的效果，这就自然地把机械加工工艺过程划分为几个阶段，并且每个阶段各有其特点及应该达到的目的。如在精密主轴加工中，在粗加工后进行去应力时效处理，在半精加工后进行淬火，在精加工后进行水冷处理及低温回火，最后再进行光整加工。

此外，将工件加工划分为几个阶段，还有利于保护精加工过的表面少受磕碰、切屑滑伤等损坏。

应当指出，将工艺过程划分成几个阶段是对整个加工过程而言的，不能拘泥于某一表面的加工，例如，工件的定位基准，在半精加工阶段（有时甚至在粗加工阶段）就需要加工得很精确；而在精加工阶段安排某些钻孔之类的粗加工工序也是常见的。

当然，划分加工阶段并不是绝对的。在高刚度高精度机床设备上加工刚性好、加工精度要求不特别高或加工余量不太大的工件就不必划分加工阶段。有些精度要求不太高的重型零件，由于运输安装费时费工，一般也不划分加工阶段，而是在一个工序中完成全部粗加工和精加工工作，为减少工件夹紧变形对加工精度的影响，可在粗加工后松开夹紧装置，以消除夹紧变形，释放应力；然后用较小的夹紧力重新夹紧工件，继续进行精加工，这对提高工件加工精度有利。

4. 工序的集中与分散

同一工件，同样的加工内容，可以安排两种不同形式的工艺规程：一种是工序集中，另一种是工序分散。所谓工序集中，是使每个工序中包括尽可能多的工步内容，因而使总的工序数目减少，夹紧的数目和工件的安装次数也相应地减少。所谓工序分散，是将工艺路线中的工步内容分散在更多的工序中完成，因而每道工序的工步少，工艺路线长。

（1）按工序集中原则组织工艺过程　就是使每个工序所包括的加工内容尽量多些，将许多工序组成一个集中工序。工序集中的极端情况，就是在一个工序内完成工件所有表面的加工。

按工序集中原则组织工艺过程的特点是：

① 有利于采用自动化程度较高的高效机床和工艺装备，生产效率高；

② 工序数少，设备数少，可相应减少操作工人数和生产面积；

③ 工件的装夹次数少，不但可缩短辅助时间，而且由于在一次装夹中加工了许多表面，有利于保证各加工表面之间的相互位置精度要求。

(2) 按工序分散原则组织工艺过程　就是使每个工序所包括的加工内容尽量少些，其极端情况是每个工序只包括一个简单工步。

按工序分散原则组织工艺过程的特点是：

① 所用机床和工艺装备简单，易于调整对刀；

② 对操作工人的技术水平要求不高；

③ 工序数多，设备数多，操作工人多，生产占用面积大。

工序集中和工序分散各有特点，生产上都有应用。传统的流水线、自动线生产基本是按工序分散原则组织工艺过程的，这种组织方式可以实现高生产率生产，但对产品改型的适应性较差，转产比较困难。采用数控机床、加工中心按工序集中原则组织工艺过程，生产适应性反而好，转产相对容易，虽然设备的一次性投资较高，但由于有足够的柔性，仍然受到愈来愈多的重视。

5. 工序顺序的安排

(1) 机械加工工序的安排　机械加工工序先后顺序的安排，一般应遵循以下几个原则：

① 先加工定位基准面，后加工其他表面；

② 先加工主要表面，后加工次要表面；

③ 先安排粗加工工序，后安排精加工工序；

④ 先加工平面，后加工孔。

(2) 热处理工序及表面处理工序的安排　为改善工件材料切削性能安排的热处理工序，例如退火、正火、调质等，应在切削加工之前进行。

为消除工件内应力安排的热处理工序，例如人工时效、退火等，最好安排在粗加工阶段之后进行。为了减少运输工作量，对于加工精度要求不高的工件也可安排在粗加工之前进行。对于机床床身、立柱等结构较为复杂的铸件，在粗加工前后都要进行时效处理（人工时效或自然时效），使材料组织稳定，日后不再有较大的变形产生。所谓人工时效，就是将铸件以 50～100℃/h 的速度加热到 500～550℃，保温 3～5h，然后以 20～50℃/h 的速度随炉冷却。所谓自然时效就是将铸件在露天放置几个月到几年时间，让铸件在自然界中缓慢释放内应力，使材料组织逐渐趋于稳定。

为改善工件材料力学性能的热处理工序，例如淬火、渗碳淬火等，一般都安排在半精加工和精加工之间进行，这是因为淬火处理后尤其是渗碳淬火后工件有变形产生，为修正淬硬处理产生的变形，淬硬处理后需要安排精加工工序。在淬硬处理进行之前，需将铣槽、钻孔、攻螺纹、去毛刺等次要表面的加工进行完毕，以防止工件淬硬后无法加工。当工件需要做渗碳淬火处理时，由于渗碳处理工序工件会有较大的变形产生，常将渗碳工序放在次要表面加工之前进行，待次要表面加工完之后再做淬火处理，这样可以减少次要表面与淬硬表面间的位置误差。

为提高工件表面耐磨性、耐蚀性安排的热处理工序以及以装饰为目的而安排的热处理工序，例如镀铬、镀锌等，一般都安排在工艺过程最后阶段进行。

(3) 其他工序的安排　为保证零件制造质量，防止产生废品，需在下列场合安排检验工序：

① 粗加工全部结束之后；

② 送往外车间加工的前后；

③ 工时较长和重要工序的前后；

④ 最终加工之后。

除了安排几何尺寸检验工序之外，有的零件还要安排探伤、密封、称重、平衡等检验工序。

零件表层或内腔的毛刺对机器装配质量影响甚大，切削加工之后，应安排去毛刺工序。

零件在进入装配之前，一般都应安排清洗工序。工件内孔、箱体内腔易存留切屑，研磨、珩磨等光整加工工序之后，微小磨粒易附着在工件表面上，要注意清洗。

在用磁力夹紧工件的工序之后，要安排去磁工序，不让带有剩磁的工件进入装配线。

6. 机床设备与工艺装备的选择

正确选择机床设备是一件很重要的工作，它不但直接影响工件的加工质量，而且还影响工件的加工效率和制造成本。所选机床设备的尺寸规格应与工件的形状尺寸相适应，精度等级应与本工序加工要求相适应，电机功率应与本工序加工所需功率相适应，机床设备的自动化程度和生产效率应与工件生产类型相适应。

选用机床设备应立足于国内，必须进口的机床设备，须经充分论证，多方对比，合理分析其经济性，不能盲目引进。

如果工件尺寸太大（或太小）或工件的加工精度要求过高，没有现成的设备可供选择时，可以考虑采用自制专用机床。可根据工序加工要求提出专用机床设计任务书；机床设计任务书应附有与该工序加工有关的一切必要的数据资料，包括工序尺寸公差及技术条件，工件的装夹方式，工序加工所用切削用量、工时定额、切削力、切削功率以及机床的总体布置形式等。

工艺装备的选择将直接影响工件的加工精度、生产效率和制造成本，应根据不同情况适当选择。在中小批生产条件下，应首先考虑选用通用工艺装备（包括夹具、刀具、量具和辅具）；在大批大量生产中，可根据加工要求设计制造专用工艺装备。

机床设备和工艺装备的选择不仅要考虑设备投资的当前效益，还要考虑产品改型及转产的可能性，应使其具有足够的柔性。

模块 3 工程应用——典型零件加工工艺分析

实际生产中，零件的结构千差万别，但就其基本几何构成而言，主要是由外圆、内孔、平面、螺纹、齿面、曲面等典型表面构成。实际零件很少由单一典型表面构成，往往是由一些典型表面复合而成。其加工方法比单一典型表面加工方法复杂，是典型表面加工方法的综合应用。

轴类零件是机器中的常见零件，也是重要零件。其主要功用是用于支承传动零部件（如齿轮、带轮等），并传递扭矩。轴的基本结构由回转体组成，其主要加工表面有内、外圆柱面、圆锥面、螺纹、花键、横向孔、沟槽等。现就典型传动轴零件介绍其工艺设计方法。

例 5.1　减速箱传动轴加工工艺分析。

图 5.8 所示为某减速箱传动轴，从结构上看，是一个典型的阶梯轴，工件材料为 45 钢，年生产纲领为小批或中批生产，调质处理 250～280HB，Q、M、P、N 表面高频淬火，52～55HRC。

1. 零件的机械加工工艺规程

（1）工序图绘制原则　工序图是零件工艺过程的加工图样，它反映了本工序的加工内容，即零件加工部位的形状、尺寸、相互位置和精度以及表面粗糙度的要求。绘制工序图的基本原则如下：

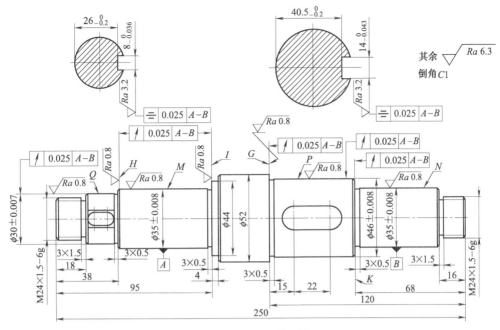

图 5.8 减速箱传动轴

① 用粗实线表示该工序的各加工表面，其他部位用细实线绘制。

② 可按比例缩小，并尽量用较少的视图来表明本工序的加工表面及零件的安装方式。与此无关的视图和线条可以省略或简化。

③ 标明本工序各加工表面加工后的工序尺寸及偏差、表面粗糙度、形位精度及要求。其他尺寸不应填写在工序图上。

④ 用规定的定位、夹紧符号（表 5.9）表明本工序的零件安装方式，并说明安装要求。

表 5.9 常用定位、夹紧的符号

标注位置		独 立		联 动	
		标注在视图轮廓线上	标注在视图正面上	标注在视图轮廓线上	标注在视图正面上
主要定位点	固定式				
	活动式				
	辅助定位点				
	机械夹紧				

续表

标注位置	独立		联动	
	标注在视图轮廓线上	标注在视图正面上	标注在视图轮廓线上	标注在视图正面上
液压夹紧	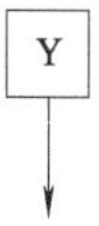 Y ↓	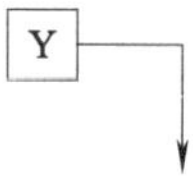 Y ↓	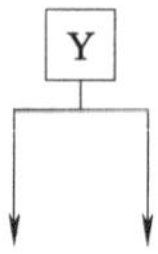 Y ↓	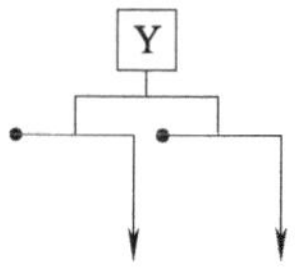 Y ↓
气动夹紧	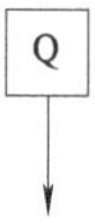 Q ↓	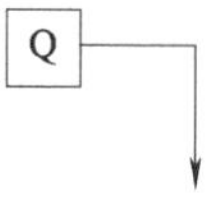 Q ↓	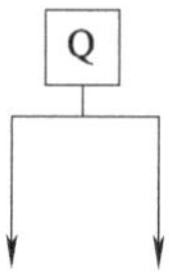 Q ↓	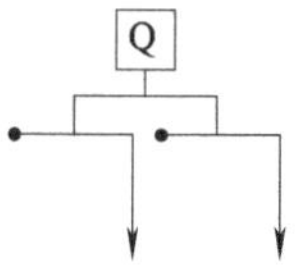 Q ↓

（2）传动轴工艺过程　轴类零件的主要加工方法是车削和外圆磨削，安排轴类零件的加工工艺时，首先安排精加工工序，确定加工精基准和加工方法，按机床的加工经济精度选择机床，然后安排前期粗加工阶段、半精加工阶段。减速箱传动轴加工工艺过程见表5.10。

表5.10　减速箱传动轴加工工艺过程

工序号	工种	工序内容	工序简图	设备
1	下料	热轧圆钢 $\phi55\times254$		
2	车	三爪卡盘夹持工件，平端面，打中心孔（B型）。一夹一顶工件，粗车外圆 $\phi54\times200$；$\phi49\times118.3$；$\phi38\times66.3$；$\phi27\times14.3$，保证粗糙度要求	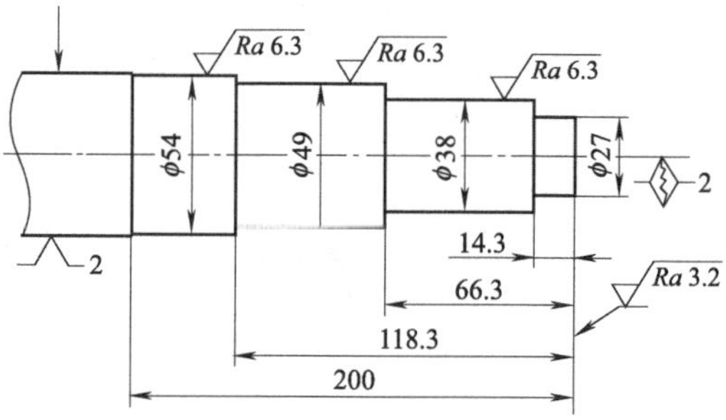	CA6140
3	车	掉头，平端面定长250.6，打顶尖孔（B型）	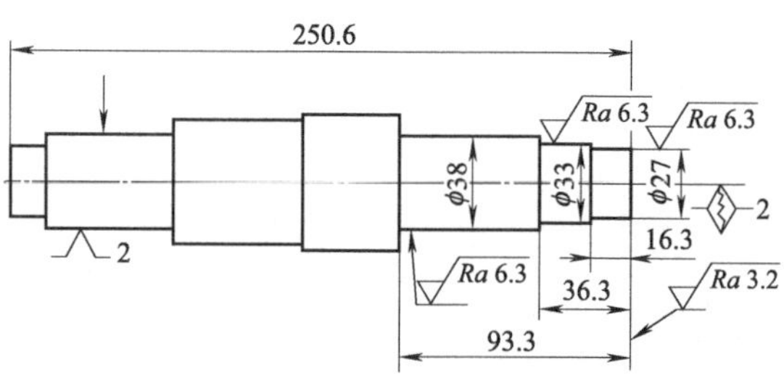	CA6140
4	热	调质 250～280HB		
5	车	修研两端中心孔	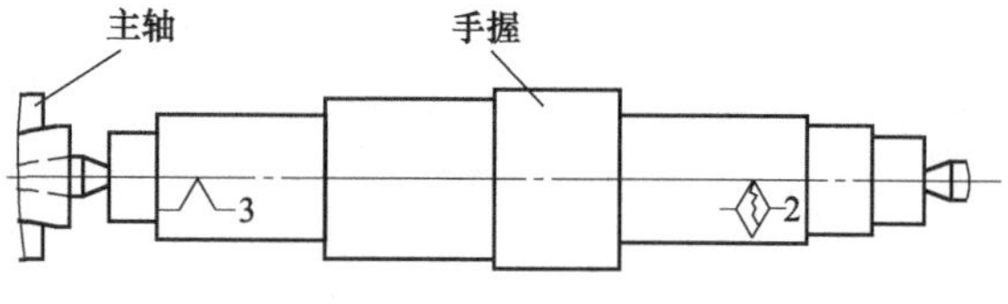	CA6140

续表

工序号	工种	工序内容	工序简图	设备
6	车	双顶尖装夹,精平端面;半精车 $\phi23.8_{0}^{+0.1}\times18$;$\phi30.5_{0}^{+0.1}\times37.8$;$\phi35.5_{0}^{+0.1}\times94.8$;$\phi44\times4.2$;$\phi52$;车三处退刀槽;车三处倒角;保证粗糙度要求		CA6140
7	车	掉头,双顶尖装夹,精平端面定长250;半精车 $\phi23.8_{0}^{+0.1}\times16$;$\phi30.5_{0}^{+0.1}\times67.8$;$\phi46.5_{0}^{+0.1}\times119.8$;车三处退刀槽;车三处倒角;保证粗糙度要求		CA6140
8	车	双顶尖装夹,车一端螺纹 M24×1.5-6g;掉头,双顶尖装夹,车另一端螺纹 M24×1.5-6g		CA6140
9	铣	铣床上双顶尖装夹,铣两个键槽,键槽深度要比图纸规定尺寸多铣0.3mm,作为磨削余量		X5032
10	热	淬火 50~55HRC		

续表

工序号	工种	工序内容	工序简图	设备
11	车	精修研两端中心孔	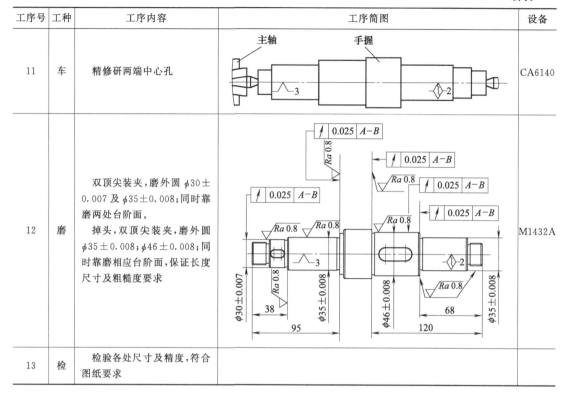	CA6140
12	磨	双顶尖装夹,磨外圆 $\phi30\pm0.007$ 及 $\phi35\pm0.008$;同时靠磨两处台阶面。 掉头,双顶尖装夹,磨外圆 $\phi35\pm0.008$、$\phi46\pm0.008$;同时靠磨相应台阶面,保证长度尺寸及粗糙度要求		M1432A
13	检	检验各处尺寸及精度,符合图纸要求		

2. 传动轴主要技术要求与精加工方法

① 轴径 M 和 N 为轴承径,分别为 A、B 基准,为主要表面,各项精度要求均较高。其尺寸为 $\phi35\pm0.008$,精度 IT6 级;表面粗糙度 $0.8\mu m$;为保证上述各项加工精度要求,最终精加工方法采用磨削。

② 轴径 Q 和 P 用于安装传动零件,为主要表面,各项精度要求均较高。其尺寸为 $\phi30\pm0.007$、$\phi46\pm0.008$,精度均为 IT6 级;与基准轴颈的圆跳动公差为 ↑0.025,A-B,表面粗糙度均为 $0.8\mu m$;为保证上述各项加工精度要求,最终精加工方法采用磨削。

③ 轴肩 H 和 G 为轴上传动件的轴向定位面,并保证传动件轴向跳动要求。其加工精度较高,是重要的表面,与基准轴颈的轴端面跳动公差为 ↑0.025,A-B。精度 IT7 级,表面粗糙度 $0.8\mu m$。加工方法为磨削外圆 Q、P 面时,靠磨轴端面。保证各项加工精度要求。

④ 轴肩 I 和 K 为轴承安装的轴向定位面,并保证轴承轴向跳动要求。其加工精度较高,是重要的表面,与基准轴颈的轴端面跳动公差为 ↑0.025,A-B。精度 IT7 级,表面粗糙度 $0.8\mu m$。加工方法为磨削外圆 M、N 面时,靠磨轴端面。保证各项加工精度要求。

3. 传动轴毛坯选择

一般阶梯轴类零件毛坯选用圆钢或锻件,结构复杂的轴件(如曲轴)可使用铸件。光轴和直径相差不大的阶梯轴一般以圆钢为主,外圆直径相差较大的阶梯轴或重要的轴宜选用锻件毛坯,此时采用锻件毛坯可减少切削加工量,又可改善材料的力学性能。机床主轴属于重要且直径相差大的零件,通常采用锻件毛坯。本传动轴零件毛坯选用圆钢。

4. 传动轴工艺路线分析

(1) 精基准选择 传动轴轴径 M、N、Q、P 和轴肩端面 H、G、I、K 公差等级较高,表面粗糙度值较小,应采用精磨方法加工。精磨传动轴外圆面、轴肩端面时,是以磨床上左右两个顶尖，顶住传动轴左右两端的两中心孔，用拨盘带动传动轴旋转，实现一个进给运动，达到磨削的要求，因此，传动轴左右两端的两中心孔为加工精基准。如传动轴加工工艺过程中第6、7、8、9、12道工序，均采用双顶尖孔定位，保证加工精度要求，精加工过程采用精基准统一原则。

(2) 粗基准选择　传动轴毛坯选用圆钢，一般轧制圆钢材料外圆表面比较规整，易选择为粗基准。如传动轴加工工艺过程中第2道工序，首先以圆钢外圆为定位粗基准，平端面，打中心孔。再以圆钢外圆、中心孔组合定位，粗加工外圆表面，实现粗加工。

(3) 划分加工阶段　传动轴精加工工序安排完成后，即可向前推论，安排粗加工阶段、半精加工阶段。如传动轴加工工艺过程中第2、3道工序，为粗加工阶段。该阶段平端面、车外圆，即去除了大部分加工余量，也为热处理工序做好准备。

传动轴加工工艺过程中第6、7、8、9道工序为半精加工阶段。该阶段提高了传动轴重要加工表面的精度，并加工出各处退刀槽，为精加工做准备。半精加工阶段中，传动轴的一些次要表面需要加工完成，如螺纹、键槽等。因为半精加工后，需要进行最终热处理工序高频淬火，使键槽所在的外圆表面变硬，难以铣削加工键槽。

工序5、11为修研顶尖孔工序。传动轴经过热处理工序后，顶尖孔会有变形、黑皮等缺陷，不修研顶尖孔，会使顶尖与传动轴中心孔接触不良，造成顶尖损坏，同时影响传动轴外圆表面的加工精度。

(4) 加工顺序安排　加工顺序安排的一般原则是基准先行、先粗后精、先主后次、先面后孔等原则。传动轴的精加工基准为传动轴左右两端的两中心孔，按照基准先行的原则，第1道工序，平端面，打中心孔。按照先粗后精的原则，分为粗加工阶段、半精加工阶段、精加工阶段。在每个加工工序中，应该先加工主要表面，后加工次要表面，防止因重要表面加工超差，增加其他加工表面的工时损失，节约成本。

(5) 热处理工序安排　因传动轴毛坯采用热轧圆钢，可不必进行预备热处理——正火处理。传动轴需进行调质、高频淬火处理，以保证传动轴强度、韧性以及耐磨性。调质工序应安排在粗加工后，半精加工前进行，如传动轴加工工序中第4工序。高频淬火应安排在半精加工后，精加工前进行，如传动轴加工工序中第10工序。

(6) 确定工序尺寸　传动轴毛坯下料尺寸为 $\phi55\times254$，外圆留加工余量半径 1.5mm，长度 4mm。粗车各外圆及各段尺寸按图纸加工尺寸均留余量 1.5mm。

半精车传动轴重要表面留余量半径 0.25～0.3mm；重要轴肩端面留余量 0.2mm；其余台阶面、退刀槽等车到图纸规定尺寸。

铣加工键槽需要铣到比图纸尺寸多 0.25mm，作为磨削的余量。

精加工螺纹加工到图纸规定尺寸 M24×1.5-6g。

(7) 设备选择　车削外圆加工设备，选用普通卧式车床 CA6140；磨削外圆加工设备，选用万能外圆磨床 M1432A；铣削加工设备，选用立式铣床 X5032。选择设备首先要按该设备的经济加工精度选择，其次该设备的安装尺寸应符合加工要求。如 CA6140 车床，其最大加工直径 200mm，而传动轴毛坯最大直径 55mm，符合加工要求。

模块 4　加工余量与工序尺寸

任务 1　加工余量及其影响因素

1. 加工余量的概念

毛坯尺寸与零件设计尺寸之差称为加工总余量。加工总余量的大小取决于加工过程中各个工步切除金属层厚度的大小。每一工序所切除的金属层厚度称为工序余量。

加工总余量和工序余量的关系可用下式表示。

$$Z_0 = \sum Z_i \tag{5-1}$$

式中 i——某一表面所经历的工序数。

如图 5.9 所示,工序余量有单边余量和双边余量之分。对于非对称表面[如图 5.9（a）所示],其加工余量用单边余量 Z_b 表示:

$$Z_b = l_a - l_b \tag{5-2}$$

式中 Z_b——本工序的工序余量;
l_a——本工序的基本尺寸;
l_b——上工序的基本尺寸。

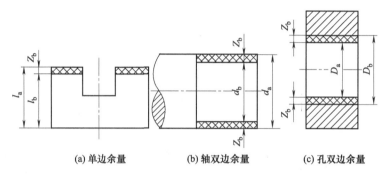

(a) 单边余量　　　(b) 轴双边余量　　　(c) 孔双边余量

图 5.9　单边余量与双边余量

对于外圆与内孔这样的对称表面[如图 5.9（b）、（c）所示],其加工余量用双边余量 $2Z_b$ 表示,对于外圆表面[图 5.9（b）]有:

$$2Z_b = d_a - d_b \tag{5-3}$$

对于内孔表面[图 5.9（c）]有:

$$2Z_b = D_a - D_b \tag{5-4}$$

由于工序尺寸有偏差,故各工序实际切除的余量值是变化的,因此工序余量有公称余量（简称余量）、最大余量 Z_{max}、最小余量 Z_{min} 之分。对于图 5.10 所示被包容面加工情况,本工序加工的公称余量:

$$Z_b = l_a - l_b \tag{5-5}$$

公称余量的变动范围:

$$T_z = Z_{max} - Z_{min} = T_a - T_b \tag{5-6}$$

式中 T_a——本工序尺寸公差;
T_b——上工序尺寸公差。

工序尺寸公差一般按"入体原则"标注,对被包容尺寸（轴径）,上偏差为 0,其最大尺寸就是基本尺寸;对包容尺寸（孔径、槽宽）,下偏差为 0,其最小尺寸就是基本尺寸。

正确规定加工余量的数值是十分重要的,加工余量规定得过大,不仅浪费材料而且耗费机动工时、刀具和电力;但加工余量也不能规定得过小,如果加工余量留

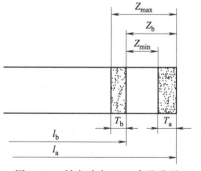

图 5.10　被包容加工工序及公差

得过小，则本工序加工就不能完全切除上工序留在加工表面上的缺陷层。这就没有达到设置这道工序的目的。

2. 影响加工余量的因素

为了合理确定加工余量，必须深入了解影响加工余量的各项因素。影响加工余量的因素有以下 4 个方面：

（1）上工序留下的表面粗糙度值 R_y（表面轮廓最大高度）和表面缺陷层深度 H_a 本工序必须把上工序留下的表面粗糙度和表面缺陷层全部切去，因此本工序加工余量必须包括 R_y 和 H_a 这两项因素。

（2）上工序的尺寸公差 T_a 由于上工序加工表面存在尺寸误差，为了使本工序能全部切除上工序留下的表面粗糙度和表面缺陷层，本工序加工余量必须包括 T_a 项。

（3）T_a 值没有包括的上工序留下的空间位置误差 e_a 工件上有一些形状误差和位置误差是没有包括在加工表面的工序尺寸公差范围之内的（如图 5.11 中轴类零件的轴心线弯曲误差 e_a 就没有包括在轴径公差 T_a 中）；在确定加工余量时，必须考虑它们的影响，否则本工序加工将无法去除上工序留下的表面粗糙度 R_y 及表面破坏层 H_a。

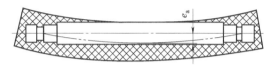

图 5.11 轴心线弯曲误差对加工余量的影响

（4）本工序的装夹误差 ε_b 如果本工序存在装夹误差（包括定位误差、夹紧误差），则在确定本工序加工余量时还应考虑 ε_b 的影响。

由于 e_a 与 ε_b 都是矢量，所以要用矢量相加取矢量和的模进行余量计算。

综上分析可知，工序余量的最小值可用以下公式计算：

对于单边余量：$$Z_{\min}=T_a+R_y+H_a+|e_a+\varepsilon_b| \tag{5-7}$$

对于双边余量：$$2Z_{\min}=T_a+2(R_y+H_a)+2|e_a+\varepsilon_b| \tag{5-8}$$

3. 加工余量的确定

确定加工余量有计算法、查表法和经验估计法三种方法，分述如下：

（1）计算法 在掌握影响加工余量的各种因素具体数据的条件下，用计算法确定加工余量是比较科学的。可惜的是已经积累的统计资料尚不多，计算有困难，目前应用较少。

（2）经验估计法 加工余量由一些有经验的工程技术人员或工人根据经验确定。由于主观上有怕出废品的思想，故所估加工余量一般都偏大，此法只用于单件小批生产。

（3）查表法 此法以工厂生产实践和实验研究积累的经验为基础制成的各种表格数据为依据，再结合实际加工情况加以修正。用查表法确定加工余量，方法简便，比较接近实际，生产上广泛应用。

任务 2 确定工序尺寸的方法

生产中绝大部分加工面都是在基准重合（工艺基准和设计基准）的情况下进行加工的。所以，掌握基准重合情况下采用余量法确定工序尺寸与公差的过程非常重要。

1. 余量法确定工序尺寸与公差

余量法确定工序尺寸与公差的步骤：

① 确定各加工工序的加工余量；

② 从最后一道加工工序开始，即从设计尺寸开始，到第一道加工工序，逐次加上（轴类尺寸）或减去（孔类尺寸）工序余量，分别得到各工序公称尺寸（包括毛坯尺寸）；

③ 除终加工工序以外，其他各加工工序按各自所采用加工方法的加工经济精度确定工序尺寸及公差（终加工工序的公差按设计要求确定）；

④ 填写工序尺寸并按"入体原则"标注工序尺寸及公差。

2. 项目案例

例 5.2 某车床主轴箱箱体的主轴孔的设计要求为：$\phi 180J6(^{+0.018}_{-0.007})$，$Ra \leqslant 0.8\mu m$。在成批生产条件下，其加工方案为：粗镗—半精镗—精镗—铰孔。

从工艺手册所查得的各工序的加工余量和所能达到的经济精度，见表 5.11 中第二、三、四列。根据经济加工精度查公差表，将查得的公差数值按"入体原则"标注在工序公称尺寸上，各工序尺寸及偏差的计算结果列于表 5.11 第五、六列。其中关于毛坯的公差，可根据毛坯的类型、结构特点、制造方法和生产厂的具体条件，参照工艺手册可得铸造毛坯公差 $\pm 3mm$。

为清楚起见，将计算和查表结果汇总于表 5.11 中，供参考。

表 5.11 孔加工工序尺寸的确定

工序名称	工序双边余量/mm	工序的经济精度		最小极限尺寸/mm	工序尺寸及其偏差/mm
		公差等级	公差值/mm		
铰孔	0.2	IT6	0.025	$\phi 179.993$	$\phi 180^{+0.018}_{-0.007}$
精镗孔	0.6	IT7	0.04	$\phi 179.8$	$\phi 179.8^{+0.04}_{0}$
半精镗孔	3.2	IT9	0.10	$\phi 179.2$	$\phi 179.2^{+0.1}_{0}$
粗镗孔	6	IT11	0.25	$\phi 176$	$\phi 176^{+0.25}_{0}$
毛坯孔			3	$\phi 170$	$\phi 170^{+1}_{-2}$

在工艺基准无法同设计基准重合的情况下，确定了工序余量之后，需通过工艺尺寸链进行工序尺寸和公差的换算，具体换算方法在模块 5 工艺尺寸链中介绍。

模块 5　工艺尺寸链

在工序设计中确定工序尺寸和公差时，如工序基准或测量基准与设计基准不相重合，则不能如前面所述进行余量法计算，而需借助于尺寸链求解。尺寸链在机器装配关系或零件加工过程中，由相互连接的尺寸形成的封闭尺寸链（如图 5.12 所示）。其中，加工过程中使用的工艺尺寸所组成的尺寸链称为工艺尺寸链。

任务 1　尺寸链

在工件加工和机器装配过程中，由相互连接的尺寸形成的封闭尺寸组，称为尺寸链。如图 5.12（a）所示零件，如先以 A 面定位加工 C 面，得尺寸 A_1（工序尺寸，直接保证）；然后再以 A 面定位用调整法加工台阶面 B，得尺寸 A_2（亦即该工序的工序尺寸，直接保证，用调整法加工，工序中只能直接保证尺寸 A_2），要求保证 B 面与 C 面之间的尺寸 A_0（间接保证）。在该加工过程中，A_1、A_2 和 A_0 这三个尺寸构成了一个封闭尺寸组，即组成了一个尺寸链，如图 5.12（b）所示。

组成尺寸链的每一个尺寸，称为尺寸链的环。环又分为封闭环和组成环，而组成环又有增环和减环之分。

（1）封闭环　尺寸链中在设计、装配或加工过程中最后、间接形成的一个环称为封闭环,一个尺寸必有、且只有一个封闭环。如图 5.12 (b) 所示尺寸链中, A_0 是间接得到的尺寸,它就是图 5.12 (b) 所示尺寸链的封闭环。

(2) 组成环 尺寸链中凡属通过加工直接得到的尺寸称为组成环,除封闭环外的其余环均为组成环。图 5.12 (b) 所示尺寸链中 A_1、A_2 都是通过加工直接得到的尺寸,即工序尺寸,所以 A_1、A_2 都是尺寸链中的组成环。

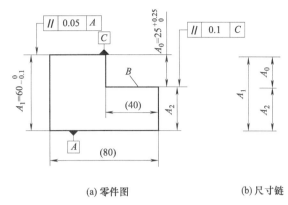

图 5.12 尺寸链示例

① 增环 当其他组成环的大小不变时,若封闭环随着某组成环的增大而增大,则该组成环就称为增环。如图 5.12 (b) 所示尺寸链中,A_1 是增环。

② 减环 若封闭环随着某组成环的增大而减小,则该组成环就称为减环。在图 5.12 (b) 所示尺寸链中,A_2 是减环。

任务 2 尺寸链计算

尺寸链的计算方法有极值法和概率法两种。工艺尺寸链计算主要应用极值法,本模块只介绍极值法公式,极值法计算公式如下。

机械制造中的尺寸及公差通常用基本尺寸(A)、上偏差(ES)、下偏差(EI)表示;

(1) 封闭环基本尺寸 A_0 等于所有增环基本尺寸($\overrightarrow{A_p}$)之和减去所有减环基本尺寸($\overleftarrow{A_q}$)之和,即:

$$A_0 = \sum_{p=1}^{k} \overrightarrow{A_p} - \sum_{q=k+1}^{m} \overleftarrow{A_q} \tag{5-9}$$

式中 m——组成环数;
k——增环数。

(2) 封闭环极限偏差

$$ES_0 = \sum_{p=1}^{k} ES_p - \sum_{q=k+1}^{m} EI_q \tag{5-10}$$

封闭环的上偏差等于所有增环的上偏差之和减去所有减环的下偏差之和。

$$EI_0 = \sum_{p=1}^{k} EI_p - \sum_{q=k+1}^{m} ES_q \tag{5-11}$$

封闭环的下偏差等于所有增环的下偏差之和减去所有减环的上偏差之和。

(3) 封闭环公差

$$T_0 = \sum_{i=1}^{m} T_i \tag{5-12}$$

封闭环的公差等于各组成环的公差之和。

任务 3 尺寸链计算实例

1. 定位基准与设计基准不重合时工序尺寸及偏差计算

在零件加工过程中有时为方便定位或加工,选用不是设计基准的几何要素做定位基准,在这种定位基准与设计基准不重合的情况下,需要通过尺寸换算,改注有关工序尺寸及公差,并按换算后的尺寸及公差加工,以保证零件的设计要求(如图 5.13 所示)。

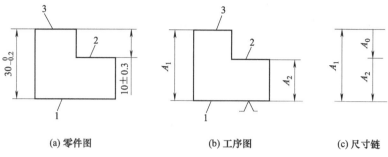

图 5.13 工序尺寸计算实例

例 5.3 加工如图 5.13(a)所示零件,设 1 面已加工好,现以 1 面定位加工 3 面和 2 面,其工序简图如图 5.13(b)所示,试求工序尺寸 A_1 与 A_2。

解:由于加工 3 面时定位基准与设计基准重合,因此工序尺寸 A_1 就等于设计尺寸,$A_1 = 30_{-0.2}^{\ 0}$ mm。而加工 2 面时,定位基准与设计基准不重合,这就导致在用调整法加工时,只能以尺寸 A_2 为工序尺寸,但这道工序的目的是为了保证零件图上的设计尺寸,即 (10 ± 0.3) mm,因此与 A_1、A_2 构成尺寸链。如图 5.13(c)所列尺寸链,根据尺寸链环的特性得出,A_0 是封闭环,A_1、A_2 为组成环,A_1 为增环,A_2 为减环。

由该尺寸链可解出 A_2,由式(5-9)可知:
$$A_0 = A_1 - A_2$$
$$A_2 = A_1 - A_0 = 30 - 10 = 20 (\text{mm})$$

由式(5-10)可知:
$$ES_0 = ES_1 - EI_2$$
$$EI_2 = ES_1 - ES_0 = 0 - 0.3 = -0.3 (\text{mm})$$

由式(5-11)可知:
$$EI_0 = ES_1 - EI_2$$
$$ES_2 = EI_1 - EI_0 = [-0.2 - (-0.3)] = +0.1 (\text{mm})$$

所以工序尺寸 A_2 及其上、下偏差为:
$$A_2 = 20_{-0.3}^{+0.1} \text{mm}$$

2. 测量基准与设计基准不重合时测量尺寸及其公差的换算

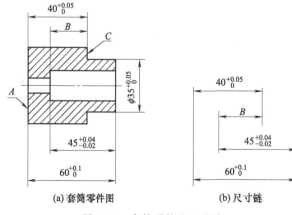

图 5.14 套筒零件及尺寸链

加工中有时会遇到某些加工表面的设计尺寸不便测量,甚至无法测量的情况。为此需要在工件上另选一个容易测量的测量基准,要求通过对该测量尺寸的控制,能够间接保证原设计尺寸的精度。这就是测量基准与设计基准不重合时测量尺寸及其公差的计算问题(如图 5.14 所示)。

例 5.4 如图 5.14(a)所示的套筒零件,图样实际标注 B 尺寸,孔深 $45_{-0.02}^{+0.04}$ 为工序求得尺寸。在其他尺已经加工完成的情况下，最后一道工序，以 A 面为定位基准，车削 $\phi 35_{0}^{+0.05}$ 的外圆至 C 面，试确定 B 的尺寸及偏差。

解： 按设计要求建立设计尺寸链，如图 5.14（b）所示。由于 B 尺寸无法直接测量，实际加工中只能测量尺寸 $40_{0}^{+0.05}$，此为加工过程中保证的尺寸，是组成环，B 尺寸为间接得到的尺寸，因此 B（A_0）尺寸为封闭环。$45_{-0.02}^{+0.04}$（A_1）、$40_{0}^{+0.05}$（A_2）尺寸为增环，$60_{0}^{+0.1}$（A_3）尺寸为减环。

由式（5-9）可知：$B(A_0)=A_1+A_2-A_3=45+40-60=25$（mm）
由式（5-10）可知：$ES_0=ES_1+ES_2-EI_3=0.04+0.05-0=0.09$（mm）
由式（5-11）可知：$EI_0=EI_1+EI_2-ES_3=-0.02-0-0.1=-0.12$（mm）

所以工序尺寸 B 及其上、下偏差为：$B=25_{-0.12}^{+0.09}$ mm

推广之，可以得到这样的结论：无论何种基准不重合情况，都会出现提高零件精度及假废品问题。因此，除非不得已，尽量不要出现基准不重合现象。

3. 中间工序的工序尺寸及其公差的求解计算

在工件加工过程中，有时一个表面的加工会同时影响两个设计尺寸的数值。这时，需要直接保证其中公差要求较严的一个设计尺寸，而另一个设计尺寸需由该工序前面的某一中间工序的合理工序尺寸保证。为此，需要对中间工序尺寸进行计算（如图 5.15 所示）。

例 5.5 一带有键槽的内孔要淬火及磨削，其设计尺寸如图 5.15（a）所示，内孔及键槽的加工顺序是：

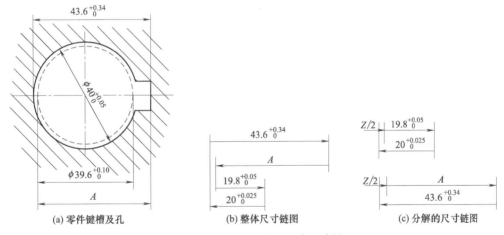

(a) 零件键槽及孔　　(b) 整体尺寸链图　　(c) 分解的尺寸链图

图 5.15　内孔及键槽的工序尺寸链

① 镗内孔至 $\phi 39.6_{0}^{+0.1}$；
② 插键槽至尺寸 A；
③ 热处理：淬火；
④ 磨内孔，同时保证内孔直径 $\phi 40_{0}^{+0.05}$ 和键槽深度 $43.6_{0}^{+0.34}$ 两个设计尺寸的要求。

现在要确定工艺过程中的工序尺寸 A 以及其偏差（假设热处理后内孔没有胀缩）。

解： 为解算这个工序尺寸链，可以作出两种不同的尺寸链图。图 5.15（b）是一个四环尺寸链，它表示了尺寸 A 和三个尺寸的关系，其中 $43.6_{0}^{+0.34}$ 是封闭环，这里还看不到工序余量与尺寸链的关系。

图 5.15（c）是把图 5.15（b）的尺寸链分解成两个三环尺寸链，并引进了半径余量 $Z/$

2。在图 5.15（c）的上图中，$Z/2$ 是封闭环；在下图中 $43.6_{\ 0}^{+0.34}$ 是封闭环，$Z/2$ 是组成环。由此可见，为保证 $43.6_{\ 0}^{+0.34}$，就要控制工序余量 Z 的变化，而要控制这个余量的变化，就又要控制它的组成环 $19.8_{\ 0}^{+0.05}$ 和 $20_{\ 0}^{+0.025}$ 的变化。工序尺寸 A 可以由图 5.15（b）解出，也可由图 5.15（c）解出。前者便于计算，后者利于分析。

在图 5.15（b）所示尺寸链中，A、$20_{\ 0}^{+0.025}$ 是增环，$19.8_{\ 0}^{+0.05}$ 是减环，由式（5-9）、式（5-10）、式（5-11）可得：

$$A = 43.6 - 20 + 19.8 = 43.4 \text{(mm)}$$
$$ES_A = 0.34 - 0.025 + 0 = 0.315 \text{(mm)}$$
$$EI_A = 0 - 0 + 0.05 = 0.05 \text{(mm)}$$

所以
$$A = 43.4_{+0.05}^{+0.315} \text{mm}$$

按"偏差入体标注"原则标注尺寸，可得工序尺寸：
$$A = 43.45_{\ 0}^{+0.265} \text{mm}$$

模块 6 工艺卡片填写

制订机械加工工艺规程的最后一项工作，是填写工艺卡片，主要包括工序顺序及内容的填写、工序图的绘制、合理选择各工序所用机床设备的名称与型号、工艺装备（即刀具、夹具、量具等）的名称与型号以及合理确定切削用量和时间定额等。

任务 1 机床的选择

在拟订工艺路线时，当工件加工表面的加工方法确定以后，各工种所用机床类型就已基本确定。但每一类型的机床都有不同的形式，其工艺范围、技术规格、生产率及自动化程度等都各不相同。在合理选用机床时，除应对机床的技术性能有充分了解之外，还要考虑以下几点。

1. 所选机床的精度应与工件加工要求的精度相适应

机床的精度过低，满足不了加工质量要求；机床的精度过高，又会增加零件的制造成本。单件小批生产时，特别是没有高精度的设备来加工高精度的零件时，为充分利用现有机床，可以选用精度低一些的机床，而在工艺上采用措施来满足加工精度的要求。

2. 所选机床的技术规格应与工件的尺寸相适应

小工件选用小机床加工，大工件选用大机床加工，做到设备的合理利用。

3. 所选机床的生产率和自动化程度应与零件的生产纲领相适应

单件小批生产应选择工艺范围较广的通用机床；大批大量生产尽量选择生产率和自动化程度较高的专门化或专用机床。

4. 机床的选择应与现场生产条件相适应

应充分利用现有设备，如果没有合适的机床可供选用，应合理地提出专用设备设计或旧机床改装的任务书，或提供购置新设备的具体型号。

任务 2 工艺装备的选择

工艺装备选择是否合理，直接影响到工件的加工精度、生产率和经济性。因此，要结合生产类型、具体的加工条件、工件的加工技术要求和结构特点等合理选用。

1. 夹具的选择

单件小批生产应尽量选择通用夹具。例如，各种卡盘、虎钳和回转台等。如条件具备，可选用组合夹具，以提高生产率。大批量生产，应选择生产率和自动化程度高的专用夹具。多品种，中、小批量生产可选用可调整夹具或成组夹具。夹具的精度应与工件的加工精度相适应。

2. 刀具的选择

一般应选用标准刀具，必要时可选用各种高生产率的复合刀具及其他一些专用刀具。刀具的类型、规格及精度应与工件的加工要求相适应。

3. 量具的选择

单件小批生产应选用通用量具，如游标卡尺、千分尺、千分表等。大批量生产应尽量选用效率较高的专用量具，如各种极限量规、专用检验夹具和测量仪器等。所选量具的量程和精度要与工件的尺寸和精度相适应。

任务 3　切削用量的确定

正确地确定切削用量，对保证加工质量、提高生产率、获得良好的经济效益都有着重要的意义。确定切削用量时，应综合考虑零件的生产纲领、加工精度和表面粗糙度、材料、刀具的材料及耐用度等因素。

单件小批生产时，为了简化工艺文件，常不具体规定切削用量，而由操作者根据具体情况自行确定。

批量较大时，特别是组合机床、自动机床及多刀加工工序的切削用量，应科学、严格地确定。

一般来说，粗加工时，由于要求保证的加工精度低、表面粗糙度值较大，切削用量的确定应尽可能保证较高的金属切除率和必要的刀具耐用度，以达到较高的生产率。为此，在确定切削用量时，应优先考虑采用大的背吃刀量（切削深度），其次考虑采用较大的进给量，最后根据刀具的耐用度要求，确定合理的切削速度。

半精加工、精加工时，确定切削用量首先要考虑的问题是保证加工精度和表面质量，同时也要兼顾必要的刀具耐用度和生产率。半精加工和精加工时一般多采用较小的背吃刀量（切削深度）和进给量。在背吃刀量（切削深度）和进给量确定之后，再确定合理的切削速度。

在采用组合机床、自动机床等多刀具同时加工时，其加工精度、生产率和刀具的寿命与切削用量的关系很大，为保证机床正常工作，不经常换刀，其切削用量要比采用一般普通机床加工时低一些。

在确定切削用量的具体数据时，可凭经验，也可查阅有关手册中的表格，或在查表的基础上，再根据经验和加工的具体情况，对数据进行适当修正。

任务 4　时间定额的确定

时间定额是指在一定生产条件下，规定生产一件产品或完成一道工序所需消耗的时间。它是安排生产计划、进行成本核算、考核工人完成任务情况、确定所需设备和工人数量的主要依据。合理的时间定额能调动工人的积极性，促进工人技术水平的提高，从而不断提高生产率。随着企业生产技术条件的不断改善和水平的不断提高，时间定额应定期进行修订，以保持定额的平均先进水平。

为了便于合理地确定时间定额，把完成一个工件的一道工序的时间称为单件时间 T_t，它包括如下组成部分。

1. 基本时间 T_m

基本时间是直接改变生产对象的尺寸、形状、相对位置、表面状态或材料性质等工艺过程所消耗的时间。对于机械加工来说，是指从工件上切除材料层所耗费的时间，其中包括刀具的切入和切出时间。各种加工方法的切入、切出长度可查阅有关手册确定。

基本时间可按下式计算：

$$T_m = \frac{l + l_1 + l_2}{nf} i \quad (5-13)$$

式中　i——z/a_p；

　　　　z——加工余量，mm；

　　　　a_p——背吃刀量，mm；

　　　　n——机床主轴转速，r/min，$n = 1000v/\pi D$；

　　　　f——进给量，mm/r；

　　　　v——切削速度，m/min；

　　　　D——加工直径，mm；

　　　　l——加工长度，mm；

　　　　l_1——刀具切入长度，mm；

　　　　l_2——刀具切出长度，mm。

2. 辅助时间 T_a

辅助时间是为实现工艺过程所必须进行的各种辅助动作所消耗的时间。这些辅助动作包括：装夹和卸下工件；开动和停止机床；改变切削用量；进、退刀具；测量工件尺寸等。

基本时间和辅助时间的总和，称为工序作业时间，即直接用于制造产品或零、部件所消耗的时间。

3. 布置工作地时间 T_s

布置工作地时间是为使加工正常进行，工人照管工作地（如更换刀具、润滑机床、清理切屑、收拾工具等）所消耗的时间。布置工作地时间可按工序作业时间的 2%～7% 来估算。

4. 休息和生理需要时间 T_r

休息和生理需要时间是工人在工作班内为恢复体力和满足生理上的需要所消耗的时间。它可按工序作业时间的 2%～4% 来估算。

因此，单件时间为

$$T_t = T_m + T_n + T_s + T_r \quad (5-14)$$

对于成批生产还要考虑准备与终结时间。

5. 准备与终结时间 T_e

准备与终结时间是工人为了生产一批产品或零、部件，进行准备和结束工作所消耗的时间。这些工作包括：熟悉工艺文件、安装工艺装备、调整机床、归还工艺装备和送交成品等。

准备终结时间对一批零件只消耗一次，零件批量 n 越大，则分摊到每个零件上的这部分时间越少。所以，成批生产时的单件时间为

$$T_t = T_m + T_n + T_s + T_r + \frac{T_e}{n} \quad (5-15)$$

在大量生产时，每个工作地点完成固定的一道工序，一般不需考虑准备终结时间。

计算得到的单件时间以"min"为单位填入工艺文件的相应栏中。工时定额也是批量生产时，计算生产节拍、保证平衡的重要依据。

任务 5 编制工艺规程文件

工艺规程设计出来以后,还需以图表、卡片和文字材料的形式固定下来,以便贯彻执行。这些图表、卡片和文字材料统称为工艺文件。在生产中使用的工艺文件种类很多,这里只介绍两种最常用的工艺文件。

1. 机械加工工艺过程卡片

如表 5.3 所示。此卡片以工序为单位简要说明工件的加工工艺路线,包括工序号、工序名称、工序内容、所经车间工段、所用机床与工艺装备的名称、时间定额等,它主要用来表示工件的加工流向,供安排生产计划、组织生产调度用。

2. 机械加工工序卡片

如表 5.4 所示。此卡片是在机械加工工艺过程卡片的基础上分别为每一工序编制的一种工艺文件,它指导操作工人完成某一工序的加工。此卡片主要用于大批大量生产,在成批生产中加工一些比较重要的工件时,有时也编制机械加工工序卡片。工序卡片要求画工序图,工序图须用定位夹紧符号表示定位基准、夹压位置和夹压方式,用粗线指出本工序的加工表面,标明工序尺寸公差及其技术要求。对于多刀加工和多工位加工,还应绘出工序布置图,要求表明每个工位刀具和工件的相对位置和加工要求。

模块 7 机器装配工艺规程设计

任何机器都是由许多零件装配而成的。机器的质量最终是通过装配保证的,装配质量在很大程度上决定了机器的最终质量。另外,通过机器的装配过程,可以发现机器设计和零件加工质量等所存在的问题,并加以改进,以保证机器的装配质量。

任务 1 基础知识

任何机器都是由许多零件和部件组成的。按照规定的程序和技术要求,将零件进行组合,使之成为半成品或成品的工艺过程称为装配。为了保证有效地进行装配,通常将机器划分为若干个能进行独立装配的装配单元。

1. 装配单元的类型

(1) 零件 零件是组成机器的最小单元。

(2) 套件 套件是在一个基准件上,装上一个或若干个零件构成的,是组成机器的最小装配单元,为此而进行的装配工作称为套装。例如,双联齿轮套件就是由两个齿轮装配而成。

(3) 组件 组件是在一个基准件上,装上若干个零件和套件构成的,为此而进行的装配工作称为组装。例如,车床主轴箱的主轴组件就是在主轴上装上若干齿轮、套、垫和轴承等零件。

(4) 部件 部件是在一个基准件上,装上若干个组件、套件和零件构成的,为此而进行的装配工作称为部装。例如,车床主轴箱部件就是在主轴箱箱体上装上若干组件、套件和零件。

(5) 机器 机器是在一个基准件上,装上若干部件、组件、套件和零件构成的,为此而进行的装配工作称为总装。例如,车床就是由主轴箱、进给箱、床身等部件以及其他组件、套件、零件装配而成。

在装配工艺规程中,常用装配工艺系统图表示零、部件的装配流程和零、部件间相互装配关系。在装配工艺系统图上,每一个单元用一个长方形框表示,标明零件、套件、组件和部件的名称、编号及数量。如图5.16～图5.18所示分别给出了组件、部件和总装的装配工艺系统图。在装配工艺系统图上,装配工作由基准件开始沿水平线自左向右进行,一般将零件画在上方,套件、组件、部件画在下方,其排列次序就是装配工作的先后次序。

2. 装配工作的主要内容

(1) 清洗　用清洗剂清除零件上的油污、灰尘等脏污的过程称为清洗。它对保证产品质量和延长产品使用寿命均有重要意义。常用的清洗方法有擦洗、浸洗、喷洗和超声波清洗等。常用的清洗剂有煤油、汽油和其他各种化学清洗剂,使用煤油和汽油做清洗时应注意防火,清洗金属零件的清洗剂必须具备防锈功能。

(2) 连接　装配过程中常见的连接方式包括可拆卸连接和不可拆卸连接两种。螺纹连接、键连接、销钉连接、间隙配合和过盈配合等属于可拆卸连接;而焊接、铆接和粘接等属于不可拆卸连接。过盈配合可使用压装、热装或冷装等方法来实现。

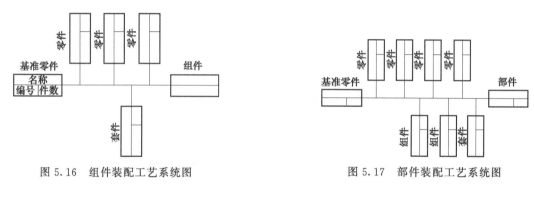

图5.16　组件装配工艺系统图　　　　　图5.17　部件装配工艺系统图

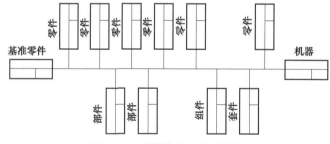

图5.18　总装装配工艺系统图

(3) 平衡　对于机器中转速较高、运转平稳性要求较高的零部件,为了防止其内部质量分布不均匀而引起有害振动,必须对其高速回转的零部件进行平衡。平衡可分为静平衡和动平衡两种,前者主要用于直径较大且长度短的零件(如叶轮、飞轮、带轮等);后者用于长度较长的零部件(如电机转子、机床主轴等)。

(4) 校正及调整　在装配过程中为满足相关零部件的相互位置和接触精度而进行的找正、找平和相应的调整工作。其中除调节零部件的位置精度外,为了保证运动零部件的运动精度,还需调整运动副之间的配合间隙。

(5) 验收试验　机器装配完后,应按产品的有关技术标准和规定,对产品进行全面检验和必要的试运转工作。只有经检验和试运转合格的产品才能准许出厂。多数产品的试运转在制造厂进行,少数产品(如轧钢机)由于制造厂不具备试运转条件,因此其试运转只能在使用户安装后进行。

任务 2　装配精度与装配尺寸链

1. 装配精度与装配尺寸链

机器的装配精度是根据机器的使用性能要求提出的，例如，CA6140 型卧式车床的主轴回转精度要求为 0.01mm，CM6132 型精密车床主轴回转精度要求为 $1\mu m$，而中国航空精密机械研究所研制的 CTC-1 型超精密车床的主轴回转精度要求则高达 $0.05\mu m$。机器的装配精度，不仅关系到产品质量，也关系到制造的难易和产品的成本。

机器是由零部件组装而成的，因此机器的装配精度与零部件制造精度必然有直接的关系（如图 5.19 所示）。如图 5.19（a）所示卧式车床主轴中心线和尾座中心线对床身导轨有等高要求，这项装配精度要求就与主轴箱、尾座、底板等有关部件的加工精度有关。可以从查找影响此项装配精度的有关尺寸入手，并可以建立与此项装配要求有关的装配尺寸链，如图 5.19（b）所示，其中 A_1 是主轴箱中心线相对于床身导轨面的垂直距离，A_3 是尾座中心线相对于底板 3 的垂直距离，A_2 是底板相对于床身导轨面的垂直距离，尺寸 A_0 是尾座中心线相对于主轴中心线的高度差，代表在床身上装配主轴箱和尾座时所要保证的装配精度要求。这 4 个尺寸构成了封闭的尺寸组。而尺寸 A_0 是在装配后最终形成的尺寸，因此是该装配尺寸链的封闭环。

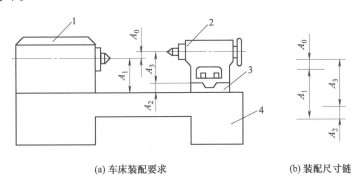

(a) 车床装配要求　　　　　　　　(b) 装配尺寸链

图 5.19　车床主轴线与尾座中心线的等高性要求

1—主轴箱；2—尾座；3—底板；4—床身

在装配尺寸链中，通过装配后最终形成的尺寸是装配尺寸链的封闭环，这是不同于加工工艺尺寸链的地方。装配尺寸链的封闭环一般代表装配后的间隙或过盈量。

由图 5.19（b）所列装配尺寸链可知，主轴中心线与尾座中心线相对于导轨面的等高要求与 A_1、A_2、A_3 三个组成环的基本尺寸及其精度有直接关系。

实际上，机器的装配精度不仅与零部件的尺寸及其精度有关，还与装配过程中所采用的方法有关，装配方法不同，零部件的尺寸及其精度对装配精度的影响关系不同，所以解算装配尺寸链的方法也不同。对于某一给定的机器结构，必须根据装配精度要求和所采用的装配方法，通过解算装配尺寸链来确定有关零部件的尺寸和极限偏差。

2. 保证装配精度的 4 种装配方法

受到机器装配精度以及生产规模、生产效率以及工人劳动强度的影响，生产中有 4 种保证装配精度的装配方法，分别适用于不同的场合。

（1）互换装配法　采用互换法装配时，被装配的每一个零件不需作任何挑选、修配和调整就能达到规定的装配精度要求。用互换法装配，其装配精度主要取决于零件的制造精度。

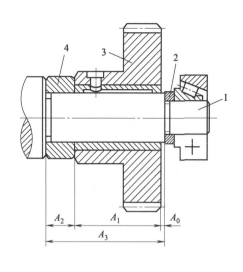

(a) 齿轮装配图　　　　　　　　(b) 装配尺寸链

图 5.20　完全互换装配图
1—轴；2—挡圈；3—齿轮；4—轴套

根据零件的互换程度，互换法装配可分为完全互换法装配和统计互换法装配，现分述如下：

① 完全互换装配法　采用完全互换法装配时，应用式（5-9）~式（5-15）所表示的极值法计算装配尺寸链（如图 5.20 所示），现举例说明如下。

例 5.6　如图 5.20（a）所示是一个齿轮装配结构图，由于齿轮 3 要在轴 1 上回转，故要求齿轮左右端面与轴套 4、挡圈 2 之间应留有一定间隙。由于该间隙是在零件装配后才间接形成的，所以它是封闭环（A_0）。经查对，影响封闭环 A_0 大小的尺寸依次有齿轮轮毂宽度 A_1、轴套厚度 A_2 以及轴 1 两台肩间的长度 A_3；将 A_0 与 A_1、A_2、A_3 依次相连，可得如图 5.20（b）所示的尺寸链。在 A_0 与 A_1、A_2、A_3 组成的尺寸链中，A_1、A_2 为减环，A_3 是增环。已知 $A_1=35\text{mm}$，$A_2=14\text{mm}$，$A_3=49\text{mm}$，若要求装配后齿轮右端的间隙为 $0.10\sim0.35\text{mm}$，试以完全互换装配法解算各组成环的公差和极限偏差。

解：（1）计算封闭环基本尺寸 A_0　由式（5-9）知：

$$A_0=\sum_{p=1}^{k}A_p-\sum_{q=k+1}^{m}A_q=A_3-A_1-A_2=49-35-14=0(\text{mm})$$

（2）计算封闭环公差 T_0：

$$T_0=(0.35-0.10)\text{mm}=0.25\text{mm}$$

（3）确定各组成环公差　首先计算各组成环的平均公差 T_{avA}：

$$T_{avA}=T_0/m=0.25/3\text{mm}\approx0.083\text{mm}$$

考虑到各组成环基本尺寸的大小及制造难易程度各不相同，故各组成环制造公差应在平均公差值的基础上作适当调整。因 A_1 与 A_3 在同一尺寸分段范围内，平均公差值接近该尺寸分段范围的 IT10，按 IT10 给出组成环 A_1 与 A_3 的公差值为：

$$T_1=T_3=0.10\text{mm}$$

因此

$$T_2=T_0-T_1-T_3=(0.25-0.10-0.10)\text{mm}=0.05\text{mm}$$

（4）确定各组成环的极限偏差　组成环尺寸的极限偏差一般按"入体标注"原则配置，对于内尺寸，其尺寸偏差按 H 配置；对于外尺寸，其尺寸偏差按 h 配置。入体方向不明的长度尺寸，其极限偏差按"对称偏差"原则配置。本例取：

$$A_1 = 35\text{h}10 = 35_{-0.10}^{\ 0}\text{mm}$$
$$A_3 = 49\text{js}10 = (49 \pm 0.05)\text{mm}$$

由式（5-10）知：
$$ES_0 = \sum_{p=1}^{k} ES_p - \sum_{q=k+1}^{m} EI_q$$

将有关数据代入上式得： $0.35 = 0.05 - (-0.01 + EI_2)$

所以 $EI_2 = -0.20\text{mm}$

由式（5-11）知：
$$EI_0 = \sum_{p=1}^{k} EI_p - \sum_{q=k+1}^{m} ES_q$$

将有关数据代入上式得： $0.10 = -0.05 - (0 + ES_2)$

所以 $ES_2 = -0.15\text{mm}$

故得 $A_2 = 14\text{b}9 = 14_{-0.20}^{-0.15}\text{mm}$

让 A_2 的公差带标准化，取 $A_2 = 14\text{b}9 = 14_{-0.193}^{-0.150}\text{mm}$

(5) 核算封闭环的极限尺寸

$$A_{0\max} = \sum_{p=1}^{k} A_{p\max} - \sum_{q=k+1}^{m} A_{q\min} = [49.05 - (34.9 + 13.807)]\text{mm} \approx 0.343\text{mm}$$

$$A_{0\min} = \sum_{p=1}^{k} A_{p\min} - \sum_{q=k+1}^{m} A_{q\max} = [48.95 - (35 + 13.85)]\text{mm} \approx 0.10\text{mm}$$

核算结果表明，封闭环尺寸符合规定要求，故本例所求组成环尺寸和极限偏差分别为：

$$A_1 = 35_{-0.10}^{\ 0}\text{mm}, A_2 = 14_{-0.193}^{-0.150}\text{mm}, A_3 = (49 \pm 0.05)\text{mm}$$

上述计算表明，只要 A_1、A_2、A_3 分别按上述尺寸要求制造，就能做到完全互换装配，达到"拿起零件就装，装完保证均合格"的要求。

完全互换装配的优点是：装配质量稳定可靠；装配过程简单，装配效率高；易于实现自动装配；产品维修方便。不足之处是：当装配精度要求较高，尤其是在组成环数较多时，组成环的制造公差规定得严，零件制造困难，加工成本高。所以，完全互换装配法适于在成批生产、大量生产中装配那些组成环数较少或组成环数虽多但装配精度要求不高的机器结构。

② 统计互换装配法 用完全互换法装配，装配过程虽然简单，但它是根据增环、减环同时出现极值情况来建立封闭环与组成环之间的尺寸关系的，由于组成环分得的制造公差过小常使零件加工产生困难。实际上，在一个稳定的工艺系统中进行成批生产和大量生产时，零件尺寸出现极值的可能性极小；在装配时，由于随机拿取的各装配零件制造误差的大小是各自独立发生的随机数，所有增环同时接近最大（或最小），而所有减环又同时接近最小（或最大）的可能性极小，实际上可以忽略不计。完全互换法以提高零件加工精度为代价来换取完全互换装配，有时是不经济的。

统计互换装配法又称不完全互换装配法，其实质是用概率法进行解算封闭环与组成环之间的关系，其优点是可以将组成环的制造公差适当放大，使零件容易加工。但这会使极少数产品的装配精度超出规定要求，不过这种事件是小概率事件，很少发生。从总的经济效果分析，仍然是经济可行的。

为便于与完全互换装配法比较，现仍以图 5.20 所示齿轮装配间隙为例说明。

例 5.7 图 5.20（a）所示齿轮装配结构，已知：$A_1=35\text{mm}$，$A_2=14\text{mm}$，$A_3=49\text{mm}$，齿轮装配间隙要求 $A_0=0^{+0.35}_{+0.10}\text{mm}$；$A_1$、$A_2$、$A_3$ 的尺寸均为正态分布，尺寸分布中心与公差带中心相重合，即 $k_1=k_2=k_3=1$，$e_1=e_2=e_3=0$；试以统计互换装配法结算各组成环的公差和极限偏差。

解：(1) 计算封闭环基本尺寸 A_0 由式（5-9）知：
$$A_0=A_3-(A_1+A_2)=[49-(35+14)]\text{mm}=0\text{mm}$$

(2) 计算封闭环公差 T_0：
$$T_0=(0.35-0.10)\text{mm}=0.25\text{mm}$$

(3) 计算各组成环的平均平方公差 T_{avqA}
$$T_0=\frac{1}{k}\sqrt{\sum_{i=1}^m k_i^2 T_i^2}$$

已知，$k_0=1$，$k_1=k_2=k_3=1$，代入上式得：
$$T_0=\sqrt{mT_{\text{avqA}}^2}$$

所以
$$T_{\text{avqA}}=\frac{T_0}{\sqrt{m}}=\frac{0.25}{\sqrt{3}}\text{mm}\approx 0.144\text{mm}$$

与用极值法计算得到的各组成环平均公差 $T_{\text{avA}}=0.083\text{mm}$ 相比，T_{avqA} 比 T_{avA} 放大了 73.5%，组成环的制造变得容易了。

(4) 确定 A_1、A_2、A_3 的制造公差 以组成环平均平方公差为基础，参考各组成环尺寸大小和加工难易程度，确定各组成环制造公差。因 A_2 便于加工，故取 A_2 为协调环。因 A_1 与 A_3 的基本尺寸在同一尺寸分段范围内，平均平方公差 T_{avqA} 接近该尺寸段范围的 IT11，本例按 IT11 确定 A_1 与 A_3 的公差，查公差标准得：
$$T_1=T_3=0.160\text{mm}$$
$$T_2=\sqrt{T_0^2-T_1^2-T_3^2}=[\sqrt{0.25^2-(0.16)^2-(0.16)^2}]\text{mm}\approx 0.106\text{mm}$$

考虑到 A_2 易于制造，按 IT10 取 $T_2=0.07\text{mm}$。

(5) 确定 A_1、A_2、A_3 的极限偏差 按"偏差入体标注"原则，取 $A_1=35\text{h}11=35^{\ 0}_{-0.16}\text{mm}$，$A_3=49\text{js}11=(49\pm 0.08)\text{mm}$，最后确定协调环 A_2 的极限偏差 ES_2 和 EI_2。
已知 $\xi_3=1$，$\xi_1=\xi_2=-1$，$e_1=e_2=e_3=0$，由封闭环中间偏差计算公式知
$$\Delta_0=\Delta_3-(\Delta_1+\Delta_2)$$
所以
$$\Delta_2=\Delta_3-\Delta_1-\Delta_0$$
已知
$$\Delta_1=(ES_1+EI_1)/2=[(0-0.16)/2]\text{mm}=-0.08\text{mm}$$
$$\Delta_3=(ES_3+EI_3)/2=[(0.08-0.08)/2]\text{mm}=0$$
$$\Delta_0=(ES_0+EI_0)/2=[(0.35+0.10)/2]\text{mm}=0.225\text{mm}$$

代入上式得
$$\Delta_2=[0-(-0.08)-0.225]\text{mm}=-0.145\text{mm}$$

求 A_2 极限偏差，得：
$$ES_2=\Delta_2+T_2/2=[-0.145+(0.07/2)]\text{mm}=-0.11\text{mm}$$
$$EI_2=\Delta_2-T_2/2=[-0.145-(0.07/2)]\text{mm}=-0.18\text{mm}$$

由此求得
$$A_2=14^{-0.11}_{-0.18}\text{mm}=13.98^{\ 0}_{-0.07}\text{mm}$$

(6) 核算封闭环的极限偏差

$$\Delta_0 = \Delta_3 - (\Delta_1 + \Delta_2)$$
$$= [0 - (-0.08) - (-0.145)] \text{mm} = 0.225 \text{mm}$$

封闭环公差：
$$T_0 = \sqrt{T_1^2 + T_2^2 + T_3^2} = \sqrt{(0.16)^2 + (0.07)^2 + (0.16)^2} \text{mm} \approx 0.24 \text{mm}$$

求封闭环极限偏差得：
$$ES_0 = \Delta_0 + T_0/2 = (0.225 + 0.24/2) \text{mm} = 0.345 \text{mm}$$
$$EI_0 = \Delta_0 - T_0/2 = (0.225 - 0.24/2) \text{mm} = 0.105 \text{mm}$$

由此可知 $A_0 = 0^{+0.345}_{+0.16}$ mm，符合规定的装配间隙要求。本例所求组成环尺寸和极限偏差分别为：

$$A_1 = 35^{\ 0}_{-0.16} \text{mm}, A_2 = 13.98^{\ 0}_{-0.07} \text{mm}, A_3 = (49 \pm 0.08) \text{mm}$$

总结互换装配方法的优点是：扩大了组成环的制造公差，零件制造成本低；装配过程简单，生产效率高。不足之处是：装配后有极少数产品达不到规定的装配精度要求，须采取另外的返修措施。统计互换方法适用于在大批大量生产中，装配生产中的装配精度要求高，且组成环数较多的机器结构。

（2）分组装配法　在大批大量生产中，装配那些精度要求特别高同时又不便于采用调整装置的部件，若用互换装配法装配，组成环的制造公差过小，加工很困难或很不经济，此时可以采用分组装配。

采用分组装配法装配时，组成环按加工经济精度制造，然后测量组成环的实际尺寸并按尺寸范围分成若干组，装配时被装零件按对应组进行装配，以保证每组都能达到装配精度要求。

现以汽车发动机活塞销孔与活塞销的分组装配为例（如图 5.21 所示）来说明分组装配法的原理与方法。

在汽车发动机中，活塞销和活塞销孔的配合要求是很高的，如图 5.21（a）所示为某厂汽车发动机活塞销 1 与活塞 3 销孔的装配关系，销子和销孔的基本尺寸为 $\phi 28$ mm，在冷态装配时要求有 0.0025～0.0075mm 的过盈量。

若按完全互换法装配，须将封闭环公差 $T_0 = (0.0075 - 0.0025) \text{mm} = 0.005 \text{mm}$ 均等地分配给活塞销 d ($d = \phi 28^{\ 0}_{-0.0025}$ mm) 与活塞销孔 D ($D = \phi 28^{-0.0050}_{-0.0075}$ mm)，制造这样精确的销孔和销子是很困难的，也是不经济的。生产上常用分组法装配来保证上述装配精度要求，方法如下：

将活塞和活塞销孔的制造公差同向放大为 4 倍，即放大公差后的销及销孔的尺寸为：$d = \phi 28^{\ 0}_{-0.010}$ mm，$D = \phi 28^{-0.005}_{-0.015}$ mm，销及销孔按该尺寸及精度要求加工。加工好后，对一批工件，用精密量具测量，将销孔孔径 D 与销子直径 d 按尺寸从大到小分成 4 组，涂上不同的颜色，以便进行分组装配。装配时对应组进行装配，即让大销子配大销孔，小销子配小销孔，保证达到上述装配精度要求。图 5.21（b）给出了活塞销和活塞销孔的分组公差带位置。

采用分组法装配要保证分组后各组的配合精度性质与原来的要求相同。为此，要求配合件的公差范围应相等，公差的增加要向同一方向，增大的倍数相同，增大的倍数就是分组数。

采用分组法装配要保证零件分组后在装配时能够配套，否则会出现某些尺寸零件的积压浪费现象。

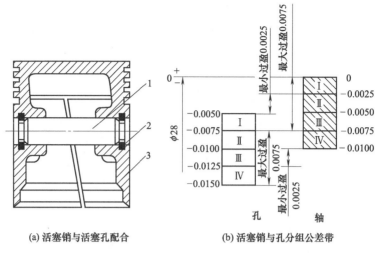

图 5.21　活塞销与活塞的装配关系
1—活塞销；2—挡圈；3—活塞

采用分组法装配要分组数不宜太多。尺寸公差放大到经济加工精度就行，否则由于零件的测量、分组、保管的工作复杂化容易造成生产紊乱。

采用分组法装配要配合件的表面粗糙度、形状和位置误差必须保持原设计要求，决不能随着公差的放大而降低粗糙度要求和放大形状及位置误差。

采用分组法装配要应严格组织对零件的测量、分组、标记、保管和运送工作。最好能使两相配件的尺寸分布曲线具有完全相同的对称分布曲线，如果尺寸分布曲线不相同或不对称，则将造成各组相配零件数不等而不能完全配套，造成浪费。

分组法装配的主要优点是：零件的制造精度不高，但却可获得很高的装配精度；组内零件可以互换，装配效率高。不足之处是：增加了零件测量、分组、存储、运输的工作量。分组装配法适于在大批大量生产中装配那些组成环数少（而装配精度又要求特别高，多数情况下为精密偶件）的机器结构。

(3) 修配装配法　在单件、小批生产中装配那些装配精度要求高、组成环数又多的机器结构时，常用修配法装配。采用修配法装配时，各组成环均按该生产条件下经济精度加工，装配时封闭环所积累的误差，势必会超出规定的装配精度要求，装配时通过修配装配尺寸链中某一组成环的尺寸（此组成环称为修配环），最终保证装配精度的要求。

实际生产中，常见的修配方法有以下三种：

① 单件修配法　在装配时，选定某一固定的零件作修配件进行修配，以保证装配精度的方法称为单件修配法。此法在生产中应用最广。

② 合并加工修配法　这种方法是将两个或多个零件合并在一起当作一个零件进行修配。这样减少了组成环的数目，从而减少了修配量。例如，普遍车床尾座的装配，为了减少总装时对尾座底板的刮研量，一般先把尾座和底板的配合平面加工好，并配刮横向小导轨，然后再将两者装配为一体，以底板的底面为定位基准，镗尾座的套筒孔，直接控制尾座套筒孔至底板底面的尺寸，这样一来组成环 A_2、A_3（见图 5.19）合并成一环 $A_{2,3}$（见图 5.22），使加工精度容易保证，而且允许给底板底面留较小的刮研量。

合并加工修配法虽有上述优点，但是由于零件合并要对号入座，给加工、装配和生产组织工作带来不便。因此多用于单件小批生产中。

③ 自身加工修配法 在机床制造与维修中，利用机床本身的切削加工能力，用自己加工自己的方法可以方便地保证某些装配精度要求，这就是自身加工修配法。例如，牛头刨床、龙门刨床及龙门铣床总装时，自刨或自铣自己的工作台面，以保证工作台面和滑枕或导轨面的平行度；在车床上加工自身所用三爪自定心卡盘的卡爪，保证主轴回转轴线和三爪自定心卡盘三个爪的工作面的同轴度等。

修配法最大的优点就是各组成环均可按经济精度制造，而且可获得较高的装配精度。但由于产品需逐个修配，所以没有互换性，且装配劳动量大，生产率低，对装配工人技术水平要求高。因而修配法主要用于单件小批生产和中批生产中装配精度要求较高的情况下。

采用修配法时应该注意以下事项：

① 应该正确选择修配对象，首先应该选择那些只与本项装配精度有关而与其他装配精度项目无关的零件作为修配对象（在尺寸链关系中不是公共环）。然后再考虑其中易于拆装，且面积不大的零件作为修配件。

② 应该通过装配尺寸链计算，合理确定修配件的尺寸公差，既保证它具有足够的修配量，又不要使修配量过大。

现举例说明如下。

例 5.8 如图 5.19 所示车床简图，现分析怎样保证车床主轴中心线与尾座套筒中心线的等高中心线的等高精度。

解：（1）根据车床精度指标建立装配尺寸链

如前所述，实际生产中常用合并加工修配法，这样尾座和尾座底板是成为配对件后进入总装的，故装配尺寸链改为如图 5.22 所示。其中封闭环 $A_0 = 0^{+0.06}_{0}$ mm，组成环 $A_1 = 160$ mm、$A_{2.3} = A_2 + A_3 = (A_2 + A_3) = (30 + 130)$ mm $= 160$ mm。

（2）确定增环、减环、验算尺寸

从图 5.22 中很容易看出，A_1 是减环，$A_{2.3}$ 是增环。封闭环的基本尺寸为

$A_0 = A_{2.3} - A_1 = (160 - 160) = 0$。即组成环已定值无误。

（3）选择修配环并进行相应计算

显然，选择 $A_{2.3}$ 做修配环为好。于是可将各组成环按经济精度确定公差如下：

$A_1 = (160 \pm 0.1)$ mm　$A_{2.3} = (160 \pm 0.1)$ mm

验算封闭环 A_0 的上下偏差，得：

$$A_0^1 = (0 \pm 0.2) \text{mm}$$

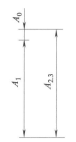

图 5.22 车床主轴中心线与尾座套筒中心线等高装配尺寸链

把这一数值与装配要求 $A_0 = 0^{+0.06}_{0}$ mm 比较一下可知：当 $A_0^1 = (-0.2 \sim 0)$ mm 时，垫板上已无修配量，因此应该在修配环 $A_{2.3}$ 尺寸上加上修配补偿量 0.2mm，把尺寸 $A_{2.3}$ 修改为：

$$A_{2.3} = (160.2 \pm 0.1) \text{mm} = 160^{+0.3}_{+0.1} \text{mm}$$

再验算封闭环 A_0 的上下偏差，得：

$$A_0^1 = 0^{+0.4}_{0} \text{mm}$$

从而可知，当 $A_0^1 = 0$ 时，刚好满足装配精度要求，所以最小修配量等于零；当 $A_0^1 = 0.4$ mm 时，超差量为 0.34mm（0.4mm − 0.06mm = 0.34mm），所以最大修刮量应是 0.34mm。

为了提高接触刚度，底板的底面与床身配合的导轨面必须经过配刮，因此它必须具有最

小修配量，如果按生产经验最小修配量为 0.1mm，那么应将此值加到 $A_{2.3}$ 尺寸上，于是得到

$$A_{2.3}=160.1^{+0.3}_{+0.1}\text{mm}=160^{+0.4}_{+0.2}\text{mm}$$

然后再验算 A_0 的上下偏差，可得 $A_0^1=0^{+0.5}_{+0.1}\text{mm}$，因此最小修刮量为 0.1mm，最大修刮量为 0.44mm。

（4）调整装配法　装配时用改变调整件在机器结构中的相对位置或选用合适的调整件来达到装配精度的装配方法，称为调整装配法。

调整装配法与修配装配法的原理基本相同。在以装配精度要求为封闭环建立的装配尺寸链中，除调整环外各组成环均以加工经济精度制造，由于扩大组成环制造公差累积造成的封闭环过大的误差，通过调节调整件相对位置的方法消除，最后达到装配精度要求。调节调整件相对位置的方法有可动调整法、固定调整法和误差抵消调整法 3 种，分述如下。

① 可动调整法　如图 5.23 所示为可动调整法装配示意图。图 5.23（a）所示结构是靠旋紧螺钉 1 来调整轴承外环相对于内环的位置，从而使滚动体与内环、外环间具有适当间隙，螺钉 1 调整到位后，用螺母 2 背紧。图 5.23（b）所示结构为车床刀架横向进给机构中丝杠螺母副间隙调整机构，丝杠螺母间隙过大时，可旋紧螺钉 1，调节撑垫 2 的上下位置，使螺母 3、4 分别靠紧丝杠 5 的两个螺旋面，以减小丝杠 5 与螺母 3、4 之间的间隙。

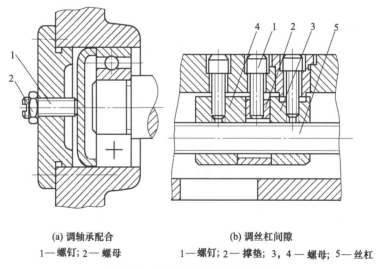

(a) 调轴承配合　　　　　　　　　(b) 调丝杠间隙
1—螺钉；2—螺母　　　1—螺钉；2—撑垫；3，4—螺母；5—丝杠

图 5.23　可动调整法装配示意图

可动调整法的主要优点是：零件制造精度不高，但却可获得比较高的装配精度；在机器使用中可随时通过调节调整件的相对位置来补偿由于磨损、热变形等原因引起的误差，使之恢复到原来的装配精度；它比修配法操作简便，易于实现。不足之处是需增加一套调整机构，增加了结构复杂程度。可动调整装配法在生产中应用甚广。

② 固定调整法　在以装配精度要求为封闭环建立的装配尺寸链中，组成环均按加工经济精度制造，由于扩大组成环制造公差累积造成的封闭环过大的误差，通过更换不同尺寸的固定调整环进行补偿，达到装配精度要求。这种装配方法，称为固定调整装配方法。

固定调整装配法适于在大批大量生产中装配那些装配精度要求较高的机器结构。在产量大、装配精度要求较高的场合，调整件还可以采用多件拼合的方式组成，装配时根据所测实际间隙的大小，把不同厚度的调整垫拼成所需尺寸，然后把它装到间隙中去，使装配结构达

到装配精度要求。这种调整装配方法比较灵活，它在汽车、拖拉机生产中广泛应用。

③ 误差抵消调整法　在机器装配中，通过调整被装配零件的相对位置，使加工误差相互抵消，可以提高装配精度，这种装配方法称为误差抵消调整法。它在机床装配中应用较多，例如，在车床主轴装配中通过调整前后轴承的径跳方向来控制主轴的径向跳动；在滚齿机工作台分度蜗轮装配中，采用调整蜗轮和轴承的偏心方向来抵消误差，以提高分度蜗轮的工作精度。

调整装配法的主要优点是：组成环均能以加工经济精度制造，但却可获得较高的装配精度；装配效率比修配装配法高。不足之处是要另外增加一套调整装置。可动调整法和误差抵消调整法适于小批生产，固定调整法则主要用于大批量生产。

任务 3　装配工艺规程设计

设计装配工艺规程要依次完成以下几方面的工作。

1. 研究产品装配图和装配技术条件

审核产品图样的完整性、正确性；对产品结构进行装配尺寸链分析，对机器主要装配技术条件要逐一进行研究分析，包括保证装配精度的装配工艺方法、零件图相关尺寸的精度设计等；对产品结构进行结构工艺性分析，如发现问题，应及时提出，并同有关工程技术人员商讨图样修改方案，报主管领导审批。

2. 确定装配的组织形式

装配组织形式有固定式装配和移动式装配两种，分述如下：

（1）固定式装配　固定式装配是全部装配工作都在固定工作地进行。根据生产规模，固定式装配又可分为集中式固定装配和分散式固定装配。按集中式固定装配形式装配，整台产品的所有装配工作都由一个工人或一组工人在一个工作地集中完成；它的工艺特点是：装配周期长，对工人技术水平要求高，工作地面积大。按分散式固定装配形式装配，整台产品的装配分为部装和总装，各部件的部装和产品总装分别由几个或几组工人同时在不同工作地分散完成；它的工艺特点是：产品的装配周期短，装配工作专业化程度较高。固定式装配多用于单件小批生产；在成批生产中装配那些重量大、装配精度要求较高的产品（例如车床、磨床）时，有些工厂采用固定流水装配形式进行装配，装配工作地固定不动，装配工人则带着工具沿着装配线上一个个固定式装配台重复完成某一装配工序的装配工作。

（2）移动式装配　被装配产品（或部件）不断地从一个工作地移到另一个工作地，每个工作地重复地完成某一固定的装配工作。移动式装配又有自由移动式和强制移动式两种，前者适于在大批大量生产中装配那些尺寸和重量都不大的产品或部件；强制移动式装配又可分为连续移动和间歇移动两种方式，连续移动式装配不适于装配那些装配精度要求较高的产品。

装配组织形式的选择主要取决于产品结构特点（包括尺寸和重量等）和生产类型，并应考虑现有生产条件和设备。

3. 划分装配单元

确定装配顺序，绘制装配工艺系统图将产品划分为套件、组件、部件等能进行独立装配的装配单元，是设计装配工艺规程中最为重要的一项工作，这对于大批大量生产中装配那些结构较为复杂的产品尤为重要。无论是哪一级装配单元，都要选定某一零件或比它低一级的装配单元作为装配基准件。装配基准件通常应是产品的基体件或主干零部件，基准件应有较大的体积和重量，并应有足够的支承面。

在划分装配单元确定装配基准零件之后即可安排装配顺序，并以装配工艺系统图的形式表示出来。安排装配顺序的原则是：先下后上，先内后外，先难后易，先精密后一般。如图5.24所示是车床床身部件图，如图5.25所示是车床床身装配工艺系统图。

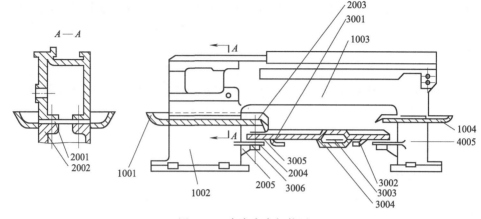

图5.24 车床床身部件图

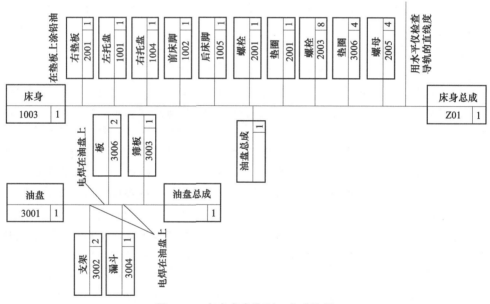

图5.25 车床床身装配工艺系统图

4. 划分装配工序

进行工序设计划分装配工序、进行工序设计的主要任务是：

① 划分装配工序，确定工序内容；

② 确定各工序所需设备及工具，如需专用夹具与设备，须提交设计任务书；

③ 制订各工序装配操作规范，例如过盈配合的压入力、装配温度以及旋紧紧固件的额定扭矩等；

④ 制订各工序装配质量要求与检验方法；

⑤ 确定各工序的时间定额，平衡各工序的装配节拍。

5. 编制装配工艺文件

单件小批生产时，通常只绘制装配工艺系统图，装配时按产品装配图及装配工艺系统图规定的装配顺序进行。

成批生产时，通常还编制部装、总装工艺卡，按工序标明工序工作内容、设备名称、工夹具名称与编号、工人技术等级、时间定额等。

在大批量生产中，不仅要编制装配工艺卡，还要编制装配工序卡，指导工人进行装配工作。此外，还应按产品装配要求，制订检验卡、试验卡等工艺文件。

6. 制订产品检测与试验规范

产品装配完毕后，应按产品图样要求制订检测与试验规范，它包括下列内容：
① 检测和试验的项目及检验质量指标。
② 检测和试验的方法、条件与环境要求。
③ 检测和试验所需工装的选择与设计。
④ 质量问题的分析方法和处理措施。

模块 8　机械产品设计的工艺性评价

任务 1　基础知识

机械产品设计除了应满足产品使用性能外，还应满足制造工艺的要求，否则就有可能影响产品生产效率和产品成本，严重时甚至无法生产。一个工艺性评价低劣的产品，在激烈竞争的市场经济环境中是站不住脚的。一个好的产品设计师必须同时是一个好的工艺师。

机械产品设计的工艺性评价实际就是评价所设计的产品在满足使用要求的前提下，制造、维修的可行性和经济性。这里所说的经济性是一个含义宽广的术语，它应是材料消耗要少、制造劳动要少、生产效率要高和生产成本要低的综合。

对机械产品设计进行工艺性评价须与具体生产条件相联系（如图 5.26 所示），在大批量生产中认为图 5.26（a）所示箱体同轴孔系结构是工艺性好的结构；在单件小批生产中则认为图 5.26（b）所示同轴孔系结构是工艺性好的结构。这是因为在大批大量生产

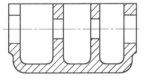
(a) 中间孔小外侧孔大结构

(b) 孔大小台阶结构

图 5.26　箱体同轴孔系结构

中采用专用双面组合镗床加工，此机床可以从箱体两端向中间进给镗孔。采用专用组合镗床，一次性投资虽然很高，但因产量大，分摊到每个零件上的工艺成本并不多，经济上仍是合理的。

机械产品设计的工艺性评价包括毛坯制造工艺性评价、热处理工艺性评价、机械加工工艺性评价、装配工艺性评价，此处只介绍机械加工工艺性评价和装配工艺性评价。

任务 2　工艺性评价

评价机械产品设计的机械加工工艺性可以从以下几个方面进行分析评价：

1. 零件结构要素必须符合标准规定

零件结构要素：螺纹、花键、齿轮、中心孔、空刀槽等的结构和尺寸都应符合国家标准规定。零件结构要素标准化了，不仅可以简化设计工作，而且在产品加工过程中可以使用标准的和通用的工艺装备（刀具、量具等），可以缩短零件的生产准备周期，可以降低生产成

本，产品上市也快。

2. 尽量采用标准件和通用件

设计产品时应尽量选用标准件和通用件，上述两类零件在产品中所占的比例是评定产品设计标准化程度的一个重要指标。采用标准件、通用件，不仅可以简化设计，避免重复的设计工作，而且可以降低产品制造成本，产品上市也快。

3. 在满足产品使用性能的条件下，零件图上标注的尺寸精度等级和表面粗糙度要求应取最经济值

尺寸公差规定过严，表面粗糙度值规定过小，必然会无谓地增加产品制造成本。在对机械产品设计进行机械加工工艺性评价时，必须对主要工作表面的尺寸公差、极限偏差逐一加以校核。在没有特殊要求的情况下，表面粗糙度值应与该表面加工精度等级相对应。

4. 尽量选用切削加工性好的材料

材料的切削加工性是指在一定生产条件下，材料切削加工的难易程度。材料切削加工性评价与加工要求有关，粗加工时要求具有较高的切削效率；精加工时则要求被加工表面能获得较高的加工精度和较小的表面粗糙度。不同金属材料的化学成分、金相组织和物理力学性能各不相同，其切削加工性能亦各异。材料的强度高，切削力大、切削温度高、刀具磨损快，切削加工性差；材料强度相同时，塑性较大的材料，切削力较大、切削温度也较高、易与刀具发生粘接、刀具磨损加剧、表面粗糙度值增大，切削加工性差；在钢材中适当添加磷、硫等元素，可以降低钢的塑性，对提高钢材的切削加工性有利。

5. 有便于装夹的定位基准和夹紧表面

产品设计人员在设计零件图时，应充分考虑零件加工时可能采用的定位基准面和夹紧表面。尽量选用能够进行稳定定位的表面作设计基准。如果零件上没有合适的设计基准、装配基准能作定位基准，应考虑设置辅助基准面。辅助基准面应标注相应的尺寸公差、形位公差和表面粗糙度值。

6. 保证能以较高的生产率加工

（1）被加工表面形状应尽量简单　如图 5.27 所示为两种键槽设计结构，图 5.27（a）所示键槽形状只能用生产率较低的键槽铣刀加工，图 5.27（b）所示结构就能用生产率较高的三面刃铣刀加工。

（2）尽量减少加工面积　图 5.28 所示两种气缸套零件，图 5.28（b）所示结构比图 5.28（a）所示结构加工面积小，工艺性好。图 5.29 所示为箱体零件耳座结构，图 5.29（b）、图 5.29（c）所示结构不但省料而且生产效率高，它的工艺性就优于图 5.29（a）所示结构。

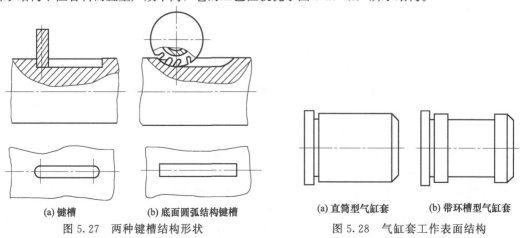

图 5.27　两种键槽结构形状　　　　图 5.28　气缸套工作表面结构

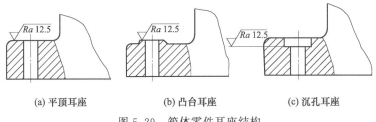

图 5.29 箱体零件耳座结构

（3）尽量减少加工过程的装夹次数　如加工图 5.30 所示零件螺孔，需先攻螺孔 B、C，然后翻身装夹，再钻、攻螺纹孔 A。如果设计允许，宜将螺孔 A 改成图 5.30 左上角的结构。

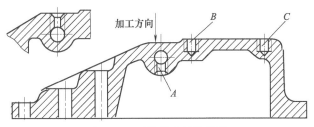

图 5.30　零件螺孔结构设计

（4）尽量减少工作行程次数　如图 5.31 所示零件结构，图 5.31（b）所示平面结构只需一次工作行程、工艺性好。图 5.31（a）所示平面结构需 3 次工作行程才能加工完，工艺性差。

7. 保证刀具正常工作

如图 5.32 所示零件结构，图 5.32（a）所示结构，孔的入口端和出口端都是斜面或曲面，钻孔时钻头两个刀刃受力不均匀，容易引偏，而且钻头也容易损坏，宜改用图 5.32（b）所示结构。图 5.32（c）所示孔结构，入口是平的，但出口都是曲面，宜改用图 5.32（d）所示结构。

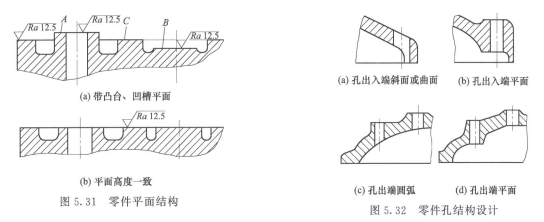

8. 加工时工件应有足够的刚性

加工时，工件要承受切削力和夹紧力的作用，工件刚性不足易发生变形，影响加工精度。如图 5.33 所示两种零件结构，图 5.33（b）所示结构有加强筋，零件刚性好，加工时不易产生变形，其工艺性就比图 5.33（a）所示结构好。

177

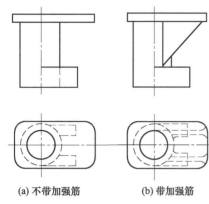

(a) 不带加强筋　　　(b) 带加强筋

图 5.33　增设加强筋提高零件刚性

9. 机械产品设计的装配工艺性评价

评价机械产品设计的装配工艺性可以从以下几个方面进行分析评价。

（1）机器结构应能划分成几个独立的装配单元　机器结构如能被划分成几个独立的装配单元，对生产好处很多，主要是：便于组织平行装配流水作业，可以缩短装配周期；便于组织厂际协作生产，便于组织专业化生产；有利于机器的维护修理和运输。图 5.34 给出了两种传动轴结构，图 5.34（a）所示结构齿轮顶圆直径大于箱体轴承孔孔径，轴上零件须依次逐一装到箱体中去；图 5.34（b）所示结构齿轮顶圆直径小于箱体轴承孔孔径，轴上零件可以在箱体外先组装成一个组件，然后再将其装入箱体中，这就简化了装配过程，缩短了装配周期。

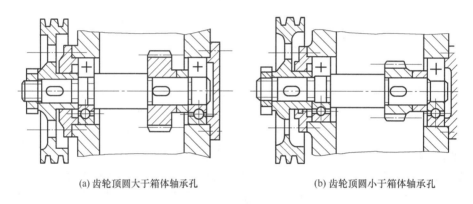

(a) 齿轮顶圆大于箱体轴承孔　　　(b) 齿轮顶圆小于箱体轴承孔

图 5.34　两种传动轴结构

（2）尽量减少装配过程中的修配劳动量和机械加工劳动量　如图 5.35 所示车床主轴箱装配结构，图 5.35（a）所示结构，车床主轴箱以三角形导轨作为装配基准装在床身上，装配时，装配基准面的修刮劳动量大。图 5.35（b）所示结构，车床主轴箱以平导轨、侧导轨作装配基准，装配时，装配基准面的修刮劳动量显著减少，图 5.35（b）就是一种装配工艺性较好的结构。

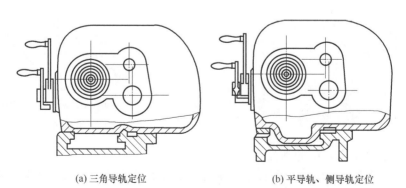

(a) 三角导轨定位　　　(b) 平导轨、侧导轨定位

图 5.35　车床主轴箱与床身的两种不同装配结构形式

在机器设计中,采用调整法装配代替修配法装配可以从根本上减少修配工作量。如图 5.36 所示给出了两种车床溜板箱后压板装配结构,图 5.36(a)所示结构用修刮压板装配面的方法来保证溜板箱后压板和床身下导轨之间具有规定的装配间隙;图 5.36(b)所示结构则是用调整法来保证溜板箱后压板和床身下导轨间具有规定的装配间隙,图 5.36(b)所示结构比图 5.36(a)所示结构的装配工艺性好。

机器装配过程中要尽量减少机械加工量。装配中安排机械加工不仅会延长装配周期,而且机械加工所产生的切屑如清除不净,往往会加剧机器磨损。如图 5.37 所示两种轴润滑结构,图 5.37(a)所示结构在轴套装到箱体上后需配钻油孔,在装配工作中增加了机械加工工作量;图 5.37(b)所示结构改在轴套上预先加工油孔,装配工艺性就好。

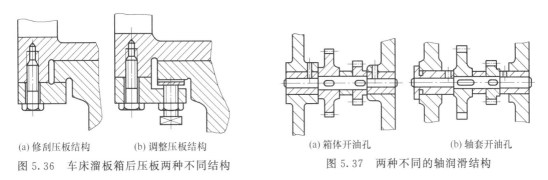

(a) 修刮压板结构　　(b) 调整压板结构　　　　　(a) 箱体开油孔　　　　(b) 轴套开油孔

图 5.36　车床溜板箱后压板两种不同结构　　　　图 5.37　两种不同的轴润滑结构

(3) 机器结构应便于装配和拆卸　图 5.38 给出了轴承座组件装配的两种不同设计方案。图 5.38(a)所示结构装配时,轴承座 2 两段外圆表面同时装入壳体零件 1 的配合孔中,既不好观察,也不易同时对准;图 5.38(b)所示结构,装配时先让轴承座 2 的前端装入壳体 1 配合孔中 3mm 后,轴承座 2 后端外圆才开始进入壳体 1 配合孔中,容易装配。

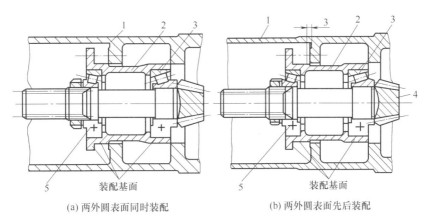

(a) 两外圆表面同时装配　　　　(b) 两外圆表面先后装配

图 5.38　轴承座组件装配基面的两种设计方案
1—壳体；2—轴承座；3—轴承；4—齿轮轴；5—轴承

图 5.39 给出了轴承外圈装在轴承座内和轴承内圈装在轴颈上的两种结构方案。图 5.39(a)所示结构轴承座台肩内径等于或小于轴承外圈内径,而轴承内圈外径又等于或小于轴肩直径,轴承内外圈均无法拆卸,装配工艺性差。图 5.39(b)所示结构,轴承座台肩内径大于轴承外圈的内径,轴颈轴肩直径小于轴承内圈外径,拆卸轴承内、外圈都十分方便,装配工艺性好。

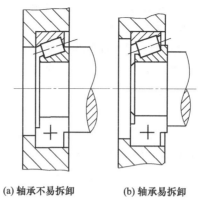

(a) 轴承不易拆卸　　(b) 轴承易拆卸

图 5.39　轴承外圈装配的两种设计方案

5.1　什么是生产过程？什么是工艺过程？
5.2　什么是工序、工步和工作行程？
5.3　什么是工件的装夹？什么是工位？
5.4　获得零件形状精度的方法有哪几种？获得零件尺寸精度的方法有哪几种？
5.5　什么是机械加工工艺规程？机械加工工艺规程的设计原则是什么？
5.6　毛坯的种类有哪几种？如何选择毛坯的种类？选择毛坯时应考虑的因素有哪些？
5.7　绘制毛坯-零件综合图的具体方法是什么？
5.8　机械加工工艺规程设计的内容及步骤是什么？
5.9　什么叫基准？粗基准和精基准的选择原则各有哪些？
5.10　零件加工表面加工方法的选择应遵循哪些原则？
5.11　在制订加工工艺规程中，为什么要划分加工阶段？

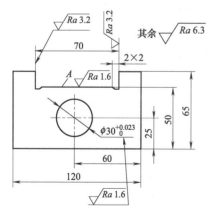

图 5.40　习题 5.14 附图

5.12　什么叫工序集中？什么叫工序分散？什么情况下采用工序集中？什么情况下采用工序分散？

5.13　切削加工顺序安排的原则有哪些？

5.14　如图 5.40 所示零件，单件小批生产时其机械加工工艺过程如下所述，试分析其工艺过程的组成（包括工序、工步、走刀、装夹）。

在刨床上分别刨削六个表面，达到图样要求；粗刨导轨面 A，分两次切削；精刨导轨面 A；钻孔；铰孔；去毛刺。

5.15　图 5.41 所示盘状零件，毛坯为铸件，其机械加工工艺过程有如下两种方案，试分析每种方案工艺过程的组成。

（1）在车床上粗车及精车端面 C；粗车及精车 $\phi 60^{+0.074}_{0}$ 孔；内孔倒角；粗车及半精车 $\phi 200$ 外圆。调头，粗车、精车端面 A、车 $\phi 96$ 外圆及端面 B，内孔倒角。在插床上插键槽。画线，在钻床上按划线钻 6 个 $\phi 20$ 孔。钳工去毛刺。

（2）在车床上粗、精车一批零件的端面 C，并粗、精车 $\phi 60^{+0.074}_{0}$ 孔，内孔倒角。然后将工件安装在可胀心轴上，粗、半精车这批零件的 $\phi 200$ 外圆，并车 $\phi 96$ 外圆及端面 B，粗、精车端面 A，内孔倒角。在拉床上拉链槽。在钻床上用钻模钻出 6 个 $\phi 20$ 孔。钳工去毛刺。

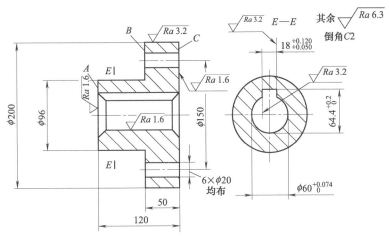

图 5.41 习题 5.15 附图

5.16 什么叫加工余量？影响加工余量的因素有哪些？

5.17 什么叫尺寸链、封闭环、增环、减环？如何判断尺寸链的封闭环、增环、减环？

5.18 如图 5.42 所示轴套零件的轴向尺寸，其外圆、内孔及端面均已加工。试求：当以 B 面定位钻直径为 $\phi 10mm$ 孔时，25 ± 0.1 为自然形成尺寸，求工序尺寸 A_1 及其偏差。（要求画出尺寸链图）

5.19 加工如图 5.43 所示一轴及其键槽，图纸要求轴径为 $\phi 30^{0}_{-0.032}$，键槽深度尺寸为 $\phi 26^{0}_{-0.2}$，有关的加工过程如下：

（1）半精车外圆至 $\phi 30.6^{0}_{-0.1}$；

（2）铣键槽至尺寸 A_1；

（3）热处理；

（4）磨外圆至 $\phi 30^{0}_{-0.032}$，加工完毕。

求工序尺寸 A_1。

5.20 什么叫时间定额？时间定额包括哪些方面？举例说明各方面的含意。

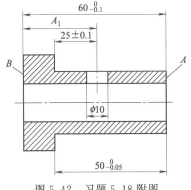

图 5.42 习题 5.18 附图

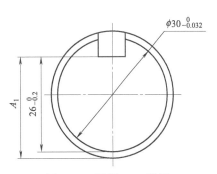

图 5.43 习题 5.19 附图

5.21 什么叫工艺成本？工艺成本有哪些组成部分？如何对不同工艺方案进行技术经济分析？

5.22 机械加工工艺过程卡片和机械加工工序卡片各包含哪些内容？如何填写？

5.23 什么叫装配？装配的基本内容有哪些？

5.24 什么叫装配精度？它与加工精度的关系如何？

5.25 装配尺寸链共有几种？有何特点？

5.26 装配尺寸链的建立通常分为几步？需注意哪些问题？

5.27 保证装配精度的工艺方法有哪些？各有何特点？

5.28 装配的组织形式有几种？各有何特点？

5.29 装配工艺规程的制订大致有哪几个步骤？有何要求？

5.30 从哪几个方面评价机械产品设计的机械加工工艺性？

5.31 从哪几个方面评价机械产品设计的装配工艺性？

项目 6

机械加工质量

> **导 读**
>
> 产品的制造质量主要是指产品的制造与设计相符合的程度。机械产品是由许多互相关联零件装配而成的。因此,机械产品的质量将取决于零件的加工和装配质量。
>
> 零件的加工质量是保证产品制造质量的基础。为了满足和保证机械产品的性能要求和使用寿命,必须对零件的加工质量提出合适的要求,并给予控制。零件的加工质量是指零件的加工精度和表面质量两部分。
>
> 本项目是在学习刀具、机床、夹具、工艺基础上,重点学习两个方面内容,一是机械加工精度,二是机械加工表面质量。
>
> 通过本项目的学习,学生能够初步理解和掌握原始误差对加工精度的影响、保证零件加工精度的措施,及影响表面质量的工艺因素、提高表面质量的措施,达到具备一定的质量分析与解决机械加工过程中实际问题的能力。
>
> 本项目内容是机械制造工艺主要研究问题之一,学习过程中应理论联系实际,逐步摸索提高。

模块 1 机械加工精度

本模块学习的主要内容有工艺系统各环节存在的各种原始误差、各种原始误差对加工精度的影响以及保证零件加工精度的措施。其中原始误差对加工精度的影响及保证零件加工精度的措施是重点内容。

任务 1 基础知识

1. 加工精度与加工误差

所谓加工精度是指零件加工后的实际几何参数(尺寸、形状和位置)与理想几何参数的符合程度。实际值愈接近理想值,加工精度就愈高。实际加工不可能把零件做得与理想零件完全一致,总会有大小不同的偏差,零件加工后的实际几何参数对理想几何参数的偏离程度,称为加工误差。从保证产品的使用性能和降低生产成本考虑,没有必要把每个零件都加工得绝对精确,而只要求满足规定的公差要求即可,制造者的任务就是要使加工误差小于规定的公差。

有关加工精度与加工误差的理解,应注意以下几个方面内容:

(1)"理想几何参数"的正确含义 对于尺寸,是图样规定尺寸的平均值,如 $\phi 40^{+0.2}_{+0.1}$ mm

的理想尺寸就是 $\phi 40.15$mm；对于形状和位置，则是绝对正确的形状和位置，如绝对的圆和绝对的平行等等。

（2）加工精度 是由零件图样或工艺文件以公差给定的，而加工误差则是零件加工后的实际测得的偏离值 Δ。一般情况下，当 $\Delta < T$ 时，就保证了加工精度。一批零件的加工误差是指一批零件加工后，其几何参数的分散范围。

（3）零件三个方面的几何参数 是加工精度和加工误差的三个方面的内容。即加工精度（误差）包括尺寸精度（误差）、形状精度（误差）和位置精度（误差）。加工精度内容的三个方面是既有区别又有联系，在精密加工中，形状精度往往占主导地位，因为没有一定的形状精度，也就谈不上尺寸精度和位置精度。

2. 加工经济精度

由于在加工过程中有很多因素影响加工精度，所以同一种加工方法在不同的工作条件下所能达到的精度是不同的。任何一种加工方法，只要精心操作，细心调整，并选用合适的切削参数进行加工，都能使加工精度得到较大的提高，但这样做会降低生产率，增加加工成本。

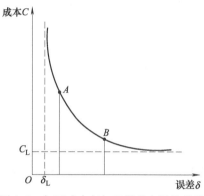

图 6.1 加工成本与加工误差之间的关系

加工成本和加工误差的关系如图 6.1 所示，加工误差 δ 与加工成本 C 成反比关系。用同一种加工方法，如欲获得较高的精度（即加工误差较小），成本就要提高；反之亦然。但上述关系只是在一定范围内才比较明显，如图 6.1 中 AB 段。而 A 点左侧之曲线几乎与纵坐标平行，这时即使很细心地操作，很精心地调整，成本提高了很多，但精度提高得却很少乃至不能提高。相反，B 点右侧曲线几乎与横坐标平行，它表明用某种加工方法去加工工件时，即使工件精度要求很低，但加工成本并不因此无限制地降低，而必须耗费一定的最低成本。一般所说的加工经济精度指的是，在正常加工条件下（采用符合质量标准的设备、工艺装备和标准技术等级的工人，不延长加工时间）所能保证的加工精度。

某种加工方法的加工经济精度不应理解为某一个确定值，而应理解为一个范围（如图 6.1 中的 AB 范围），在这个范围内都可以说是经济的。当然，加工方法的经济精度并不是固定不变的，随着工艺技术的发展，设备及工艺装备的改进，以及生产的科学管理水平的不断提高等，各种加工方法的加工经济精度等级范围亦将随之不断提高。

任务 2 误差

1. 原始误差

由机床、夹具、刀具和工件组成的机械加工工艺系统（简称工艺系统）会有各种各样的误差产生，这些误差在各种不同的具体工作条件下都会以各种不同的方式（或扩大、或缩小）反映为工件的加工误差。工艺系统的误差是"因"，是根源；工件的加工误差是"果"，是表现；因此，我们把工艺系统的误差称为原始误差。原始误差主要有工艺系统的几何误差、定位误差、工艺系统的受力变形引起的加工误差、工艺系统的受热变形引起的加工误差、工件内应力重新分布引起的变形以及原理误差、调整误差、测量误差等。原始误差使工艺系统各组成部分之间的位置关系或速度关系，偏离了正确相对位置或速度，致使加工后的工件产生了加工误差。

一般将工艺系统的原始误差划分为工艺系统静误差和工艺系统动误差,机床、夹具和刀具的误差,是在无切削负荷的情况下检验的,故将它们划分为工艺系统静误差;工艺系统受力变形、热变形和刀具磨损,是在有负荷情况下产生的,故将它们划分为工艺系统动误差。如果按加工工作进程划分,工艺系统的原始误差又可分为加工前就存在的、加工进行中产生的和加工后才出现的三类。上述分类归纳如下:

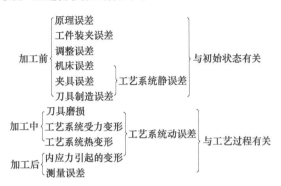

2. 误差敏感方向的概念

工艺系统的原始误差在工件与刀刃间的相对位置改变时引起了加工误差。加工误差的大小,则决定于原始误差的大小和方向。

以在卧式车床上车削外圆为例,当存在着某种原始误差,使车刀在水平方向(即加工表面的法线方向)偏离正确位置 δ_y 时,在工件直径上产生的加工误差为(如图 6.2 所示):

$$\delta_D = 2\Delta R = 2\delta_y \qquad (6-1)$$

而当车刀在垂直方向(即加工表面的切线方向)偏离正确位置 δ_z 时,工件直径上产生的加工误差应是(如图 6.2 所示):

$$\delta_D = 2\Delta R \approx \frac{\delta_z^2}{R} \qquad (6-2)$$

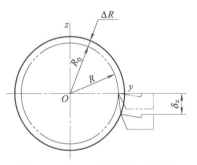

图 6.2 由 δ_z 引起的加工误差

由于 δ_z 很小,且 $\delta_z \ll R_0$,所以由 δ_z 引起的直径上的加工误差可以忽略不计。

由此可见,原始误差所引起的切削刃与工件间的相对位移,如果产生在加工表面的法线方向,则对加工误差有直接的影响;如果产生在加工表面的切线方向上,就可以忽略不计。

误差敏感方向是指原始误差对加工误差影响的最大方向,即加工表面的法线方向。这一概念在分析加工误差时经常用到。为了方便起见,在无特殊说明的情况下,使工艺系统的坐标系与切削力的坐标系统一,即加工表面的法向定为 y 向,切向定为 z 向,故 y 向为误差敏感方向,z 向则为误差非敏感方向。

模块 2 影响加工精度的因素及其分析

任务 1 工艺系统几何误差

1. 机床的几何误差

加工中刀具相对于工件的成形运动一般都是通过机床完成的,因此,工件的加工精度在很大程度上取决于机床的精度。机床制造误差对工件加工精度影响较大的有主轴回转误差、导轨误差和传动链误差。机床的磨损将使机床工作精度下降。

(1) 主轴回转误差　机床主轴是装夹工件或刀具的基准，并将运动和动力传给工件或刀具，主轴回转误差将直接影响被加工工件的精度。

主轴回转误差是指主轴各瞬间的实际回转轴线相对其平均回转轴线的变动量。它可分解为径向圆跳动、轴向窜动和角度摆动三种基本形式。主轴回转误差在实际中多表现为漂移。所谓漂移是指主轴回转轴线在每一转内的每一瞬时的变动方位和变动量都是变化的一种现象。

产生主轴径向回转误差的主要原因有：主轴几段轴颈的同轴度误差、轴承本身的各种误差、轴承之间的同轴度误差、主轴挠度等。但它们对主轴径向回转精度的影响大小随加工方式的不同而不同。譬如，在采用滑动轴承结构为主轴的车床上车削外圆时，切削力 F 的作用方向可认为大体上是不变的[如图 6.3（a）所示]，在切削力 F 的作用下，主轴颈以不同的部位和轴承内径的某一固定部位相接触，此时主轴颈的圆度误差对主轴径向回转精度影响较大，而轴承内径的圆度误差对主轴径向回转精度则影响不大；在镗床上镗孔时，由于切削力 F 的作用方向随着主轴的回转而回转[如图 6.3（b）所示]，在切削力 F 的作用下，主轴总是以其轴颈某一固定部位与轴承内表面的不同部位接触，因此，轴承内表面的圆度误差对主轴径向回转精度影响较大，而主轴颈圆度误差的影响则不大。图 6.3 中的 δ_d 表示径向跳动量。

产生轴向窜动的主要原因是主轴轴肩端面和轴承承载端面对主轴回转轴线有垂直度误差。

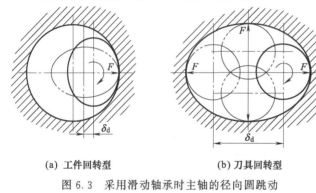

(a) 工件回转型　　　　(b) 刀具回转型

图 6.3　采用滑动轴承时主轴的径向圆跳动

不同的加工方法，主轴回转误差所引起的加工误差也不同（如表 6.1 所示）。在车床上加工外圆或内孔时，主轴径向回转误差可以引起工件的圆度和圆柱度误差，但对加工工件端面则无直接影响。主轴轴向窜动误差对加工工件外圆或内孔的圆度和圆柱度误差影响不大，但对所加工端面的垂直度及平面度则有较大的影响。在车螺纹时，主轴轴向窜动误差可使被加工螺纹的导程产生周期性误差。

表 6.1　机床主轴回转误差产生的加工误差

主轴回转误差的基本形式	车床上车削			镗床上镗削	
	内、外圆	端面	螺纹	孔	端面
径向圆跳动	近似真圆（理论上为心脏线型）	无影响	螺距误差	椭圆孔（每转跳动一次时）	无影响
纯轴向窜动	无影响	平面度、垂直度（端面凸轮形）		无影响	平面度垂直度
纯角度摆动	近似圆柱（理论上为锥形）	影响极小		椭圆柱孔（每转摆动一次时）	平面度（马鞍形）

适当提高主轴及箱体的制造精度、选用高精度的轴承、提高主轴部件的装配精度、对高速主轴部件进行动平衡、对滚动轴承进行预紧等，均可提高机床主轴的回转精度。在生产实

际中，从工艺方面采取转移主轴回转误差的措施，消除主轴回转误差对加工精度的影响，也是十分有效的。例如，在外圆磨床上用两端顶尖定位工件磨削外圆、在内圆磨床上用V形块装夹磨主轴锥孔、在卧式镗床上采用镗模和镗杆镗孔等等。

（2）导轨误差　导轨是机床上确定各机床部件相对位置关系的基准，也是机床运动的基准。车床导轨的精度要求主要有以下三个方面：在水平面内的直线度；在垂直面内的直线度；前后导轨的平行度（扭曲）。

卧式车床导轨在水平面内的直线度误差 Δ_1（如图 6.4 所示）将直接反映在被加工工件表面的法线方向（加工误差的敏感方向）上，对加工精度的影响最大。

卧式车床导轨在垂直面内的直线度误差 Δ_2（如图 6.4 所示）可引起被加工工件的形状误差和尺寸误差。但 Δ_2 对加工精度的影响要比 Δ_1 小得多。由图 6.5 可见，若因 Δ_2 而使刀尖由 a 下降至 b，不难推得工件半径 R 的变化 $\Delta R \approx \Delta_2^2/D$。若设 $\Delta_2=0.1\mathrm{mm}$，$D=40\mathrm{mm}$，则 $\Delta R=0.00025\mathrm{mm}$。由此可知，卧式车床导轨在垂直面内的直线度误差对工件加工精度的影响很小，可忽略不计。

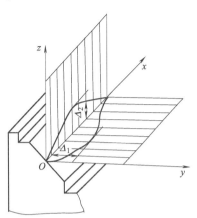

图 6.4　卧式车床导轨在水平、垂直平面内的直线度误差

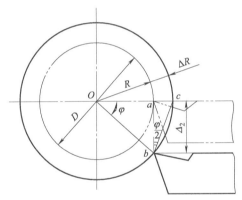

图 6.5　普通车床导轨垂直面内直线度误差对工件加工精度的影响

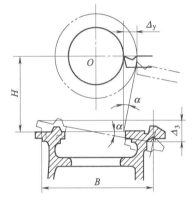

图 6.6　普通车床导轨扭曲对工件加工精度的影响

当前后导轨存在平行度误差（扭曲）时，刀架运动时会产生摆动，刀尖的运动轨迹是一条空间曲线，使工件产生形状误差。由图 6.6 可见，当前后导轨有了扭曲误差 Δ_3 之后，由几何关系可求得 $\Delta_y \approx (H/B)\Delta_3$。一般车床的 $H/B \approx 2/3$，车床前后导轨的平行度误差对加工精度的影响很大。

除了导轨本身的制造误差外，导轨的不均匀磨损和安装质量，也是造成导轨误差的重要因素。例如，某卧式车床前导轨工作 9 个月后（两班制工作），导轨磨损量可达 0.03mm。对于重型机床，由于安装不当，因机床自重而下沉的位移量有时可达 2～3mm。

导轨磨损是机床精度下降的主要原因之一。可采用耐磨合金铸铁、镶钢导轨、贴塑导轨、滚动导轨、导轨表面淬火等措施提高导轨的耐磨性。

（3）传动链误差　传动链误差是指传动链始末两端传动元件间相对运动的误差。一般用传动链末端元件的转角误差来衡量。有些加工方式（如车、磨、铣螺纹，滚、插、磨齿轮等），要求机床传动链能保证刀具与工件之间具有准确的速比关系，机床传动链误差是影响这类表面加工精度的主要误差来源之一。

如图 6.7 所示为一台精密滚齿机的传动系统图，被加工齿轮装夹在工作台上，它与蜗轮同轴回转。由于传动链中各传动件不可能制造及安装得绝对准确，每个传动件的误差都将通过传动链影响被切齿轮的加工精度。由于各传动件在传动链中所处的位置不同，它们对工件加工精度的影响程度当然是不同的。

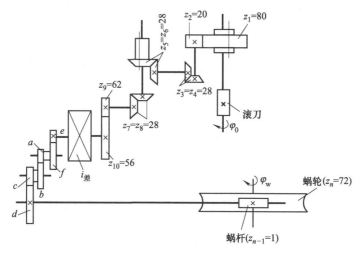

图 6.7 滚齿机传动系统图

设滚刀轴均匀旋转，若齿轮 z_1 有转角误差 $\Delta\varphi_1$，而其他各传动件假定无误差，则由 $\Delta\varphi_1$ 产生的工件转角误差 $\Delta\varphi_{ln}$ 为：

$$\Delta\varphi_{ln} = \Delta\varphi_1 \times \frac{80}{20} \times \frac{28}{28} \times \frac{28}{28} \times \frac{28}{28} \times \frac{42}{56} \times i_{差} \times \frac{e}{f} \times \frac{a}{b} \times \frac{c}{d} \times \frac{1}{72} = K_1 \Delta\varphi_1$$

式中，$i_{差}$ 为差动轮系的传动比，K_1 为 z_1 到工作台的传动比，K_1 反映了齿轮 z_1 的转角误差对终端工作台传动精度的影响程度，称为传递系数。同理，若第 j 个传动元件有转角误差 $\Delta\varphi_j$，则该转角误差通过相应的传动链传递到工作台上的转角误差为：

$$\Delta\varphi_{jn} = K_j \Delta\varphi_j$$

式中，K_j 为第 j 个传动件的误差传递系数。

由于所有的传动件都可能存在误差，因此，各传动件对工件精度影响的总和 $\Delta\varphi_\Sigma$ 为：

$$\Delta\varphi_\Sigma = \sum_{j=1}^{n} \Delta\varphi_{jn} = \sum_{j=1}^{n} K_j \Delta\varphi_j \tag{6-3}$$

由式（6-3）可知，为了提高传动链的传动精度，可采取如下的措施：

① 尽可能缩短传动链，减少误差源数 n。

② 尽可能采用降速传动，因为升速传动时 $K_j > 1$，传动误差被扩大，降速传动时 $K_j < 1$，传动误差被缩小；尽可能使末端传动副采用大的降速比（K_j 值小），因为末端传动副的降速比愈大，其他传动元件的误差对被加工工件的影响愈小；末端传动元件的误差传递系数等于 1，它的误差将直接反映到工件上，因此末端传动元件应尽可能地制造得精确些。

③ 提高传动元件的制造精度和装夹精度，以减小误差源 $\Delta\varphi_j$，并尽可能地提高传动链中升速传动元件的精度。此外，还可以采用传动误差补偿装置来提高传动链的传动精度。

2. 刀具的几何误差

刀具误差对加工精度的影响随刀具种类的不同而不同。

(1) 定尺寸刀具 如钻头、铰刀、镗刀块、孔拉刀、丝锥、板牙、键槽铣刀等，它们的尺寸和形状误差将直接影响工件的尺寸和形状精度。定尺寸刀具两侧切削刃刃磨不对称，或安装有几何偏心时，还可能引起加工表面的尺寸扩张（又称正扩切）。

这类刀具的耐用度是较高的，在加工批量不大时的磨损量很小，故其磨损对加工精度的影响可以忽略不计。但是，在加工余量过小或工件壁厚较薄的情况下，用磨钝了的刀具加工后，工件的加工表面会发生收缩现象（负扩切）。对于钝化的钻头还会使被加工孔的轴线偏斜和孔径扩张。

(2) 成形刀具 如成形车刀、成形铣刀、模数铣刀等，它们的形状误差将直接决定工件的形状精度。这类刀具的寿命亦较长，在加工批量不大时的磨损量亦很小，对加工精度的影响也可忽略不计。成形刀具的安装误差所引起的工件形状误差是不可忽视的。如成形车刀安装高于或低于加工中心时，就会产生较大的工件形状误差。

(3) 展成刀具 如齿轮滚动、插齿刀、花键滚刀等，它们切削刃的形状及有关尺寸，以及其安装、调整不正确，同样会影响加工表面的形状精度。这类刀具在加工批量不大时的磨损量也很小，可以忽略不计。

(4) 一般刀具 如普通车刀、单刃镗刀、面铣刀、刨刀等，它们的制造误差对工件的加工精度没有直接的影响。这是因为，加工表面的形状主要是由机床运动精度来保证的，加工表面的尺寸主要是由调整决定的。

对于普通圆柱铣刀和立铣刀的切削刃形状误差，它对工件的形状精度是有一定影响的。但是，这些刀具制造时较容易保证其刃形精度，故其对加工精度的影响往往可忽略不计。

由于一般刀具的耐用度低，在一次调整加工中的磨损量较显著，特别是在加工大型工件，加工持续时间长的情况下更为严重。因此，它对工件的尺寸及形状精度的影响是不可忽视的。例如，车削大直径的长轴、镗深孔和刨削大平面时，将产生较大的锥度和位置误差。

在用调整法车削短小的轴件时，车刀的磨损，对一个工件来说其影响可以忽略不计。但是，对一批工件来说，工件的直径将逐件增大，使整批工件的尺寸分散范围增大。

精细车和精细镗时，由于进给量很小，刀具磨损对加工精度的影响就更大。这种情况下，必须采用长寿命的刀具，如金刚石刀具等。

任何刀具在切削过程中，都不可避免地要产生磨损，并由此引起工件尺寸和形状的改变。刀具的尺寸磨损量 μ 是在被加工表面的法线方向上测量的。刀具的尺寸磨损量 μ 与切削路程 L 的关系如图 6.8 所示。在切削初期（$L<L_0$），刀具磨损较剧烈，这段时间的刀具磨损量称为初期磨损 μ_0；进入正常磨损阶段后（$L_0<L<L'$），磨损量与切削路程成正比，其斜率 K_μ 称为单位磨损（相对磨损），单位磨损 K_μ 表示每切削 1000m 路程刀具的尺寸磨损量，单位为 $\mu m/km$；当切削路程 $L>L'$ 时，磨损急剧增加，这时应停止切削。

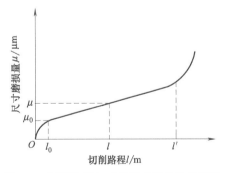

图 6.8 切削路程与刀具尺寸磨损量关系图

刀具的尺寸磨损量可用下式计算：

$$\mu = \mu_0 + \frac{K_\mu(l-l_0)}{1000} \approx \mu_0 + \frac{K_\mu l}{1000} \qquad (6\text{-}4)$$

式中，μ_0 及 K_μ 可由表 6.2 查得。

表 6.2 精车时刀具的初始磨损量 μ_0 和单位磨损量 K_μ

工件材料	刀具材料	切削用量			初始磨损量 $\mu_0/\mu m$	单位磨损量 $K_\mu/(\mu m/km)$
		背吃刀量 a_p/mm	进给量 f/(mm/r)	切削速度 v/(m/s)		
45 钢	YT60,YT30	0.3	0.1	7.75～8.08	3～4	2.5～2.8
	YT15	<2	<0.3	<1.67～3.33	4～12	8
灰铸钢 (187HBS)	YG4	0.5	0.2	1.5	3	8.5
	YG6				5	13
					5	19
	YG8		0.1	1.67	4	13
				2	5	18
				2.33	6	35
合金钢 $\sigma_b=920$MPa	YT60,YT30	0.5	0.21	2.25	2	2.0～3.5
	YT15				4	8.5
	YG3				5	9.5
	YG4				6	30

正确地选用刀具材料和选用新型耐磨的刀具材料，合理地选用刀具几何参数和切削用量，正确地刃磨刀具，正确地采用冷却润滑液等，均可有效地减少刀具的尺寸磨损。必要时还可采用补偿装置对刀具尺寸磨损进行自动补偿。

3. 夹具的几何误差

夹具的作用是使工件相对于刀具和机床具有正确的位置，因此夹具的制造误差对工件的加工精度（特别是位置精度）有很大影响。如图 6.9 所示的钻床夹具中，钻套轴心线 f 至夹具定位平面 c 间的距离误差，影响工件孔 a 至底面 B 的尺寸 L 的精度；钻套轴心线 f 与夹具定位平面 c 间的平行度误差，影响工件孔轴心线 a 与底面 B 的平行度；夹具定位平面 c 与夹具体底面 d 的垂直度误差，影响工件孔轴心线 a 与底面 B 间的尺寸精度和平行度；钻套孔的直径误差亦将影响工件孔 a 至底面 B 的尺寸精度和平行度。

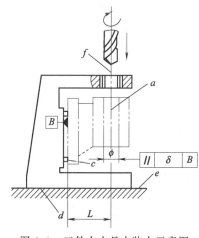

图 6.9 工件在夹具中装夹示意图

夹具磨损将使夹具的误差增大，从而使工件的加工误差也相应增大。为了保证工件的加工精度，除了严格保证夹具的制造精度外，必须注意提高夹具易磨损件（如钻套、定位销等）的耐磨性。当磨损到一定限度后须及时予以更换。

夹具设计时，凡影响工件精度的有关技术要求必须给出严格的公差。精加工用夹具一般取工件上相应尺寸公差的 (1/2)～(1/3)；粗加工用夹具一般取工件上相应尺寸公差的 (1/5)～(1/10)。

任务 2 调整误差

以活塞加工为例，就存在着许多工艺系统的调整问题。

（1）机床的调整　在磨削裙部的椭圆外圆时，每更换一种活塞型号，就要按照椭圆度的数值对主轴上的偏心盘进行调整，以获得准确的工件长短轴的摆动量。另外，还要按照裙部的锥度，调整工作台在水平面内的角度。

（2）夹具的调整　在磨削裙部的椭圆外圆时，还要调整连接在主轴端部的定位圆盘的角度方位，使圆盘上带动活塞销座的拨杆处于准确的位置，加工出的椭圆短轴刚好通过活塞销孔的轴线。

（3）刀具的调整　在半精车和精车环槽时，由于各个环槽的深度不一样，就要求用专用样件，把一组切槽刀调整到准确的伸长量。在采用多刀切削止口时，同样要求把刀具调整到准确的相互位置。其他如在镗销孔、车顶面等工序中，都需要把刀具调整到准确的位置。

总之，在机械加工的每一个工序中，总是要进行这样或那样的调整工作。由于调整不可能绝对的准确，也就带来了一项原始误差，即调整误差。

不同的调整方式，有不同的误差来源。

1. 试切法调整

试切法调整广泛用在单件、小批生产中。这种调整方式产生调整误差的来源有 3 个方面：

（1）度量误差　量具本身的误差和使用条件下的误差（如温度影响、使用者的细致程度）掺入到测量所得的读数之中，在无形中扩大了加工误差。

（2）加工余量的影响　在切削加工中，切削刃所能切掉的最小切屑厚度是有一定限度的，锐利的切削刃可达 $5\mu m$，已钝化的切削刃只能达到 $20 \sim 50\mu m$，切屑厚度再小时切削刃就"咬"不住金属而打滑，只起挤压作用（如图 6.10 所示）。在精加工场合下，试切的最后一刀，总是很薄的。这时如果认为试切尺寸已经合格，就合上纵向走刀机构切削下去，则新切到部分的切深比已试切的部分来得大，切削刃不打滑，就要多切下一点，因此最后所得的工件尺寸要比试切部分的尺寸小些（镗孔时则相反）[如图 6.10（a）所示]。粗加工试切时情况刚好相反。由于粗加工的余量比试切层大得多，受力变形也大得多，因此粗加工所得的尺寸要比试切部分的尺寸大些[如图 6.10（b）所示]。

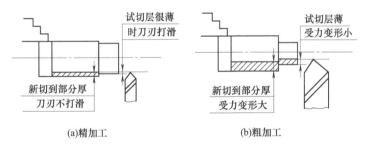

图 6.10　试切法调整

（3）微进给误差　在试切最后一刀时，总是要调整一下车刀（或砂轮）的径向进给量。这时常会出现进给机构的"爬行"现象，结果刀具的实际径向移动比手轮上转动的刻度数要偏大或偏小些，以致难于控制尺寸的精度，造成了加工误差。爬行现象是在极低的进给速度下才产生的，因此常常采用了两种措施。一种是在微量进给以前先退出刀具，然后再快速引进刀具到新的手轮刻度值，中间不加停顿，使进给机构滑动面间不产生摩擦；另一种是轻轻敲击手轮，用振动消除静摩擦。这时调整误差就取决于操作者的操作水平。

2. 按定程机构调整

在大批大量生产中广泛应用行程挡块、靠模、凸轮等机构保证加工精度。这时候，这些机构的制造精度和调整,以及与它们配合使用的离合器、电气开关、控制阀等的灵敏度就成了影响误差的主要因素。

3. 按样件或样板调整

在大批大量生产中用多刀加工时,常用专门样件来调整切削刃间的相对位置。如活塞环槽半精车和精车时就是如此。当工件形状复杂,尺寸和重量都比较大的时候,利用样件进行调整就太笨重,且不经济,这时可以采用样板对刀。例如,在龙门刨床上刨削加工床身导轨时,就可安装一块轮廓和导轨横截面相同的样板来对刀。在一些铣床夹具上,也常装有对刀块,供铣刀对刀之用。这时候,样板本身的误差(包括制造误差和安装误差)和对刀误差就成了调整误差的主要因素。

任务3 工艺系统受力变形引起的误差

1. 基本概念

机械加工工艺系统在切削力、夹紧力、惯性力、重力、传动力等的作用下,会产生相应的变形,从而破坏了刀具和工件之间的正确的相对位置,使工件的加工精度下降。例如,在车细长轴时(如图6.11所示),工件在切削力的作用下会发生变形,使加工出的轴出现中间粗两头细的情况;又如在内圆磨床上进行切入式磨孔时(如图6.12所示),由于内圆磨头轴比较细,磨削时因磨头轴受力变形,而使工件孔呈锥形。

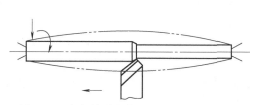

图6.11 车长轴受力变形对工件精度的影响

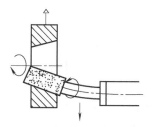

图6.12 磨内孔受力变形对工件精度的影响

垂直作用于工件加工表面(加工误差敏感方向)的径向切削分力 F_p 与工艺系统在该方向上的变形 y 之间的比值,称为工艺系统刚度 $K_{系}$。

$$K_{系} = F_p/y \quad (6\text{-}5)$$

式(6-5)中的变形 y 不只是由径向切削分力 F_p 所引起,垂直切削分力 F_c 与进给方向切削分力 F_f 也会使工艺系统在 y 方向产生变形,故

$$y = y_{F_p} + y_{F_c} + y_{F_f} \quad (6\text{-}6)$$

上式中的 y_{F_c} 和 y_{F_f} 有可能与 y_{F_p} 同向,也可能与 y_{F_p} 反向,所以就有可能出现 $y>0$、$y=0$ 或 $y<0$ 三种情况。如图6.13所示实例中,刀架系统在 F_p 力作用下引起的同向变形为 y_{F_p}[如图6.13(b)所示],而在 F_c 力作用下引起的变形 y_{F_c}[如图6.13(a)所示]则与 y_{F_p} 方向相反。如果 $(y_{F_p}-y_{F_c})<0$,就将出现 $y<0$ 的情况,此时车刀刃尖将扎入工件外圆表面。

2. 工件刚度

工艺系统中如果工件刚度相对于机床、刀具、夹具来说比较低,在切削力的作用下,工件由于刚性不足而引起的变形对加工精度的影响就比较大,其最大变形量可按材料力学有关公式估算。

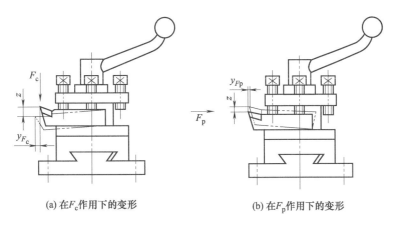

(a) 在 F_c 作用下的变形　　　　(b) 在 F_p 作用下的变形

图 6.13　车削加工中的 y_{F_c} 与 y_{F_p}

3. 刀具刚度

外圆车刀在加工表面法线（y）方向上的刚度很大，其变形可以忽略不计。镗直径较小的内孔，刀杆刚度很差，刀杆受力变形对孔加工精度就有很大影响。刀杆变形也可按材料力学有关公式估算。

因夹具一般总是固定在机床上使用的，故夹具可视为机床的一部分，一般情况下它的刚度不作单独讨论。

4. 机床部件刚度

（1）机床部件刚度　机床部件由许多零件组成，机床部件刚度迄今尚无合适的简易计算方法，目前主要还是用实验方法来测定机床部件刚度，如图 6.14 所示静测定法。在车床两顶尖间装一根刚性很好的心轴 1，在刀架上装上一个螺旋加力器 5，在加力器与心轴之间装一测力环 4。当转动加力器的加力螺钉时，刀架与心轴之间便产生了作用力，力的大小由事先经过标定的测力环 4 中的千分表读出。作用力一方面传到车床刀架上，另一方面经过心轴传到前、后顶尖上。若加力器位于心轴的中点，如通过加力器对工件施力 F_p，则主轴箱和尾座各受到 $F_p/2$ 的作用。主轴箱、尾座和刀架的变形 $y_主$、$y_尾$、$y_{刀架}$ 可分别由千分表 2、3、6 读出，由此测得主轴箱刚度 $y_主$、尾座刚度 $y_尾$、刀架刚度 $y_{刀架}$ 分别为：$k_主 = F_p/2y_主$，$k_尾 = F_p/2y_尾$，$k_{刀架} = F_p/y_{刀架}$。

为使所测刚度值与实际相符，须注意正确选用加载方式。如图 6.15 所示是一台车床刀架部件的实测刚度曲线，实验中历经三次加载、卸载过程。分析图 6.15 实验曲线可知，机床部件刚度具有以下特点：

① 变形与载荷不成线性关系。

② 加载曲线和卸载曲线不重合，卸载曲线滞后于加载曲线。两曲线间所包容的面积就是在加载和卸载循环中所损耗的能量，它消耗于摩擦力所做的功和接触变形功。

③ 第一次卸载后，变形恢复不到第一次加载的起点，这说明有残余变形存在，经多次加载卸载后，加载曲线起点才和卸载曲线终点重合，残余变形才逐渐减小到零。

④ 机床部件的实际刚度远比我们按实体估算的要小。图 6.15 中第一次加载时的平均刚度值为 $4.6 \times 10^3 \text{N/mm}$，这只相当于一个截面积为 30mm×30mm、悬伸长度为 200mm 的铸铁悬臂梁的刚度。

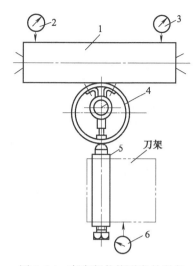

图 6.14 车床部件静刚度的测定
1—心轴；2,3,6—千分表；
4—测力环；5—螺旋加力器

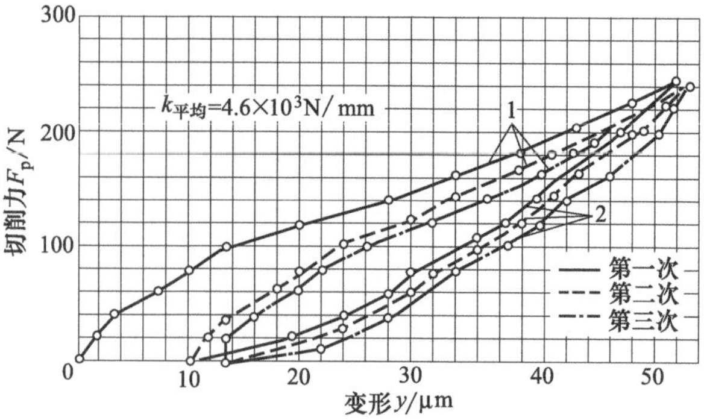

图 6.15 车床刀架部件的刚度曲线
1—加载曲线；2—卸载曲线

（2）影响机床部件刚度的因素

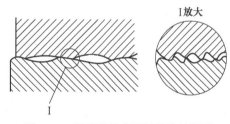

图 6.16 两零件结合面间的接触情况

① 结合面接触变形的影响。由于零件表面存在宏观几何形状误差和微观几何形状误差，结合面的实际接触面积只是名义接触面积的一小部分（如图 6.16 所示），在外力作用下，实际接触区的接触应力很大，产生了较大的接触变形。在接触变形中，既有弹性变形，又有塑性变形，经多次加载卸载循环作用之后，弹性变形成分愈来愈大，塑性变形成分愈来愈小，接触状态逐渐趋于稳定。这就是机床部件刚度不呈直线、机床部件刚度远比同尺寸实体的刚度要低得多的主要原因，也是造成残留变形和多次加载卸载循环后残留变形趋于稳定的原因之一。

一般情况下，表面愈粗糙，接触刚度愈小；表面宏观几何形状误差愈大，实际接触面积愈小，接触刚度愈小；材料硬度高，屈服强度也高，塑性变形就小，接触刚度就大；表面纹理方向相同时，接触变形较小，接触刚度就较大。

② 摩擦力的影响。如图 6.17 所示，机床部件在经过多次加载卸载之后，卸载曲线回到了加载曲线的起点 D，残留变形不再产生，但此时加载曲线与卸载曲线仍不重合。其原因在于机床部件受力变形过程中有摩擦力的作用。加载时摩擦力阻止其变形的增加，卸载时摩擦力阻止其变形的减小。摩擦力总是阻止其变形的变化的，这就是机床部件的变形滞后现象。上述变形滞后现象还与结构阻尼因素的作用有关。

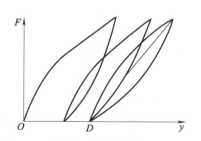

图 6.17 摩擦力对机床部件刚度的影响

③ 低刚度零件的影响。在机床部件中，个别薄弱零件对刚度的影响很大。例如，图 6.12 所示的内圆磨头的轴就是内圆磨头部件刚度的薄弱环节。

④ 间隙的影响。机床部件在受力作用时，首先消除零件间在受力作用方向上的间隙，

这会使机床部件产生相应的位移。在加工过程中，如果机床部件的受力方向始终保持不变，机床部件在消除间隙后就会在某一方向与支承件接触，此时间隙对加工精度基本无影响。但如果像镗头、行星式内圆磨头等部件，受力方向经常在改变，间隙对加工精度的影响就要认真对待了。

5. 工艺系统刚度及其对加工精度的影响

在机械加工过程中，机床、夹具、刀具和工件在切削力的作用下，都将分别产生变形$y_{机}$、$y_{夹}$、$y_{刀}$、$y_{工}$，致使刀具和被加工表面的相对位置发生变化，使工件产生加工误差。工艺系统的受力变形量$y_{系}$是其各组成部分变形的叠加，即：

$$y_{系}=y_{机}+y_{夹}+y_{刀}+y_{工} \tag{6-7}$$

工艺系统刚度、机床刚度、夹具刚度、刀具刚度、工件刚度可分别写为：

$$k_{系}=F_p/y_{系}；k_{机}=F_p/y_{机}；k_{夹}=F_p/y_{夹}；k_{刀}=F_p/y_{刀}；k_{工}=F_p/y_{工}$$

代入式（6-5）得：

$$1/k_{系}=1/k_{机}+1/k_{夹}+1/k_{刀}+1/k_{工} \tag{6-8}$$

式（6-8）表明，工艺系统刚度的倒数等于其各组成部分刚度的倒数之和。

对常见的几种工艺系统，其低刚度环节所在位置不同。例如，在一般情况下：

① 对于车床，$k_{头架}>k_{尾架}>k_{刀架}$；车细长轴时，$k_{工件}$为最小。

② 对于卧式铣床，$k_{升降台（固定情况下）}>k_{工作台}>k_{主轴}>k_{刀杆}$。

③ 对于镗床，$k_{镗杆}$为最小。

④ 对于内圆磨床，$k_{磨杆}$为最小。

工艺系统刚度对加工精度的影响主要有以下几种情况：

（1）由于工艺系统刚度变化引起的误差　现以车削外圆为例说明。设被加工工件和刀具的刚度很大，工艺系统刚度$k_{系}$主要取决于机床刚度$k_{机}$。

当刀具切削到工件的任意位置C点时（如图6.18所示），工艺系统的总变形$y_{系}$为：

$$y_{系}=y_x+y_{刀架}$$

设作用在主轴箱和尾座上的力分别为F_A、F_B，不难求得：

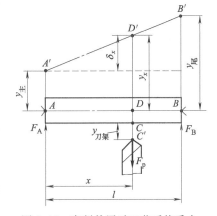

图6.18　车削外圆时工艺系统受力变形对加工精度的影响

$$y_{系}=y_{刀架}+y_x=F_y\left[\frac{1}{k_{刀架}}+\frac{1}{k_{主}}\left(\frac{l-x}{l}\right)^2+\frac{1}{k_{尾}}\left(\frac{x}{l}\right)^2\right] \tag{6-9}$$

$$k_{系}=\frac{F_p}{y_{系}}=\frac{1}{\dfrac{1}{k_{刀架}}+\dfrac{1}{k_{主}}\left(\dfrac{l-x}{l}\right)^2+\dfrac{1}{k_{尾}}\left(\dfrac{x}{l}\right)^2} \tag{6-10}$$

若$k_{系}$、$k_{尾}$、$k_{刀架}$已知，则可通过式（6-10）求得刀具在任意位置x处工艺系统的刚度$k_{系}$。

如需知道最小变形量$y_{系min}$发生在何处，只需将式（6-9）中的$y_{系}$对x求导，令其为零，即可求得。为计算方便，令$a=k_{主}/k_{尾}$，代入式（6-9），对x求导，并令其为零，求得$x=1/(1+a)$，再将其代入式（6-9），即可求得工艺系统的最小变形量$y_{系min}$。

例6.1　经测试，某车床的$k_{主}=300000\text{N/mm}$，$k_{尾}=56600\text{N/mm}$，$k_{刀架}=$

30000N/mm，在加工长度为 l 的刚性轴时，径向切削分力 $F_p=400$N，试计算该轴加工后的圆柱度误差。

解：

$x=0$ 时　　$y_{系(0)}=F_y\left(\dfrac{1}{k_{刀架}}+\dfrac{1}{k_{主}}\right)=400\times\left(\dfrac{1}{30000}+\dfrac{1}{30000}\right)\text{mm}=0.0147\text{mm}$

$x=l$ 时　　$y_{系(l)}=F_y\left(\dfrac{1}{k_{刀架}}+\dfrac{1}{k_{尾}}\right)=400\times\left(\dfrac{1}{30000}+\dfrac{1}{56600}\right)\text{mm}=0.0204\text{mm}$

$x=l/2$ 时　　$y_{系(l/2)}=F_y\left(\dfrac{1}{k_{刀架}}+\dfrac{1}{4k_{主}}+\dfrac{1}{4k_{尾}}\right)$

$\qquad\qquad\qquad =400\times\left(\dfrac{1}{30000}+\dfrac{1}{4\times30000}+\dfrac{1}{4\times56600}\right)\text{mm}=0.0154\text{mm}$

$x=\dfrac{l}{1+a}$ 时　　$y_{系\min}=F_y\left[\dfrac{1}{k_{刀架}}+\left(\dfrac{a}{1+a}\right)\dfrac{1}{k_{主}}\right]$

$\qquad\qquad\qquad =400\times\left[\dfrac{1}{30000}+\left(\dfrac{5.3}{1+5.3}\right)\times\dfrac{1}{30000}\right]\text{mm}=0.0144\text{mm}$

工件所产生的圆柱度误差为：

$$\Delta=y_{系\max}-y_{系\min}=(0.0204-0.0144)\text{mm}=0.006\text{mm}$$

可以证明，当主轴箱刚度与尾座刚度相等时，工艺系统刚度在工件全长上的差别最小，工件在轴截面内几何形状误差最小。

需要注意的是，式（6-9）和式（6-10）是在假设工件刚度很大的情况下得到的，若工件刚度并不很大或较小，则工件本身的变形在工艺系统的总变形中就不能忽略不计，此时式（6-9）应改写为：

$$y_{系}=y_{刀架}+y_x+y_{工}=F_y\left[\dfrac{1}{k_{刀架}}+\dfrac{1}{k_{主}}\left(\dfrac{l-x}{l}\right)^2+\dfrac{1}{k_{尾}}\left(\dfrac{x}{l}\right)^2+\dfrac{(l-x)^2x^2}{3EIl}\right]$$

式（6-10）应改写为：

$$k_{系}=\dfrac{F_y}{y_{系}}=\dfrac{1}{\dfrac{1}{k_{刀架}}+\dfrac{1}{k_{主}}\left(\dfrac{l-x}{l}\right)^2+\dfrac{1}{k_{尾}}\left(\dfrac{x}{l}\right)^2+\dfrac{(l-x)^2x^2}{3EIl}}$$

式中　E——工件材料的弹性模量；

　　　I——工件截面的惯性矩。

（2）由于切削力变化引起的误差　在加工过程中，由于工件的加工余量发生变化、工件材质不均等因素引起的切削力变化，使工艺系统变形发生变化，从而产生加工误差。

若毛坯 A 有椭圆形状误差（如图 6.19 所示）。让刀具调整到图上双点画线位置，由图可知，在毛坯椭圆长轴方向上的背吃刀量为 a_{p1}，短轴方向上的背吃刀量为 a_{p2}。由于背吃刀量不同，切削力不同，工艺系统产生的让刀变形也不同，对应于 a_{p1} 产生的让刀变形为 y_1，对应于 a_{p2} 产生的让刀变形为 y_2，故加工出来的工件仍然存在椭圆形状误差。由于毛坯存在圆度误差 $\Delta_{毛}=a_{p1}-a_{p2}$，因而引起了工件的圆度误差 $\Delta_{工}=y_1-y_2$，且 $\Delta_{毛}$ 愈大，$\Delta_{工}$ 也愈大，这种现象称为加工过程中的毛坯误差复映现象。

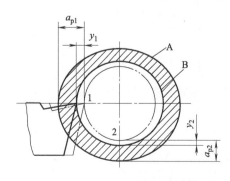

图 6.19　毛坯形状误差的复映

$\Delta_{工}$ 与 $\Delta_{毛}$ 之比值 ε，称为误差复映系数，它是误差复映程度的度量。

$$\varepsilon = \frac{\Delta_{工}}{\Delta_{毛}}$$

尺寸误差和形位误差都存在复映现象。如果知道了某加工工序的复映系数，就可以通过测量毛坯的误差值来估算加工后工件的误差值。

由工艺系统刚度的定义可知：

$$\Delta_{工} = y_1 - y_2 = \left(\frac{F_{y_1}}{k_{系}} - \frac{F_{y_2}}{k_{系}} \right)$$

$$\varepsilon = \frac{\Delta_{工}}{\Delta_{毛}} = \frac{y_1 - y_2}{a_{p1} - a_{p2}} = \frac{F_{y_1} - F_{y_2}}{k_{系}(a_{p1} - a_{p2})}$$

$$F_p = C_y f^y a_p^x \mathrm{HB}^n$$

式中　C_y——与刀具前角等切削条件有关的系数；

　　　f——进给量；

　　　a_p——背吃刀量；

　　　HB——工件材料的布氏硬度；

x, y, n——指数。

在一次进给加工中，工件材料硬度、进给量及其他切削条件设为不变，即：

$$C_y f^y \mathrm{HB}^n = C$$

$$F_p = C a_p^x \approx C a_p$$

$$F_{p1} = C(a_{p1} - y_1), F_{p2} = C(a_{p2} - y_2)$$

$$F_{p1} = C a_{p1}, F_{p2} = C a_{p2}$$

$$\varepsilon = \frac{C(a_{p1} - a_{p2})}{k_{系}(a_{p1} - a_{p2})} = \frac{C}{k_{系}} \tag{6-11}$$

由式（6-11）可知，$k_{系}$愈大，ε 就愈小，毛坯误差复映到工件上的部分就愈小。

一般来说，ε 是一个小于 1 的数，这表明该工序对误差具有修正能力。工件经多道工序或多次走刀加工之后，工件的误差就会减小到工件公差所许可的范围内。ε 定量地反映了毛坯误差经加工后减小的程度，称之为"误差复映系数"。可以看出，工艺系统刚度越高，ε 减小；也就是复映在工件上的误差越小。

当加工过程分成几次进给时，每次进给的复映系数为 ε_1、ε_2、ε_3、…，则总的复映系数 $\varepsilon_{总} = \varepsilon_1 \varepsilon_2 \varepsilon_3 \cdots$。

由于 y 总是小于 a_p，复映系数 ε 总是小于 1，经过几次进给后，ε 降到很小的数值，加工误差也就降低到允许的范围之内。

由以上分析，可以把误差复映的概念，推广到下列几点：

① 每一件毛坯的形状误差，不论是圆度、圆柱度、同轴度（偏心、径向跳动等）、平面度误差等都以一定的复映系数复映成工件的加工误差，这是由于切削余量不均匀引起的。

② 在车削的一般情况下，由于工艺系统刚度比较高，复映系数远小于 1，在 2～3 次走刀以后，毛坯误差下降很快。尤其是第二次第三次进给时的进给量 f_2 和 f_3 常常是递减的（半精车、精车），复映系数 ε_2 和 ε_3 也就递减，加工误差的下降更快。所以在一般车削时，只有在粗加工时用误差复映规律估算加工误差才有实际意义。但是在工艺系统刚度低的场合下（如镗孔时镗杆较细，车削时工件较细长以及磨孔时磨杆较细等），则误差复映的现象比

较明显，有时需要从实际反映的复映系数着手分析提高加工精度的途径。

③ 在大批量生产中，都是采用定尺寸调整法加工的，即刀具在调整到一定的切深后，就一件件连续加工下去，不再逐次试切，逐次调整切深。这样，对于一批尺寸大小有误差的毛坯而言，每件毛坯的加工余量都不一样，由于误差复映的结果，也就造成了一批工件的"尺寸分散"。为了保持尺寸分散不超出允许的公差范围，就有必要查明误差复映的大小。这也是在分析和解决加工精度问题时常常遇到的一项工作。

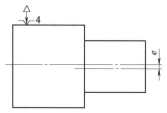

图 6.20 具有偏心误差的阶梯轴的车削

例 6.2 具有偏心量 $e=1.5$mm 的短阶梯轴装夹在车床三爪自定心卡盘中（如图 6.20 所示）分两次进给粗车小头外圆，设两次进给的复映系数均为 $\varepsilon=0.1$，试估算加工后阶梯轴的偏心量是多大？

解：第一次进给后的偏心量为：
$$\Delta_{\text{工}1}=\varepsilon\Delta_{\text{毛}}$$
$$\Delta_{\text{工}2}=\varepsilon\Delta_{\text{工}1}=\varepsilon^2\Delta_{\text{毛}}=0.1^2\times1.5\text{mm}=0.015\text{mm}$$

（3）由于夹紧变形引起的误差　工件在装夹过程中，如果工件刚度较低或夹紧力的方向和施力点选择不当，将引起工件变形，造成相应的加工误差。如图 6.21 所示薄壁环装夹在三爪自定心卡盘上镗孔时，夹紧后毛坯孔产生弹性变形［如图 6.21（a）所示］，镗孔加工后孔成为圆形［如图 6.21（b）所示］，松开三爪自定心卡盘后，由于工件孔壁的弹性恢复使已镗成圆形的孔变成了三角棱圆形孔［如图 6.21（c）所示］。为了减小此类误差，可用一开口环夹紧薄壁环［如图 6.21（d）所示］，由于夹紧力在薄壁环内均匀分布，故可以减小加工误差。

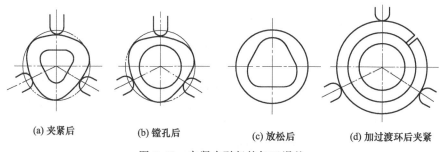

(a) 夹紧后　　(b) 镗孔后　　(c) 放松后　　(d) 加过渡环后夹紧

图 6.21 夹紧力引起的加工误差

（4）其他作用力的影响　除上述因素外，重力、惯性力、传动力等也会使工艺系统的变形发生变化，引起加工误差。

6. 减小工艺系统受力变形的途径

由工艺系统刚度的表达式（6-5）不难看出，若要减小工艺系统变形，就应提高工艺系统刚度，减小切削力并压缩它们的变动幅值。

（1）提高工艺系统刚度

① 提高工件和刀具的刚度　在钻孔加工或镗孔加工中，刀具刚度相对较弱，常用钻套或镗套提高刀具刚度；车削细长轴时工件刚度相对较弱，可设置中心架或跟刀架提高工件刚度；铣削杆叉类工件时在工件刚度薄弱处宜设置辅助支承等提高工艺系统刚度。

② 提高机床刚度　提高配合面的接触刚度，可以大幅度地提高机床刚度；合理设计机床零部件，增大机床零部件的刚度，并防止因个别零件刚度较差而使整个机床刚度下降；合理地调整机床，保持有关部位（如主轴轴承）适当的预紧和合理的间隙等。

③ 采用合理的装夹方式和加工方式　在卧式铣床上铣如图 6.22 所示零件的平面，图 6.22（b）所示铣削方式的工艺系统刚度显然要比图 6.22（a）所示铣削方式的高。

（2）减小切削力及其变化　合理地选择刀具材料、增大前角和主偏角、对工件材料进行合理的热处理以改善材料的加工性能等，都可使切削力减小。切削力的变化将导致工艺系统变形发生变化，使工件产生形位误差。使一批加工工件的加工余量

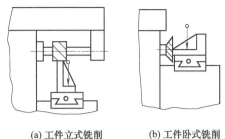

(a) 工件立式铣削　　(b) 工件卧式铣削

图 6.22　改变加工和装夹方式

和加工材料性能尽量保持均匀不变，就能使切削力的变动幅度控制在某一许可范围内。

任务 4　工艺系统受热变形引起的误差

工艺系统热变形对加工精度的影响比较大，特别是在精密加工和大件加工中，由热变形所引起的加工误差有时可占工件总误差的 40%～70%。

机床、刀具和工件受到各种热源的作用，温度会逐渐升高，同时它们也通过各种传热方式向周围的物质或空间散发热量。当单位时间传入的热量与其散出的热量相等时，工艺系统就达到了热平衡状态。

1. 工艺系统的热源

引起工艺系统变形的热源可分为内部热源和外部热源两大类。

（1）内部热源　内部热源来自工艺系统内部，其热量主要是以热传导的形式传递的。内部热源主要包括以下几方面。

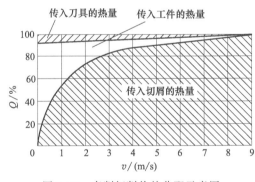

图 6.23　车削切削热的分配示意图

① 切削热　切削热对工件加工精度的影响最为直接。在工件的切削过程中，消耗于工件材料弹塑性变形及刀具、工件与切屑之间的摩擦的能量，绝大部分转化为切削热，形成热源。切削热的传导情况随切削条件不同而不同。车削加工中切削热将随着切削速度的不同而不同的百分比传到工件、刀具和切屑中去，如图 6.23 所示。

就一般情况来说，车削时传给工件的热量约在 30%；铣、刨加工时传给工件的热量小于 30%；钻孔和卧式镗孔时；由于有大量切屑留在孔内，因此传给工件的热量常占 50% 以上；磨削加工时传给工件的热量多达 80% 以上，磨削区温度可高达 800～1000℃。

② 摩擦热和能量损耗　工艺系统因运动副（如齿轮副、轴承副、导轨副、螺母丝杠副、离合器等）相对运动所生摩擦热和因动力源（如电动机、液压系统等）工作时的能量损耗而发热。尽管这部分热比切削热少，但它们有时会使工艺系统的某个关键部位产生较大的变形，破坏工艺系统原有的精度。

③ 派生热源　工艺系统内部的部分热量通过切屑、切削液、润滑液等带到机床其他部位，使系统产生热变形。

（2）外部热源　外部热源来自工艺系统外部。

① 环境温度　以对流传热为主要传递形式的环境温度的变化（如气温的变化、人造冷热风、地基温度的变化等）影响工艺系统的受热均匀性，从而影响工件的加工精度。

② 辐射热　以辐射传热为传递形式的辐射热（如阳光、灯光照明、取暖设备、人体温度等），因其对工艺系统辐射的单面性或局部性而使工艺系统的热变形发生变化，从而影响工件的加工精度。

2. 工件热变形对加工精度的影响

工件在机械加工中所产生的热变形，主要是由切削热引起的。

(1) 工件均匀受热　在加工像轴类等一些形状简单的工件时，如果工件处在相对比较稳定的温度场中，此时就认为工件是均匀受热。工件热变形量 Δ_L 可由下式估算：

$$\Delta_L = \alpha L \Delta\theta \tag{6-12}$$

式中　L——工件热变形方向的尺寸，mm；

α——工件的热膨胀系数，℃$^{-1}$；

$\Delta\theta$——工件的平均温升，℃。

例如，在磨削 400mm 长钢制丝杠的螺纹时，若被磨丝杠的温度比机床母丝杠高 1℃，$\alpha=1.17\times10^{-5}$（℃$^{-1}$），则被磨丝杠将伸长：

$$\Delta_L = \alpha L \Delta\theta = (1.17\times10^{-5}\times400\times1)\text{mm} = 0.0047\text{mm}$$

而 5 级丝杠的螺距累积误差在 400mm 长度上不允许超过 5μm。由此可见，热变形对精密加工的影响是很大的。

(2) 工件不均匀受热　在铣、刨、磨平面时，工件单面受切削热作用，上下表面之间形成温差 $\Delta\theta$，导致工件向上凸起，凸起部分被工具切去，加工完毕冷却后，加工表面就产生了中凹，造成了几何形状误差。

工件凸起量，可按图 6.24 所示图形进行估算。由于中心角 φ 很小，故中性层的长可近似等于工件原长 L，则

$$f = \frac{L}{2}\tan\frac{\varphi}{4} \approx \frac{L}{8}\varphi$$

$$\alpha L \Delta\theta = \widehat{BD} - \widehat{AC}$$
$$= (AO+AB)\varphi - AO\varphi = AB\varphi = H\varphi$$

$$\varphi = \frac{\alpha L \Delta\theta}{H}$$

$$f = \frac{\alpha L^2 \Delta\theta}{8H} \tag{6-13}$$

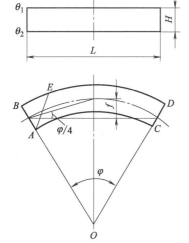

图 6.24　平面加工时热变形的估算

分析式 (6-13) 可知，工件凸起量随工件长度的增加而急剧增加，且工件厚度愈小，工件凸起量就愈大。对于某一具体工件而言，L、H、α 均为定值，如欲减小热变形误差，就必须设法控制上下表面的温差。

3. 刀具热变形对加工精度的影响

刀具热变形的热源主要是切削热。切削热传给刀具的比例虽然一般都不很大，但由于刀具尺寸小，热容量小，刀具温升较高，刀头部位的温升更高，它对加工精度的影响是不能忽视的。例如，用高速钢车刀车削外圆时，刀刃部分的温度可达 700～800℃，刀具的热伸长量可达 0.03～0.05mm。

实验及理论推导表明，车削时车刀的热伸长量与切削时间的关系如图 6.25 所示。图中

曲线 A 是车刀连续工作时的热伸长曲线。开始切削时，刀具的温升和热伸长较快，随着车刀温度的增高，散热量逐渐增大，车刀的温升及热伸长变慢，当车刀达到热平衡时，车刀的散热量等于传给车刀的热量，车刀不再伸长。在切削停止后，车刀温度立即下降，开始冷却较快，以后便逐渐减慢，如图 6.25 曲线 B 所示。设车刀达到热平衡时的最大伸长量为 ξ_{max}，我们设定，若车刀加热伸长量达 $0.98\xi_{max}$ 和车刀冷却缩短至 $0.02\xi_{max}$ 时，即近似认为车刀处于热平衡状态。由图 6.25 可见，刀具冷却至热平衡状

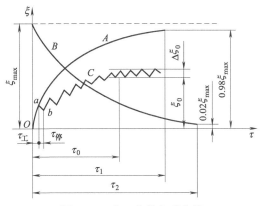

图 6.25　车刀的热变形曲线

态时所需的时间 τ_2 要比刀具加热至热平衡状态时所需的时间 τ_1 来得长。

在车削一批小轴工件时，车刀作间断切削的热变形曲线如图 6.25 曲线 C 所示。在第一个工件的车削时间 $\tau_工$ 内，车刀由 O 伸长到 a，在车刀停止切削时间 $\tau_停$ 内，车刀由 a 缩短至 b，以后车刀继续加工其他小轴，车刀的温度时高时低，伸长和缩短交替进行，最后在 τ_0 时刻达到热平衡状态。由图可见，断续切削时车刀达到热平衡所需的时间 τ_0 要比连续切削时车刀达到热平衡所需的时间 τ_1 要短。

4. 机床热变形对加工精度的影响

由于机床热源分布的不均匀、机床结构的复杂性以及机床工作条件的变化很大等原因，机床各个部件的温升是不相同的，甚至同一个零件的各个部分的温升也有差异，这就破坏了机床原有的相互位置关系。

不同类型的机床，其主要热源各不相同，热变形对加工精度的影响也不相同。

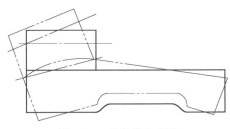

图 6.26　车床的热变形

车、铣、钻、镗等机床的主要热源是主轴箱。如图 6.26 所示车床主轴箱的温升将使主轴升高；由于主轴前轴承的发热量大于后轴承的发热量，主轴前端将比后端高；由于主轴箱的热量传给床身，床身导轨亦将不均匀地向上抬起。

如图 6.27 所示牛头刨床、龙门刨床、立式车床等机床的工作台与床身导轨间的摩擦热是主要热源。图 6.27（a）所示为牛头刨床滑枕截面图，因往复主运动摩擦而产生的热，使得滑枕两端上翘，见图 6.27（b），从而影响工件的加工精度。此外，这类机床在加工时所产生的切屑若落在工作台上，也会使机床产生热变形。

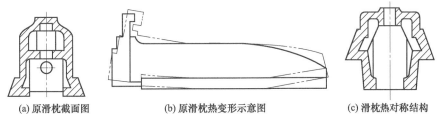

(a) 原滑枕截面图　　(b) 原滑枕热变形示意图　　(c) 滑枕热对称结构

图 6.27　牛头刨床滑枕热变形及结构改进示意图

各种磨床通常都有液压传动系统和高速回转磨头,并且使用大量的冷却液,它们都是磨床的主要热源。如图 6.28 所示的外圆磨床上砂轮架 5 的主轴轴承发热严重,将使砂轮架主轴轴线升高并使砂轮架以螺母 6 为支点向工件 3 方向趋近;因床身内腔所储液压油发热,将使装夹工件 3 的主轴箱主轴轴线升高并以导轨 2 为支点向远离砂轮 4 的方向移动。

对于精密机床来说,还要特别注意外部热源对加工精度的影响。

5. 减小工艺系统热变形的途径

(1) 减少发热和隔热 尽量将热源从机床内部分离出去。如电动机、液压系统、油箱、变速箱等产生热源的部件,只要有可能,就应把它们从主机中分离出去。

对不能分离出去的热源,一方面从结构设计上采取措施,改善摩擦条件,减少热量的发生,例如采用静压轴承、空气轴承等,在润滑方面可采用低黏度的润滑油、锂基油脂或油雾润滑等;另一方面也可采取隔热措施,例如,为了解决某单立柱坐标镗床立柱热变形问题,工厂采用如图 6.29 所示的隔热罩,将电动机及变速箱与立柱隔开,使变速箱及电动机产生的热量,通过电动机上的风扇将热量从立柱下方的排风口排出。

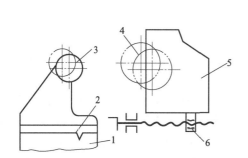

图 6.28 外圆磨床的热变形示意图
1—床身;2—导轨;3—工件;4—砂轮;5—砂轮架;6—螺母

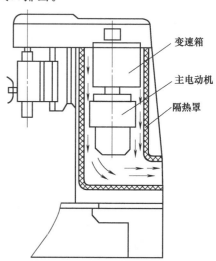

图 6.29 采用隔热罩减少热变形

(2) 改善散热条件 采用风扇、散热片、循环润滑冷却系统等散热措施,可将大量热量排放到工艺系统之外,以减小热变形误差。也可对加工中心等贵重、精密机床,采用冷冻机对冷却润滑液进行强制冷却,效果明显。

(3) 均衡温度场 如图 6.30 所示的端面磨床,立柱前壁因靠近主轴箱而温升较高,采用风扇将主轴箱内的热空气经软管通过立柱后壁空间排出,使立柱前后壁的温度大致相等,减小立柱的弯曲变形。

(4) 改进机床结构 如图 6.31 所示为将车床主轴箱在床身上的定位方式,由图 6.31 (a) 所示方式改为图 6.31 (b) 所示方式,使误差敏感方向 (y 向) 的热伸长量尽量小,以减小工件的加工误差。将牛头刨床滑枕的原结构 [如图 6.27 (a) 所示] 改为如图 6.27 (c) 所示导轨面居中的热对称结构,可使滑枕的翘曲变形下降。

(5) 加快温度场的平衡 为了尽快使机床进入热平衡状态,可在加工工件前使机床作高速空运转,当机床在较短时间内达到热平衡之后,再将机床速度转换成工作速度进行加工。还可以在机床的适当部位设置附加的"控制热源",在机床开动初期的预热阶段,人为地利用附加的"控制热源"给机床供热,促使其更快地达到热平衡状态。

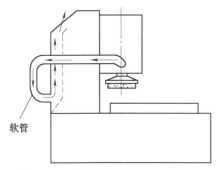

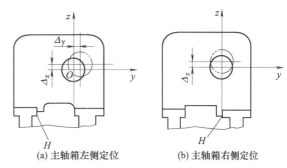

(a) 主轴箱左侧定位　　(b) 主轴箱右侧定位

图 6.30　均衡立柱前后壁的温度场　　图 6.31　车床主轴箱定位面位置对热变形方向的影响

(6) 控制环境温度　精密加工机床应尽量减小外部热源的影响，避免日光照射，布置取暖设备时要避免使机床受热不均。精密加工、精密计量和精密装配都应在恒温条件下进行。恒温基数在春、秋两季可取为 20℃，夏季可取为 23℃，冬季可取为 17℃。恒温精度一般级为±1℃，精密级为±0.5℃，超精密级为±0.01℃。

任务 5　内应力重新分布引起的误差

1. 基本概念

没有外力作用而存在于零件内部的应力，称为内应力。

工件上一旦产生内应力之后，就会使工件金属处于一种高能位的不稳定状态，它本能地要向低能位的稳定状态转化，并伴随有变形发生，从而使工件丧失原有的加工精度。

2. 内应力的产生

(1) 热加工中内应力的产生　如图 6.32 所示，在铸、锻、焊、热处理等工序中由于工件壁厚不均、冷却不均、金相组织的转变等，使工件产生内应力。现以铸造生产过程为例来分析内应力的产生过程。如图 6.32（a）表示一个内外壁厚相差较大的铸件。浇铸后，铸件将逐渐冷却至室温。由于壁 1 和 2 比较薄，散热较易，所以冷却较快。壁 3 比较厚，所以冷却较慢。当壁 1 和 2 从塑性状态冷到弹性状态时（620℃ 左右），壁 3 的温度还比较高，尚处于塑性状态。所以壁 1 和 2 收缩时，壁 3 不起阻挡变形的作用，铸件内部不产生内应力。但当壁 3 也冷却到弹性状态时，壁 1 和 2 的温度已经降低很多，收缩速度变得很慢。但这时壁 3 收缩较快，就受到了壁 1 和 2 的阻碍。因此，壁 3 受拉应力的作用，壁 1 和 2 受压应力作用，形成了相互平衡的状态。如果在这个铸件的壁 1 上开一个口，如图 6.32（b）所示，则壁 1 的压应力消失，铸件在壁 3 和 2 的内应力作用下，壁 3 收缩，壁 2 伸长，铸件就发生弯曲变形，直至内应力重新分布达到新的平衡为止。推广到一般情况，各种铸件都难免产生冷却不均匀而形成的内应力，铸件的外表面总比中心部分冷却得快。特别是有些铸件（如机床

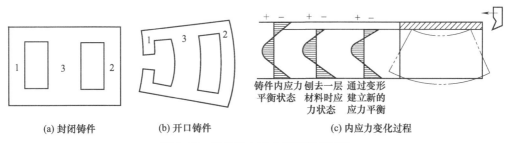

(a) 封闭铸件　　(b) 开口铸件　　(c) 内应力变化过程

图 6.32　铸件因内应力而引起的变形

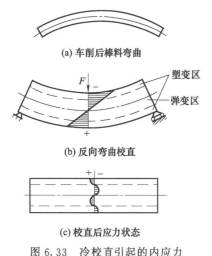

图 6.33 冷校直引起的内应力

床身），为了提高导轨面的耐磨性，采用局部激冷的工艺使它冷却更快一些，以获得较高的硬度，这样在铸件内部形成的内应力也就更大些。若导轨表面经过粗加工刨去一层金属，这就像在图 6.32（b）中的铸件壁 1 上开口一样，必将引起内应力的重新分布并朝着建立新的应力平衡的方向产生弯曲变形，如图 6.32（c）所示。为了克服这种内应力重新分布而引起的变形，特别是对大型和精度要求高的零件，一般在铸件粗加工前先安排时效处理，然后再作精加工。

（2）冷校直产生的内应力　冷校直工序产生的内应力，可以用图 6.33 来说明。丝杠一类的细长轴经过车削以后，棒料在轧制中产生的内应力要重新分布，产生弯曲，如图 6.33（a）所示。冷校直就是在原有变形的相反方向加力 F，使工件向反方向弯曲，产生塑性变形，以达到校直的目的。在 F 力作用下，工件内部的应力分布如图 6.33（b）所示，即在轴心线以上的部分产生压应力（用"—"表示），在轴心线以下部分产生拉应力（用"+"表示），在上下两条虚线之间中心区是弹性变形区域；在两虚线以外的区域是塑性变形区域。当外力去除以后，弹性变形部分本来可以完成恢复而消失，但图 6.33 校直引起的内应力因塑性变形部分恢复不了，内外层金属就起了互相牵制的作用，产生了新的内应力平衡状态，如图 6.33（c）所示。所以说，冷校直后的工件虽然减少了弯曲，但是依然处于不稳定状态，还会产生新的弯曲变形。

（3）减小内应力变形误差的途径

① 改进零件结构　在设计零件时，尽量做到壁厚均匀，结构对称，以减少内应力的产生。

② 增设消除内应力的热处理工序　铸件、锻件、焊接件在进入机械加工之前，应进行退火、回火等热处理，加速内应力变形的进程；对箱体、床身、主轴等重要零件，在机械加工工艺中还需适当按排时效处理工序。

③ 合理安排工艺过程　粗加工和精加工宜分阶段进行，使工件在粗加工后有一定的时间来松弛内应力。

任务 6　提高加工精度的途径

1. 减小原始误差

消除或减小原始误差是提高加工精度的主要途径，有关内容已在前面介绍过了。

2. 转移原始误差

如图 6.34 所示，选用立轴转塔车床车削工件外圆时［如图 6.34（a）所示］，转塔刀架的转位误差会引起刀具在误差敏感方向上的位移，将严重影响工件的加工精度。如果将转塔刀架的安装形式改为图 6.34（b）所示情况，刀架转位误差所引起的刀具位移对工件加工精度的影响就很小。

3. 均分原始误差

如因上工序的加工误差太大，使得本工序不能保证工序技术要求，若提高上工序的加工精度又不经济时，可采用误差分组的办法，将上工序加工后的工件分为 n 组，使每组工件的误差分散范围缩小为原来的 $1/n$，然后按组调整刀具与工件的相对位置，或选用合适的定

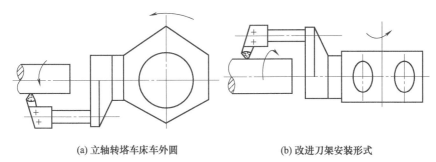

(a) 立轴转塔车床车外圆　　(b) 改进刀架安装形式

图 6.34　立轴转塔车床刀架转位误差的转移

位元件以减小上工序加工误差对本工序加工精度的影响。例如，在精加工齿形时，为保证加工后齿圈与内孔的同轴度，应尽量减小齿轮内孔与心轴的配合间隙，为此可将齿轮内孔尺寸分为 n 组，然后配以相应的 n 根不同直径的心轴，一根心轴相应加工一组孔径的齿轮，可显著提高齿圈与内孔的同轴度。

4. 均化原始误差

研磨时，研具的精度并不很高，镶嵌在研具上的磨料粒度的大小也不一样，但由于研磨时工件和研具之间有着复杂的相对运动轨迹，使工件上各点均有机会与研具的各点相互接触并受到均匀的微量切削，使得"研具不精确"这种原始误差均匀地作用于工件，可获得精度高于研具原来精度的加工表面。

5. 误差补偿

如图 6.35 所示，误差补偿技术在机械制造中的应用十分广泛。龙门铣床的横梁在横梁自重和立铣头自重的共同影响下会产生下凹变形，其变形大大超过部颁检验标准。若在刮研横梁导轨时故意使导轨面产生向上凸起的几何形状误差［如图 6.35（a）所示］，则在装配后就可补偿因横梁和立铣头的重力作用而产生的下凹变形［如图 6.35（b）所示］。

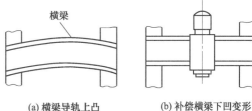

(a) 横梁导轨上凸　　(b) 补偿横梁下凹变形

图 6.35　通过制作凸形横梁导轨补偿

"自干自"加工方法实质上也是一种误差补偿方法。转塔车床的转塔刀架上有 6 个安装刀杆的大孔，其轴线须保证与机床主轴回转轴线同轴，大孔端面须保证与主轴回转轴线垂直。如果把转塔作为单独零件预先加工出这些表面，那么在装配后要达到上述两项要求是很困难的。可以采用"自干自"的方法解决上述难题。在转塔安装到机床上之前，6 个安装刀杆的大孔及端面只作预加工，其他尺寸均加工完成。装配时把转塔装到车床上，然后在车床主轴上装上镗杆和能作径向进给的小刀架，对转塔的大孔和端面进行最终加工，以保证达到上述两项技术要求。这种"自干自"的加工方法，在机床生产中有很多应用。如牛头刨床、龙门刨床为了使它们的工作台面分别对滑枕和横梁保持平行的位置关系，就都是在装配后在自身机床上进行"自刨自"精加工的。平面磨床的工作台面也是在装配后作"自磨自"最终加工的。

模块 3　工艺过程的统计分析

实际生产中，影响加工精度的因素往往是错综复杂的，有时很难用单因素来分析其因果关系，还必须用数理统计的方法进行综合分析，从中发现误差形成规律，找出影响加工误差的主要因素，以及解决问题的途径。

任务1 误差统计性质的分类

各种加工误差，按它们在一批零件中出现的规律来看，可分为两大类：系统性误差和随机性误差。系统性误差又分为常值系统误差和变值系统误差两种。加工误差性质不同，其分布规律及解决的途径也不同，如表6.3所示。

表6.3 误差统计性质的分类

项目	系统性误差 $\Delta_{系}$		随机性误差 $\Delta_{随}$
	常值系统性误差 $\Delta_{常系}$	变值系统性误差 $\Delta_{变系}$	
定义	连续加工一批零件时，误差的大小和方向保持不变或基本不变	连续加工一批零件时，误差的大小和方向按一定的规律变化	连续加工一批零件时，误差的大小和方向，在一定范围内按一定的统计规律变化
特点	与加工顺序(时间)无关；预先可以估计；较易完全消除；不会引起工件尺寸波动；不会影响尺寸分布曲线的形状	与加工顺序(时间)有关；预先可以估计；较难完全消除；会造成工件尺寸的增大或减小；影响分布曲线的形状	预先不能估计到；不能完全消除，只能减小到最小限度；工件尺寸忽大忽小，造成一批工件的尺寸分散
原始误差项目	原理误差；机床制造误差和磨损；夹具制造误差和磨损；刀具制造误差；定尺寸刀具、齿轮刀具的磨损；量具制造误差和磨损；一次调整误差；工艺系统静力变形；工艺系统热平衡下的热变形	机床动态的几何误差；多工位回转工作台的分度误差及其夹具安装误差；车刀、单刃镗刀、面铣刀等的磨损；工艺系统未达热平衡下的热变形	机床定程机构的重复定位误差；多次调整误差；工艺定位与夹紧误差；测量误差；误差复映；内应力引起的变形；精密加工中，工艺系统热变形的微小波动和主轴漂移
分析原始误差的方法	顺序平均数法 (等权平滑滤波法)		回归分析与相关分析法
对策	通过相应的调整；检修工艺设备和工艺装备；用人为的 $\Delta_{常系}$ 去抵消原来的 $\Delta_{常系}$	通过自动连续补偿	采用精坯、减小毛坯尺寸的分散或毛坯误差分组；提高工艺系统的静、动刚度；工艺过程主动控制

在顺序加工一批工件中，其大小和方向皆不变的误差，称为常值系统性误差。例如，铰刀直径大小的误差、测量仪器的一次对零误差等。在顺序加工一批工件中，其大小和方向遵循某一规律变化的误差，称为变值系统性误差。例如，由于刀具的磨损引起的加工误差、机床或刀具或工件的受热变形引起的加工误差等。显然，常值系统性误差与加工顺序无关，而变值系统性误差则与加工顺序有关。在顺序加工一批工件中，有些误差的大小和方向是无规则地变化着的，这些误差称为随机误差。例如，加工余量不均匀、材料硬度不均匀、夹紧力时大时小等原因引起的加工误差。

对于常值系统性误差，若能掌握其大小和方向，就可以通过调整消除；对于变值系统性误差,若能掌握其大小和方向随时间变化的规律,则可通过自动补偿消除;唯对随机性误差,只能缩小它们的变动范围,而不可能完全消除。由概率论与数理统计学可知,随机性误差的统计规律可用它的概率分布表示。如果我们掌握了工艺过程中各种随机误差的概率分布,又知道了变值系统性误差的变化规律,那么我们就能对工艺过程进行有效的控制,使工艺过程按规定要求顺利进行。

任务 2 工艺过程的分布图分析

1. 正态分布的基本概念

机械加工中,工件的尺寸误差是由很多相互独立的随机误差综合作用的结果,如果其中没有一个随机误差是起决定作用的,则加工后工件的尺寸误差将呈现正态分布(如图 6.36 所示)。

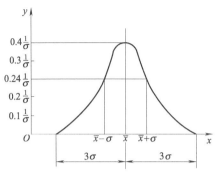

图 6.36 正态分布曲线的特殊点

(1) 正态分布曲线 正态分布曲线的概率密度方程为:

$$y(x)=\frac{1}{\sigma\sqrt{2\pi}}\exp\left[-\frac{(x-\overline{x})^2}{2\sigma^2}\right] \quad (-\infty<x<+\infty,\sigma>0) \tag{6-14}$$

该方程有两个特征参数,一为算术平均值 $\overline{x}$,另一为均方根偏差(标准差)σ:

$$\overline{x}=\frac{1}{n}\sum_{i=1}^{n}x_i \tag{6-15}$$

$$\sigma=\sqrt{\frac{1}{n}\sum_{i=1}^{n}(x_i-\overline{x})^2} \tag{6-16}$$

式中 x_i——工件尺寸;

n——工件总数。

(2) 正态分布曲线特征参数意义 算术平均值 $\overline{x}$ 的偏移只影响曲线的位置,而不影响曲线的形状[如图 6.37 (a) 所示];均方根偏差(标准差)σ 值的变化只影响曲线的形状,而不影响曲线的位置,σ 愈大,曲线愈平坦,尺寸就愈分散,精度就愈差[如图 6.37 (b) 所示]。因此,σ 的大小反映了机床加工精度的高低,$\overline{x}$ 的大小反映了机床调整位置的不同。概率密度函数在 $\overline{x}$ 处有最大值:

$$y_{\max}=\frac{1}{\sigma\sqrt{2\pi}}=0.4\frac{1}{\sigma} \tag{6-17}$$

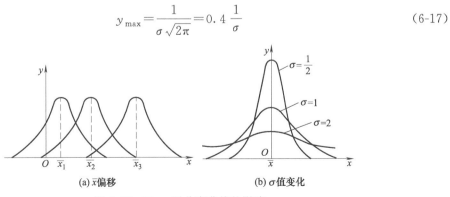

(a) $\overline{x}$ 偏移   (b) σ 值变化

图 6.37 $\overline{x}$、σ 对分布曲线的影响

2. 正态分布曲线在分析工件尺寸误差中的意义

(1) 工件尺寸落在某区域内的概率　正态分布曲线 x 的取值范围为 $\pm\infty$，曲线与 x 轴之间所包含的面积为 1，即 100% 工件的实际尺寸都在这一分布范围内。实际生产中，x 的取值范围不可能是 $\pm\infty$，而应该落在工件尺寸公差范围内，因此，实际生产中关心的是加工工件尺寸落在某一区域内（$x_1 - x_2$）的概率大小，如 x_1、x_2 为工件尺寸的上下偏差，则该区域的概率大小即为该工件的合格率。

某一区域内（$x_1 - x_2$）的概率等于图 6.38 所示阴影的面积 $F(x)$

$$F(x) = \int_{x_1}^{x_2} y(x) \mathrm{d}x = \int_{x_1}^{x_2} \frac{1}{\sigma\sqrt{2\pi}} \exp\left[-\frac{(x-\overline{x})^2}{2\sigma^2}\right] \mathrm{d}x \tag{6-18}$$

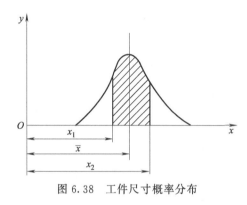

图 6.38　工件尺寸概率分布

计算结果表明，工件尺寸落在（$\overline{x} \pm 3\sigma$）范围内的概率为 99.73%，而落在该范围以外的概率只占 0.27%，可忽略不计。因此可以认为，正态分布的分散范围为（$\overline{x} - 3\sigma, \overline{x} + 3\sigma$），这就是工程上经常用到的"$6\sigma$ 原则"。

实践证明：在加工情况正常（机床、夹具、刀具在良好状态）的情况下，一批工件的实际尺寸分布符合正态分布。也就是说，若引起系统性误差的因素不变，引起随机性误差的多种因素的作用都微小且在数量级上大致相等，则加工所得的尺寸将按正态分布曲线分布。

(2) 标准正态分布　当 $\overline{x} = 0$、$\sigma = 1$ 时的正态分布称为标准正态分布，其曲线以 y 轴对称分布，概率密度为：

$$y(x) = \frac{1}{\sqrt{2\pi}} \exp\left[-\frac{x^2}{2}\right] \tag{6-19}$$

(3) 正态分布转化为标准正态分布　在实际生产中，经常是 $\overline{x}$ 既不等于零，σ 也不等于 1。如对曲线在（$x_1 - x_2$）范围内积分计算，计算复杂，不便于应用。需要将非标准正态分布转化为标准正态分布，标准正态分布值通过查表 6.4 得出结果。

令 $z = (x - \overline{x})/\sigma$，$\mathrm{d}x = \sigma \mathrm{d}z$ 则：

$$F(x) = \varphi(z) = \int_0^z \frac{1}{\sigma\sqrt{2\pi}} \exp\left[-\frac{z^2}{2}\right] \sigma \mathrm{d}z = \frac{1}{\sqrt{2\pi}} \int_0^z \exp\left[-\frac{z^2}{2}\right] \mathrm{d}z \tag{6-20}$$

实际生产中，如 x 的取值范围为 $-3\sigma \leqslant |x - \overline{x}| \leqslant +3\sigma$，则可认为工件加工尺寸 100% 合格，否则需计算其合格率、偏大不合格率、偏小不合格率。

令 $x = x_{\max}$（工件尺寸最大值），$z_1 = \dfrac{x_{\max} - \overline{x}}{\sigma}$，查表 6.4，可得 $\varphi(z_1)$。

令 $x = x_{\min}$（工件尺寸最小值），$z_2 = \dfrac{\overline{x} - x_{\min}}{\sigma}$，查表 6.4，可得 $\varphi(z_2)$。

合格率 $= \varphi(z_1) + \varphi(z_2)$；偏大不合格率 $= 0.5 - \varphi(z_1)$；偏小不合格率 $= 0.5 - \varphi(z_2)$。

对工件尺寸为轴来讲，偏大不合格率为返修率；偏小不合格率为废品率。而对工件尺寸为孔来讲，偏大不合格率为废品率；偏小不合格率为返修率。

表 6.4 $\varphi(z) = \frac{1}{\sqrt{2\pi}} \int_0^x \exp\left[-\frac{z^2}{2}\right] dz$

z	$\varphi(z)$	z	$\varphi(z)$	z	$\varphi(z)$	z	$\varphi(z)$
0.01	0.0040	0.29	0.1141	0.64	0.2389	1.50	0.4332
0.02	0.0080	0.30	0.1179	0.66	0.2454	1.55	0.4394
0.03	0.0120	0.31	0.1217	0.68	0.2517	1.60	0.4452
0.04	0.0160	0.32	0.1255	0.70	0.2580	1.65	0.4502
0.05	0.0199	0.33	0.1293	0.72	0.2642	1.70	0.4554
0.06	0.0239	0.34	0.1331	0.74	0.2703	1.75	0.4599
0.07	0.0279	0.35	0.1368	0.76	0.2764	1.80	0.4641
0.08	0.0319	0.36	0.1406	0.78	0.2823	1.85	0.4678
0.09	0.0359	0.37	0.1443	0.80	0.2881	1.90	0.4713
0.10	0.03198	0.38	0.1480	0.82	0.2939	1.95	0.4744
0.11	0.0438	0.39	0.1517	0.84	0.2995	2.00	0.4772
0.12	0.0478	0.40	0.1554	0.86	0.3051	2.10	0.4821
0.13	0.0517	0.41	0.1591	0.88	0.3106	2.20	0.4861
0.14	0.0557	0.42	0.1628	0.90	0.3159	2.30	0.4893
0.15	0.0596	0.43	0.1641	0.92	0.3212	2.40	0.4918
0.16	0.0636	0.44	0.1700	0.94	0.3264	2.50	0.4938
0.17	0.0675	0.45	0.1736	0.96	0.3315	2.60	0.4953
0.18	0.0714	0.46	0.1772	0.98	0.3365	2.70	0.4965
0.19	0.0753	0.47	0.1808	1.00	0.3413	2.80	0.4974
0.20	0.0793	0.48	0.1844	1.05	0.3531	2.90	0.4981
0.21	0.0832	0.49	0.1879	1.10	0.3643	3.00	0.49865
0.22	0.0871	0.50	0.1915	1.15	0.3749	3.20	0.49931
0.23	0.0910	0.52	0.1985	1.20	0.3849	3.40	0.49966
0.24	0.0948	0.54	0.2054	1.25	0.3944	3.60	0.499841
0.25	0.0987	0.56	0.2123	1.30	0.4032	3.80	0.499928
0.26	0.1023	0.58	0.2190	1.35	0.4115	4.00	0.499968
0.27	0.1064	0.60	0.2257	1.40	0.4192	4.50	0.499997
0.28	0.1103	0.62	0.2324	1.45	0.4265	5.00	0.9999997

综合以上分析,当 $z = \pm 3$,即 $x - \bar{x} = \pm 3\sigma$,由表 6.4 查得 $2F(3) = 2 \times 0.49865 = 99.73\%$。这说明在 $\pm 3\sigma$ 范围以内的概率为 99.73%,落在此范围以外的概率仅为 0.27%,可以忽略不计。因此,可以认为正态分布的随机变量的分散范围是 $\pm 3\sigma$,这就是所谓的 6σ 原则。

$\pm 3\sigma$(或 6σ)的概念,在研究加工误差时应用很广,是一个很重要的概念。6σ 的大小代表了某种加工方法在规定的条件(如毛坯余量,切削用量,正常的机床、夹具、刀具等)下所能达到的加工精度。所以在一般情况下,应使所选择的加工方法的均方根差 σ 与公差带宽度 T 之间具有下列关系:

$$T \geqslant 6\sigma \tag{6-21}$$

当成批加工一批工件时,抽检其中的一部分,即可计算出抽检样本的平均值和样本的均方根偏差,从而判断整批工件的加工精度。

3. 确定工序能力及其等级

所谓工序能力,就是工序处于稳定状态时,加工误差正常波动的幅度,通常用 6σ 来表示。所谓工序能力系数,就是工序能力满足加工精度要求的程度。当工序处于稳定状态时,工序能力系数 C_p 按下式计算:

$$C_p = T/6\sigma \tag{6-22}$$

根据工序能力系数的大小,可将工序能力分为五级,参见表 6.5。一般情况下,工序能力等级不应低于二级,即 C_p 值应大于 1。

表 6.5 工序能力等级

工序能力系数	工序能力等级	说　　明
C_p>1.67	特级	工艺能力过高,可以允许有异常波动
1.67≥C_p>1.33	一级	工艺能力足够,可以有一定的异常波动
1.33≥C_p>1.00	二级	工艺能力勉强,必须密切注意
1.00≥C_p>0.67	三级	工艺能力不足,可能出少量不合格品
0.67≥C_p	四级	工艺能力很差,必须加以改进

例 6.3 在无心磨床上加工一批外径为 $\phi 9.65_{-0.04}^{0}$ 的销子,试利用工艺过程的分布图分析这批加工件的合格品率是多少?废品率是多少?返修率是多少?工艺过程是否稳定?

解: (1) 样本容量的确定　在从总体中抽取样本时,样本容量的确定是非常重要的。样本容量太小,样本不能准确地反映总体的实际分布,失去了取样的本来目的;样本容量太大,虽能代表总体,但又增加了分析计算的工作量。一般生产条件下,样本容量取为 $n=(50\sim200)$,就有足够的估计精度。本例取 $n=100$。

(2) 样本数据的测量　测量所使用的仪器精度,应将被测尺寸的公差乘以 (0.1~0.15) 的测量精度系数,作为选用量具量仪的依据。

测量尺寸时,应按加工顺序逐个测量并记录于测量数据表 6.6 中。

表 6.6 测量数据表　　　　　　　　　　　　　　　　　　　　mm

序号	尺寸	序号	尺寸	序号	尺寸	序号	尺寸	序号	尺寸
1	9.616	21	9.631	41	9.635	61	9.635	81	9.627
2	9.629	22	9.636	42	9.638	62	9.630	82	9.630
3	9.621	23	9.642	43	9.626	63	9.630	83	9.628
4	9.636	24	9.644	44	9.624	64	9.620	84	9.630
5	9.640	25	9.636	45	9.634	65	9.627	85	9.644
6	9.644	26	9.632	46	9.632	66	9.632	86	9.632
7	9.658	27	9.638	47	9.633	67	9.628	87	9.620
8	9.657	28	9.631	48	9.622	68	9.633	88	9.630
9	9.658	29	9.628	49	9.637	69	9.624	89	9.627
10	9.647	30	9.643	50	9.625	70	9.633	90	9.621
11	9.628	31	9.636	51	9.635	71	9.624	91	9.630
12	9.644	32	9.632	52	9.626	72	9.626	92	9.634
13	9.639	33	9.639	53	9.623	73	9.636	93	9.626
14	9.646	34	9.623	54	9.627	74	9.637	94	9.630
15	9.647	35	9.633	55	9.638	75	9.632	95	9.620
16	9.631	36	9.634	56	9.637	76	9.617	96	9.634
17	9.636	37	9.641	57	9.624	77	9.634	97	9.623
18	9.641	38	9.628	58	9.634	78	9.628	98	9.626
19	9.624	39	9.637	59	9.636	79	9.626	99	9.628
20	9.634	40	9.624	60	9.618	80	9.634	100	9.639

(3) 异常数据的剔除　在所实测的数据中，有时会混入异常测量数据和异常加工数据，从而歪曲了数据的统计性质，使分析结果不可信，因此，异常数据应予剔除。

当工件测量数据服从正态分布时，测量数据落在 $(\overline{x} \pm 3\sigma)$ 范围内的概率为 99.73%，而落在 $(\overline{x} \pm 3\sigma)$ 范围以外的概率为 0.27%。由于出现落在 $(\overline{x} \pm 3\sigma)$ 范围以外的工件的概率很小，可视为不可能事件，一旦发生，则可被认为是异常数据而予以剔除。即若：

$$|x_k - \overline{x}| > 3\sigma \tag{6-23}$$

经计算，本例 $\overline{x} = 9.632\text{mm}$，$\sigma = 0.007\text{mm}$ 按式 (6-23) 分别计算可知，$x_{k1} = 9.658\text{mm}$、$x_{k2} = 9.657\text{mm}$、$x_{k3} = 9.658\text{mm}$ 分别为异常数据，应予以剔除。此时 $n = 100 - 3 = 97$。

(4) 确定尺寸间隔数 j　对质量指标的实际分散范围进行尺寸分段。尺寸间隔数（尺寸分组数），不可随意确定。若尺寸分组数太多，组距太小，在狭窄的区间内频数太少，实际分布图上就会出现许多锯齿形，实际分布图就会被频数的随机波动所歪曲；若尺寸分组数太少，组距太大，分布图就会被展平，掩盖了尺寸分布图的固有形状。尺寸间隔数 j 可参考表 6.7 选取。

表 6.7　尺寸间隔数参考表

n	25~40	40~60	60~100	100	100~160	160~250	250~400	400~630	630~1000
j	6	7	8	10	11	12	13	14	15

在本例中 $n = 97$，所以应初选 $j = 10$。

(5) 确定尺寸间隔大小（区间宽度）　如只要找到样本中个体最大值 x_{max} 和最小值 x_{min}，即可算得 Δx 的大小：

$$\Delta x = \frac{x_{max} - x_{min}}{j} = \frac{9.647 - 9.616}{10}\text{mm} = 0.0031\text{mm}$$

将 Δx 圆整为 $\Delta x = 0.003\text{mm}$。有了 Δx 值后，就可以对样本的尺寸分散范围进行分段了。分段时应注意使样本中的 x_{min} 和 x_{max} 皆落在尺寸间隔内。因此，本例的实际尺寸间隔数：$j = 10 + 1 = 11$。

(6) 列出尺寸间隔及实际频数　按尺寸间隔大小 $\Delta x = 0.003\text{mm}$，尺寸间隔数 $j = 11$，将测量数据分组并计算各组的实际频数，填入表 6.8。

表 6.8　尺寸间隔及实际频数

①组号	②尺寸间隔 $\Delta x/\text{mm}$	③尺寸测量值 x_j/mm	④实际频数 f_j
1	9.613~<9.618	9.6165	2
2	9.618~<9.621	9.6195	4
3	9.621~<9.624	9.6225	6
4	9.624~<9.627	9.6255	13
5	9.627~<9.630	9.6285	12
6	9.630~<9.633	9.6315	16
7	9.633~<9.636	9.6345	15
8	9.636~<9.639	9.6375	14
9	9.639~<9.642	9.6405	7
10	9.642~<9.645	9.6435	5
11	9.645~<9.648	9.6465	3
合计			97

(7) 画图　根据表 6.8 中②、③、④项数据即可画出实际分布折线,如图 6.39 所示。画图时,频数值应点在尺寸区间中点的纵坐标上。

一般情况下,实际测量数据都会服从正态分布。特殊情况下,可以计算特殊点坐标绘制理论正态分布曲线,以判断实测数据是否服从正态分布。

由于实际分布图是以频数为纵坐标的,因此需要将以概率密度为纵坐标的理论分布图,转换成以频数为纵坐标的理论分布图。

$$\text{概率密度 } y \approx \frac{\text{概率}}{\text{尺寸间隔大小 } \Delta x} \approx \frac{\text{频率}}{\Delta x} = \frac{1}{\Delta x}\left(\frac{\text{理论频数 } f'}{\text{工件总数 } n}\right) = \frac{f'}{n\Delta x} \quad (6\text{-}24)$$

根据式 (6-14)、式 (6-17),可分别计算出 $\bar{x}$、$\bar{x}\pm\sigma$、$\bar{x}\pm 3\sigma$ 点的 y 坐标值,按式 (6-24) 转换为以频数为纵坐标的理论坐标值。如:

当 $x = \bar{x} = 9.632\text{mm}$ 时,$y_{\max} = \dfrac{f'}{n\Delta x}$,则:

$$f'_{\max} = y_{\max}\Delta x n = 0.4\frac{1}{\sigma}\Delta x n = 0.4\times\frac{1}{0.007}\times 0.003\times 97 \approx 17$$

当 $x = \bar{x} + \sigma = 9.639\text{mm}$ 时,$y_a = \dfrac{f'_a}{n\Delta x}$,则:

$$f'_a = y_a\Delta x n = 0.24\frac{1}{\sigma}\Delta x n = 0.24\times\frac{1}{0.007}\times 0.003\times 97 \approx 10$$

有了以上数据,就可作出以频数为纵坐标的理论分布曲线,如图 6.39 所示。

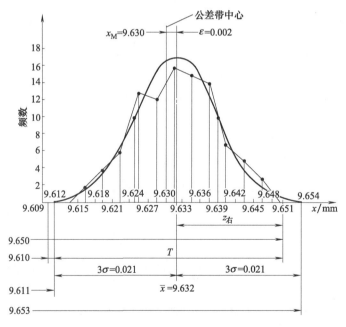

图 6.39　实际分布图与理论分布图

(8) 判断加工误差性质　如果通过评定确认样本是服从正态分布的,就可以认为工艺过程中变值系统性误差很小(或不显著),引起被加工工件质量指标分散的原因主要由随机性误差引起,工艺过程处于控制状态中。如果评定结果表明样本不服从正态分布,就要进一步分析,是哪种变值系统性误差在显著地影响着工艺过程,或者工件质量指标不服从正态分布,可能服从其他分布。本例评定结果表明,样本服从正态分布,工艺过程处于控制状态中。

(9) **常值系统性误差** 如果工件尺寸误差的实际分布中心 $\bar{x}$ 与公差带中心有偏移 e（参见图 6.39），这表明工艺过程中有常值系统性误差存在。本例中的 $e=0.002\text{mm}$ 是由于机床调整不准确引起。

(10) **确定合格品率、废品率、返修率**

$$z_1=\frac{x_{\max}-\bar{x}}{\sigma}=\frac{9.650-9.632}{0.007}=2.57,查表6.4,可得 \varphi(z_1)=0.4948$$

$$z_2=\frac{\bar{x}-x_{\min}}{\sigma}=\frac{9.632-9.61}{0.007}=3.14,查表6.4,可得 \varphi(z_2)\approx 0.5$$

合格品率：$\varphi(z_1)+\varphi(z_2)=0.4948+0.5=99.48\%$

返修率：$0.5-0.4948=0.52\%$

废品率：0

(11) **工序稳定性** 本例的工序能力系数为：

$$C_\text{p}=\frac{T}{6\sigma}=\frac{0.04}{6\times 0.007}=0.95$$

查表 6.5，本工艺过程的工序能力为三级，加工过程中要出少量的不合格品。

任务 3　机械制造中常见的误差分布规律

借助所作的正太分布曲线（如图 6.40 所示），以下述诸原则为依据进行加工误差分析。

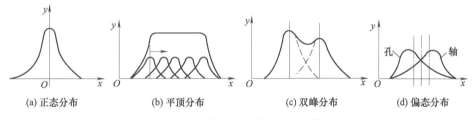

(a) 正态分布　(b) 平顶分布　(c) 双峰分布　(d) 偏态分布

图 6.40　机械加工误差分布规律

1. 实际分布曲线符合正态分布，$6\sigma\leqslant T$ 且分散中心与公差带中心重合

如图 6.40（a）所示，这种分布表明加工条件正常，系统性误差几乎不存在，随机性误差只是等微作用；一般来说是无废品出现；工序精度已达很高水平。如果再要显著地减小加工误差，则需要精密调整或修理机床与工装，或换用另一种比现用工序更精确的加工方法来实现。例如，将车削换成磨削；将扩孔换成铰孔等。

2. 实际分布曲线符合正态分布，$6\sigma\leqslant T$，但分散中心与公差带中心不重合

这种分布表明：变值系统误差几乎不存在、随机性误差等微作用，而只有突出的常值系统误差存在。分散中心对公差带中心的偏移值 e，就是常值系统误差 $\Delta_{常系}$，它主要是由于刀具安装调整不准而造成的，且是不可避免的。在这种情况下即使出现了废品，也是可以设法避免的，例如，调整刀具起始加工的位置，使分散中心向公差带中心移动即可。

3. 实际分布曲线符合正态分布，$6\sigma>T$，且分散中心与公差带中心不重合

这种分布表明：变值系统误差几乎不存在，而存在常值系统误差和随机性误差较大。在这种情况下，即使消除了 $\Delta_{常系}$，也不能将废品完全避免。既有可修的废品，还有不可修的

废品。

从上述三种情况的分析可见，对于正态分布的 6σ 的概念是十分重要的。它代表了某一种工序（或加工方法，或机床）在给定条件下所能达到的加工精度。σ 的大小完全是由随机性误差所决定的，随机性误差越小，σ 也越小，所能达到的加工精度也越高。加工精度能否提高，关键在于能否进一步减小随机性误差。

4. 实际分布曲线不符合正态分布，而呈平顶分布

如图 6.40（b）所示，这种分布表明：在影响机械加工的诸多误差因素中，有突出的变值系统误差存在。如果刀具线性磨损的影响显著，则工件的尺寸误差将呈现平顶分布。平顶误差分布曲线可以看成是随着时间而平移的众多正态误差分布曲线组合的结果，在随机性误差作用的同时混有突出的 $\Delta_{变系}$ 所致。

5. 实际分布曲线不符合正态分布，而呈偏态分布

如图 6.40（d）所示，这种分布也是由于随机误差和突出的变值系统误差作用的结果。突出的变值系统误差可以使刀具热变形影响显著，使轴的加工尺寸小的为数多，尺寸大的为数少；使孔的加工尺寸大的多，小的少。另在用试切法车削轴径或孔径时，由于操作者为了尽量避免产生不可修复的废品，主观地（而不是随机地）使轴颈加工得宁大勿小，使孔径加工得宁小勿大，则它们的尺寸误差就呈偏态分布。

6. 双峰或多峰分布

如图 6.40（c）所示，这种分布是由于将两次或多次调整下加工出来的工件混在了一起的结果。两次调整加工出来的不同批工件，各自有自己的 σ 和 $\Delta_{常系}$。当两 $\Delta_{常系}$ 之差大于 $2 \times 2\sigma$ 时就呈双峰分布（峰高相等）。当两台机床加工的工件混在一起时，不仅 $\bar{x}$ 不同，而且 σ 也不同，故呈现峰高不等的双峰分布。

7. 工艺过程的分布图分析法特点

① 分布图分析法采用的是大样本，因而能比较接近实际地反映工艺过程总体（母体）；

② 能把工艺过程中存在的常值系统性误差从误差中区分开来，但不能把变值系统性误差从误差中区分开来；

③ 只有等到一批工件加工完毕后才能绘制分布图，因此不能在工艺过程进行中及时提供控制工艺过程精度的信息；

④ 计算较复杂；

⑤ 只适用于工艺过程稳定的场合。

任务 4　工艺过程的点图分析

1. 工艺过程的稳定性

工艺过程的分布图分析法是分析工艺过程精度的一种方法。应用这种分析方法的前提是工艺过程应该是稳定的。在这个前提下，讨论工艺过程的精度指标（如工序能力系数 C_p、废品率等）才有意义。

任何一批工件的加工尺寸都是有波动的，因此样本的平均值 $\bar{x}$ 和标准差 σ 也会波动。假如加工误差主要是随机误差，而系统误差影响很小，那么这种波动属于正常波动，这一工艺过程也就是稳定的。假如加工中存在着影响较大的变值系统误差，或随机误差的大小有明显变化，那么这种波动就是异常波动，这样的工艺过程也就是不稳定的。

工艺过程的稳定性是指工艺过程在时间历程上保持工件均值 $\bar{x}$ 和标准差 σ 值稳定不变的性能。分析工艺过程的稳定性，通常采用点图法。点图有多种形式，这里仅介绍 $\bar{x}$-R 点

图法。

$\bar{x}$-R 点图评价工艺过程的稳定性采用的是顺序样本,即样本是由工艺系统在一次调整中,按顺序加工的工件组成。这样的样本可以得到在时间上与工艺过程运行同步的有关信息,反映出加工误差随时间变化的趋势。而分布图分析法采用的是随机样本,不考虑加工顺序,而且是对加工好的一批工件有关数据处理后才能作出分布曲线。

$\bar{x}$-R 点图能够在加工过程中不断地进行质量指标的主动控制,工艺过程一旦出现被加工件的质量指标有超出所规定的不合格品率的趋向时,能够及时调整工艺系统或采取其他工艺措施,使工艺过程得以继续进行。

2. $\bar{x}$-R 点图的基本形式

$\bar{x}$-R 点图采用的样本是顺序小样本,即每隔一定时间抽取样本容量 $n=5\sim10$ 件的一个小样本,计算出各小样本的算术平均值 $\bar{x}$ 和极差 R,经过若干时间后,就可取得若干个(如 k 个,通常取 $k=25$)小样本,将各组小样本的 $\bar{x}$ 和 R 值分别点在 $\bar{x}$-R 图上,即制成 $\bar{x}$-R 图。

$$\bar{x} = \frac{1}{n}\sum_{i=1}^{n} x_i \quad (6\text{-}25)$$

$$R = x_{\max} - x_{\min} \quad (6\text{-}26)$$

式中,$x_{\max}$ 和 $x_{\min}$ 分别为某样本中个体的最大值与最小值。

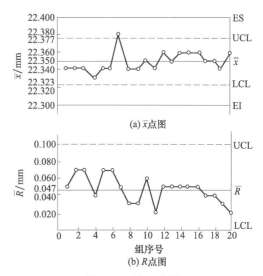

图 6.41　$\bar{x}$-R 点图

如图 6.41 所示,$\bar{x}$-R 点图的基本形式是由小样本均值 $\bar{x}$ 的点图 [如图 6.41 (a) 所示] 和小样本极差 R 的点图 [如图 6.41 (b) 所示] 联合组成的 $\bar{x}$-R 点图,$\bar{x}$-R 点图的横坐标是按时间先后采集的小样本的组序号,纵坐标各为小样本的均值 $\bar{x}$ 和极差 R。在 $\bar{x}$ 点图上有 5 根控制线,$\bar{\bar{x}}$ 是各样本平均值的均线,EI、ES 是加工工件公差带的上、下控制线;在 R 点图上有 3 根控制线,$\bar{R}$ 是各样本极差 R 的均线,UCL、LCL 是样本极差的上、下控制线。

一个稳定的工艺过程,必须同时具有均值变化不显著和极差变化不显著两个方面。而 $\bar{x}$ 点图是控制工艺过程质量指标分布中心变化的,R 点图是控制工艺过程质量指标分散范围变化的,因此,这两个点图必须联合使用,才能控制整个工艺过程。

使用 $\bar{x}$-R 点图的目的就是力图使一个满足工件加工质量指标要求的稳定工艺过程不要向不稳定工艺过程方面转化,一旦发现稳定工艺过程有向不稳定方面转化的趋势,就应及时采取措施,以防患于未然。

3. $\bar{x}$-R 点图上、下控制线的确定

任何一批工件的加工尺寸都有波动性,因此各小样本的平均值 $\bar{x}$ 和极差 R 也都有波动性。要判别波动是否属于正常,就需要分析 $\bar{x}$ 和 R 的分布规律,在此基础上也就可以确定 $\bar{x}$-R 图中上、下控制线的位置。

由概率论可知,当总体是正态分布时,其样本的平均值 $\bar{x}$ 的分布也服从正态分布,且 $\bar{x} \sim N\left(\mu, \dfrac{\sigma^2}{n}\right)$($\mu$、$\sigma$ 是总体的均值和标准差)。因此 $\bar{x}$ 的分散范围是 $\mu \pm 3\sigma/\sqrt{n}$。

R 的分布虽然不是正太分布，但当 $n<10$ 时，其分布与正态分布也是比较接近的，因而 R 有 $R\sim N(\overline{R},\sigma_R^2)$，其分散范围也可取为 $\overline{R}\pm3\sigma_R$（$\overline{R}$、σ_R 分别是 R 分布的均值和标准差），而且 $\sigma_R=d\sigma$，式中 d 为常数，其值可由表 6.9 查得。

表 6.9 常数 d、a_n、A_2、D_1、D_2 值

n	d	a_n	A_2	D_1	D_2
4	0.880	0.486	0.73	2.28	0
5	0.864	0.430	0.58	2.11	0
6	0.848	0.395	0.48	2.00	0

总体的均值 μ 和标准差 σ 通常是未知的。但由数理统计可知，总体的均值 μ 可以用小样本平均值 $\overline{x}$ 的平均值 $\overline{\overline{x}}$ 来估计，而总体的标准差 σ 可以用 $a_n\overline{R}$ 来估计，即

$$\hat{\mu}=\overline{\overline{x}},\overline{\overline{x}}=\frac{1}{k}\sum_{i=1}^{k}\overline{x}_i$$

$$\hat{\sigma}=a_n\overline{R},\overline{R}=\frac{1}{k}\sum_{i=1}^{k}R_i$$

式中　$\hat{\mu}$,$\hat{\sigma}$——分别表示 μ、σ 的估计值；

　　　$\overline{x}_i$——各小样本的平均值；

　　　R_i——各小样本的极差；

　　　a_n——常数，其值见表 6.9。

用样本极差 R 来估计总体的 σ，其缺点是不如用样本的标准差 S 来得可靠，但由于其计算很简单，所以在生产中经常采用。

最后可确定 $\overline{x}$-R 图上的各条控制线，即

$\overline{x}$ 点图：

中线　　　　　　　　　　　$\overline{\overline{x}}=\frac{1}{k}\sum_{i=1}^{k}\overline{x}_i$

上控制线　　　　　　　　　$UCL=\overline{\overline{x}}+A_2\overline{R}$

下控制线　　　　　　　　　$LCL=\overline{\overline{x}}-A_2\overline{R}$

R 点图：

中线　　　　　　　　　　　$\overline{R}=\frac{1}{k}\sum_{i=1}^{k}R_i$

上控制线　　　　$UCL=\overline{R}+3\sigma_R=(1+3da_n)\overline{R}=D_1\overline{R}$

下控制线　　　　$LCL=\overline{R}-3\sigma_n=(1-3da_n)\overline{R}=D_2\overline{R}$

式中　A_2，D_1，D_2——常数，可由表 6.9 查得。

4. 点图的正常波动与异常波动

任何一批产品的质量指标数据都是参差不齐的，也就是说，点图上的点子总是有波动的。但要区别两种不同的情况：第一种情况是只有随机的波动，属正常波动，这表明工艺过程是稳定的；第二种情况为异常波动，这表明工艺过程是不稳定的。一旦出现异常波动，就要及时寻找原因，使这种不稳定的趋势得到消除。表 6.10 是根据图中点的分布情况来确定是正常波动还是异常波动，用于判别工艺过程是否稳定。

表 6.10 正常波动和异常波动的标志

正常波动	异常波动
1. 没有点子超出控制线 2. 大部分点子在中线上下波动,小部分在控制线附近 3. 点子没有明显的规律性	1. 有点子超出控制线 2. 点子密集在中线下下附近 3. 点子密集在控制线附近 4. 连续 7 点以上出现在中线一侧 5. 连续 11 点中有 10 点出现在中线一侧 6. 连续 14 点中有 12 点以上出现在中线一侧 7. 连续 17 点中有 14 点以上出现在中线一侧 8. 连续 20 点中有 16 点以上出现在中线一侧 9. 点子有上升或下降倾向 10. 点子有周期性波动

5. 点图分析法特点

与工艺过程加工误差分布图分析法比较,$\bar{x}$-R 点图分析法的特点是:
① 所采用的样本为顺序小样本;
② 能在工艺过程进行中及时提供主动控制的资料;
③ 计算简单。

例 6.4 某小轴的尺寸为 $\phi 22.4_{-0.1}^{0}$ mm,加工时每隔一定时间取 $n=5$ 的一个小样本,共抽取 $k=20$ 个样本,每个样本的 $\bar{x}$、R 值见表 6.11,试制作小轴加工的 $\bar{x}$-R 点图。

表 6.11 样本的 $\bar{x}$、R 值数据表   mm

序号	$\bar{x}$	R	序号	$\bar{x}$	R	序号	$\bar{x}$	R	序号	$\bar{x}$	R
1	22.34	0.05	6	22.34	0.07	11	22.34	0.02	16	22.36	0.05
2	22.34	0.07	7	22.38	0.05	12	22.36	0.05	17	22.35	0.04
3	22.34	0.07	8	22.34	0.03	13	22.35	0.05	18	22.35	0.04
4	22.33	0.04	9	22.34	0.03	14	22.36	0.05	19	22.34	0.03
5	22.34	0.07	10	22.35	0.06	15	22.36	0.05	20	22.36	0.02

解:样本均值 $\bar{\bar{x}}$ 为:

$$\bar{\bar{x}} = \frac{1}{k}\sum_{i=1}^{k}\bar{x}_i = \frac{446.97}{20}\text{mm} = 22.35\text{mm}$$

样本极差的均值 $\bar{R}$ 为:

$$\bar{R} = \frac{1}{k}\sum_{i=1}^{k}\bar{R}_i = \frac{0.94}{20}\text{mm} = 0.047\text{mm}$$

$\bar{x}$ 图的上、下控制线分别为:

$$\text{UCL} = \bar{\bar{x}} + A_2\bar{R} = (22.35 + 0.58 \times 0.047)\text{mm} = 22.377\text{mm}$$
$$\text{LCL} = \bar{\bar{x}} - A_2\bar{R} = (22.35 - 0.58 \times 0.047)\text{mm} = 22.323\text{mm}$$

R 图的上、下控制线分别为:

$$\text{UCL} = D_1\bar{R} = (2.11 \times 0.047)\text{mm} = 0.099\text{mm}$$
$$\text{LCL} = D_2\bar{R} = 0$$

按上述计算结果作出 $\bar{x}$-R 点图,并将本例表 6.11 中的 $\bar{x}$、R 值逐点标在 $\bar{x}$-R 点图上,

如图 6.41 所示。

模块 4 机械加工表面质量

不同的加工方法，对加工零件的表面质量的影响规律也各不相同。机械加工表面质量是以机械零件的加工表面和表面层作为分析和研究对象的。零件表面和表面层经过常规机械加工或特种加工后总是存在着一定程度的微观不平度、冷作硬化、残余应力以及金相组织变化等问题，虽然只产生在很薄的表面层中，但对零件的使用性能，如配合精度、耐磨性、抗腐蚀性和疲劳强度等有很大影响。

研究机械加工表面质量的目的，就是为了掌握机械加工中各种工艺因素对加工表面质量影响的规律，以便运用这些规律来控制加工过程，最终达到改善表面质量、提高产品使用性能的目的。

机械加工中，形成表面粗糙度的主要原因可归纳为三个方面：几何因素、物理因素和工艺系统的振动。

任务 1 机械加工表面质量对机器使用性能的影响

1. 表面质量对耐磨性的影响

（1）表面粗糙度对耐磨性的影响　一个刚加工好的摩擦副的两个接触表面之间，最初阶段只在表面粗糙度的峰部接触，实际接触面积远小于理论接触面积，在相互接触的峰部有非常大的应力，使实际接触面积处产生塑性变形、弹性变形和峰部之间的剪切破坏，引起严重磨损。零件磨损一般可分为三个阶段。初期磨损阶段（如图 6.42 中的Ⅰ区）的时间较短。

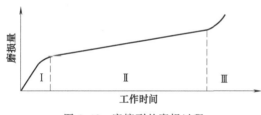

图 6.42　摩擦副的磨损过程

随着表面粗糙度峰部不断被碾平和被剪切，实际接触面积不断扩大，应力也逐渐减小，摩擦副即进入正常磨损阶段（如图 6.42 中的Ⅱ区）。正常磨损阶段经历的时间较长。随着表面粗糙度的峰部不断被碾平与被剪切，实际接触面积愈来愈大，零件间的金属分子亲和力增大，表面间机械咬合作用增大，磨损急剧增加，摩擦副即进入剧烈磨损阶段（如图 6.42 中的Ⅲ区）。剧烈磨损阶段的摩擦副易于急剧失效，此时摩擦副一般不能正常进行工作。

表面粗糙度对零件表面磨损的影响很大。一般来说表面粗糙度值愈小，其耐磨性愈好。但表面粗糙度值过小，润滑油不易储存，接触面之间容易发生分子粘接，磨损反而增加。因此，接触面的表面粗糙度有一个最佳值，如图 6.43 所示。表面粗糙度的最佳值与零件的工作情况有关，工作载荷加大时，初期磨损量增大，表面粗糙度最佳值也加大。

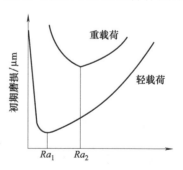

图 6.43　表面粗糙度与
初期磨损量的关系

（2）表面冷作硬化对耐磨性的影响　加工表面的冷作硬化，使摩擦副表面层金属的显微硬度提高，故一般可使耐磨性提高。但也不是冷作硬化程度愈高耐磨性就愈高，这是因为过分的冷作硬化将引起金属组织过度疏松，甚至出现裂纹和表层金属的剥落，使耐磨性下降。

如果表面层的金相组织发生变化，其表层硬度相应地也随之发生变化，影响耐磨性。

2. 表面质量对疲劳强度的影响

金属受交变载荷作用后产生的疲劳破坏往往发生在零件表面或表面冷硬层下面，因此零件的表面质量对疲劳强度影响较大。

（1）表面粗糙度对疲劳强度的影响　在交变载荷作用表面粗糙度的凹谷部位容易引起应力集中，产生疲劳裂纹。表面粗糙度值愈大，表面的纹痕愈深，纹底半径愈小，抗疲劳破坏的能力就愈差。

（2）残余应力、冷作硬化对疲劳强度的影响　残余应力对零件疲劳强度的影响很大。表面层残余拉应力将使疲劳裂纹扩大，加速疲劳破坏；而表面层残余压应力能够阻止疲劳裂纹的扩展，延缓疲劳破坏的发生。

表面冷硬一般伴有残余压应力的产生，可以防止裂纹产生并阻止已有裂纹的扩展，对提高疲劳强度有利。

3. 表面质量对耐蚀性的影响

零件的耐蚀性在很大程度上取决于表面粗糙度。表面粗糙度值愈大，则凹谷中聚积腐蚀性物质就愈多，抗蚀性就愈差。

表面层的残余拉应力会产生应力腐蚀开裂，降低零件的耐蚀性，而残余压应力则能防止应力腐蚀开裂，提高零件的耐蚀性。

4. 表面质量对配合质量的影响

表面粗糙度值的大小将影响配合表面的配合质量。对于间隙配合，表面粗糙度值大会使磨损加大，间隙增大，破坏了要求的配合性质。对于过盈配合，装配过程中一部分表面凸峰被挤平，实际过盈量减小，降低了配合件间的连接强度。

任务 2　影响表面粗糙度的因素

1. 切削加工影响表面粗糙度的因素

（1）刀具几何形状的复映　刀具相对于工件作进给运动时，在加工表面留下了切削层残留面积，其形状是刀具几何形状的复映，如图 6.44 所示。对于车削来说，如果背吃刀量较大，主要是以切削刃的直线部分形成表面粗糙度，此时可不考虑切削刃圆弧半径 r_ε 影响，按图 6.44（a）所示的几何图形可求得：

$$H=\frac{f}{\cot\kappa_r+\cot\kappa_r'} \quad (6-27)$$

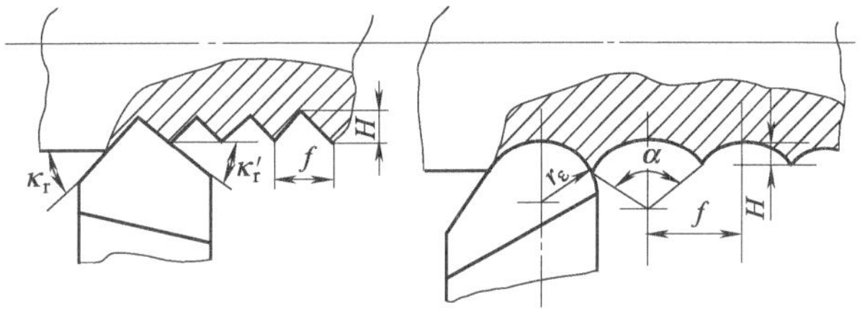

(a) 尖刀刀痕(切深大)　　(b) 圆弧刀痕(切深小)

图 6.44　车削时工件表面的残留面积

如果背吃刀量较小，工件表面粗糙度则主要由切削刃的圆弧部分形成，此时按图 6.44（b）的几何图形可求得：

$$H=r_\varepsilon(1-\cos\alpha)=2r_\varepsilon\sin^2\frac{\alpha}{2}\approx\frac{f^2}{8r_\varepsilon} \quad (6-28)$$

式中　H——残留面积高度；

f——进给量；

κ_r——主偏角（$\kappa_r\neq 90°$）；

κ_r'——副偏角；

r_ε——刀尖圆弧半径。

由上述公式可知,减小 κ_r、κ_r' 及加大 r_ε,可减小残留面积的高度。

此外,适当增大刀具的前角以减小切削时的塑性变形程度,合理选择冷却润滑液和提高刀具刃磨质量以减小切削时的塑性变形和抑制积屑瘤的生成,也是减小表面粗糙度值的有效措施。

(2) 工件材料的性质　切削加工后表面粗糙度的实际轮廓之所以与纯几何因素所形成的理论轮廓有较大的差异,主要是由于切削过程塑性变形的影响。

加工塑性材料时,由刀具对金属的挤压产生了塑性变形,加之刀具迫使切屑与工件分离的撕裂作用,使表面粗糙度值加大。工件材料韧性愈好,金属的塑性变形愈大,加工表面就愈粗糙。中碳钢和低碳钢材料的工件,在加工或精加工前常安排作调质或正火处理,就是为了改善切削性能,减小表面粗糙度。

加工脆性材料时,其切屑呈碎粒状,由于切屑的崩碎而在加工表面留下许多麻点,使表面粗糙值变大。

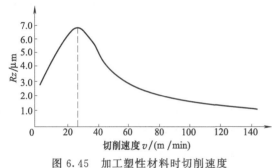

图 6.45　加工塑性材料时切削速度对表面粗糙度的影响

(3) 切削用量　切削速度对表面粗糙度的影响很大。加工塑性材料时,若切削速度处在产生积屑瘤的范围内,加工表面将很粗糙,参见图 6.45。若将切削速度选在积屑瘤产生的区域之外,如选择低速宽刀精切或高速精切,则可使表面粗糙度值明显减小。

(4) 进给量　进给量对表面粗糙度的影响甚大,参见式(6-27)、式(6-28)。背吃刀量对表面粗糙度也有一定影响。过小的背吃刀量或进给量,将使刀具在被加工表面上挤压或打滑,形成附加的塑性变形,会增大表面粗糙度值。

2. 磨削加工影响表面粗糙度的因素

正像切削加工时表面粗糙度的形成过程一样,磨削加工表面粗糙度的形成也是由几何因素和表面金属的塑性变形来决定的。

从几何因素的角度分析,磨削表面是由砂轮上大量磨粒刻划出无数极细的刻痕形成的。被磨表面单位面积上通过的砂粒数愈多,则该面积上的刻痕愈多,刻痕的等高性愈好,表面粗糙度值愈小。

从塑性变形的角度分析,磨削过程温度高,磨削加工时产生的塑性变形要比切削刃切削时大得多。磨削时,金属沿着磨粒的两侧流动,形成沟槽两侧的隆起,使表面粗糙度值增大。

影响磨削表面粗糙度的主要因素有以下几种。

(1) 砂轮的粒度　砂轮的粒度号数愈大,磨粒愈细,在工件表面上留下的刻痕就愈多愈细,表面粗糙度值就愈小。但磨粒过细,砂轮容易堵塞,反而会增大工件表面的粗糙度值。

(2) 砂轮的硬度　砂轮太硬,钝化了的磨粒不能及时脱落,工件表面受到强烈的摩擦和挤压作用,塑性变形加剧,使工件表面粗糙度值增大。砂轮太软,砂粒脱落过快,磨料不能充分发挥切削作用,且刚修整好的砂轮表面会因砂粒脱落而过早被破坏,工件表面粗糙度值也会增大。

(3) 砂轮的修整　修整砂轮的金刚石刀具愈锋利，修整导程愈小，修整深度愈小，则修出的磨粒微刃愈细愈多，刃口等高性愈好，因而磨出的工件表面粗糙度值也愈小。粗粒度砂轮若经过精细修整，提高砂粒的微刃性与等高性，同样可以磨出高光洁的工件表面。

(4) 磨削速度　提高磨削速度，单位时间内划过磨削区的磨粒数多，工件单位面积上的刻痕数也多；同时提高磨削速度还有使被磨表面金属塑性变形减小的作用，刻痕两侧的金属隆起小，因而工件表面粗糙度值小。

(5) 磨削径向进给量与光磨次数　增大磨削径向进给量，塑性变形随之增大，被磨表面粗糙度值也增大。磨削将结束时不再作径向进给，仅靠工艺系统的弹性恢复进行的磨削，称为光磨。增加光磨次数，可显著减小磨削表面粗糙度值。

(6) 工件圆周进给速度与轴向进给量　工件圆周进给速度和轴向进给量小，单位切削面积上通过的磨粒数就多，单颗磨粒的磨削厚度就小，塑性变形也小，因此工件的表面粗糙度值也小。但工件圆周进给速度若过小，砂轮与工件的接触时间长，传到工件上的热量就多，有可能出现磨削烧伤。

(7) 冷却润滑液　冷却润滑液可及时冲掉碎落的磨粒、减轻砂轮与工件的摩擦、降低磨削区的温度、减小塑性变形，并能防止磨削烧伤，使表面粗糙度值变小。

任务 3　影响加工表面层物理力学性能的因素

在切削加工中，工件由于受到切削力和切削热的作用，使表面层金属的物理力学性能产生变化，最主要的变化是表面层金属显微硬度的变化、金相组织的变化和残余应力的产生。由于磨削加工时所产生的塑性变形和切削热比切削刃切削时更严重，因而磨削加工后加工表面层上述三项物理力学性能的变化会更大。

1. 表面层冷作硬化

(1) 冷作硬化及其评定参数　机械加工过程中因切削力作用产生的塑性变形，使晶格扭曲、畸变，晶粒间产生剪切滑移，晶粒被拉长和纤维化，甚至破碎，这些都会使表面层金属的硬度和强度提高，这种现象称为冷作硬化（或称为强化）。表面层金属强化的结果，会增大金属变形的阻力，减小金属的塑性，金属的物理性质（如密度、导电性、导热性等）也会发生变化。

被冷作硬化的金属处于高能位的不稳定状态，只要一有可能，金属的不稳定状态就要向比较稳定的状态转化，这种现象称为弱化。弱化作用的大小取决于温度的高低、温度持续时间的长短和强化程度的大小。由于金属在机械加工过程中同时受到力和热的作用，因此，加工后表层金属的最后性质取决于强化和弱化综合作用的结果。

评定冷作硬化的指标有三项，即表层金属的显微硬度 HV、硬化层深度 h 和硬化程度 N，$N=[(\mathrm{HV}-\mathrm{HV}_0)/\mathrm{HV}_0]\times100\%$。式中，$\mathrm{HV}_0$ 为工件内部金属的显微硬度。

(2) 影响冷作硬化的主要因素

① 刀具的影响　切削刃钝圆半径增大，对表层金属的挤压作用增强，塑性变形加剧，导致冷硬增强。刀具后刀面磨损增大，后刀面与被加工表面的摩擦加剧，塑性变形增大，导致冷硬增强。

② 切削用量的影响　切削速度增大，刀具与工件的作用时间缩短，使塑性变形扩展深度减小，冷硬层深度减小。切削速度增大后，切削热在工件表面层上的作用时间也缩短了，将使冷硬程度增加。进给量增大，切削力也增大，表层金属的塑性变形加剧，冷硬作用加强。

③ 加工材料的影响　工件材料的塑性愈大，冷硬现象就愈严重。碳钢中含碳量愈大，强度变高，塑性变小，冷硬程度变小。非铁金属的熔点低，容易弱化，冷硬现象就比钢轻得多。

2. 表面层材料金相组织变化

当切削热使被加工表面的温度超过相变温度后，表层金属的金相组织将会发生变化。切削加工时，切削热大部分被切屑带走，因此影响较小，多数情况下，表层金属的金相组织没有质的变化。但磨削加工时，不仅磨削比压特别大，磨削速度也很高，切除金属所消耗的功率远大于切削加工。磨削加工所消耗的能量绝大部分要转化为热，传给被磨工件表面，使工件温度升高，引起加工表面层金属金相组织的显著变化。

（1）磨削烧伤　当被磨工件表面层温度达到相变温度以上时，表层金属发生金相组织的变化，使表层金属强度、硬度降低，并伴随有残余应力产生，甚至出现微观裂纹，这种现象称为磨削烧伤。在磨削淬火钢时，可能产生以下 3 种烧伤：

① 回火烧伤　如果磨削区的温度未超过淬火钢的相变温度，但已超过马氏体的转变温度，工件表层金属的回火马氏体组织将转变成硬度较低的回火组织（索氏体或托氏体），这种烧伤称为回火烧伤。

② 淬火烧伤　如果磨削区温度超过了相变温度，再加上冷却液的急冷作用，表层金属发生二次淬火，使表层金属出现二次淬火马氏体组织，其硬度比原来的回火马氏体的高，在它的下层，因冷却较慢，出现了硬度比原先的回火马氏体低的回火组织（索氏体或托氏体），这种烧伤称为淬火烧伤。

③ 退火烧伤　如果磨削区温度超过了相变温度，而磨削区域又无冷却液进入，表层金属将产生退火组织，表面硬度将急剧下降，这种烧伤称为退火烧伤。

（2）改善磨削烧伤的途径　磨削热是造成磨削烧伤的根源，故改善磨削烧伤有两个途径：一是尽可能地减少磨削热的产生；二是改善冷却条件，尽量使产生的热量少传入工件。

① 正确选择砂轮　砂轮的硬度太高，钝化了的磨粒不易及时脱落，磨削力和磨削热增加，容易产生烧伤。选用具有一定弹性的结合剂（如橡胶结合剂、树脂结合剂等）对缓解磨削烧伤有利，因当某种突然原因导致磨削力增大时，磨粒可以产生一定的弹性退让，使磨削径向进给量减小，可减轻烧伤。当磨削塑性较大的材料时，为了避免砂轮堵塞，宜选用磨粒较粗的砂轮。

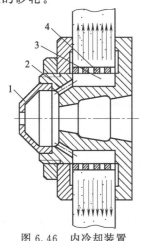

图 6.46　内冷却装置
1—锥形盖；2—通道孔；3—砂轮中心腔；4—孔隙

② 合理选择磨削用量　磨削径向进给量对磨削烧伤影响很大。磨削径向进给量增加，磨削力和磨削热急剧增加，容易产生烧伤。适当增大磨削轴向进给量可以减轻烧伤。

③ 改善冷却条件　磨削时冷却液若能更多地进入磨削区，就能有效地防止烧伤现象的发生。提高冷却效果的方式有高压大流量冷却、喷雾冷却、内冷却等。采用高压大流量冷却，既可增强冷却作用，又可冲洗砂轮表面。但须防止冷却液飞溅。

利用专用装置，将冷却液雾化，并以高速喷入磨削区，对磨削区进行喷雾冷却，可从磨削区带走大量的热量。内冷却专用装置的工作原理参见图 6.46 所示，经过严格过滤的冷却液通过中空主轴法兰套引入砂轮的中心腔

3内,由于离心力的作用,冷却液通过砂轮内部的孔隙甩出,直接进入磨削区进行冷却。该法须解决因大量水雾而影响工人观察、操作及劳动条件差的问题。

3. 表面层材料残余应力

(1) 残余应力产生的原因

① 切削时在加工表面金属层内有塑性变形发生,使表层金属的比体积加大。

由于塑性变形只在表层金属中产生,而表层金属比体积增大,体积膨胀,不可避免地要受到与它相连的里层金属的阻止,因此就在表面金属层产生了残余压应力,而在里层金属中产生残余拉应力。

② 切削加工中,切削区会有大量的切削热产生。

如图 6.47 所示,图 6.47 (a) 所示为工件表面层金属温度分布示意图。t_p 点相当于金属具有高塑性的温度,温度高于 t_p 的表层金属不会有残余应力产生,t_n 为室温,t_m 为金属熔化温度。由图 6.47 (b) 可知,表层金属层 1 的温度超过 t_p,处于没有残余应力作用的完全塑性状态中;金属层 2 的温度在 t_n 和 t_p 之间,受热之后体积要膨胀,金属层 2 的膨胀不会受到处于完全塑性状态层 1 的阻碍,但要受到处于室温状态的里层金属 3 的阻碍,此时金属层 2 将产生残余压应力,而金属层 3 则受金属层 2 的牵连而产生拉应力。切削过程结束后工件表面层温度开始下降。当金属层的温度低于 t_p 时,金属层 1 将从完全塑性状态转变为不完全塑性状态。金属层 1 冷却收缩,受金属层 2 阻碍,金属层 1 就产生了残余拉应力,金属层 2 应力将进一步扩大,如图 6.47 (c) 所示。当表面层金属继续冷却到里外温度完全相等时,金属层 1 继续缩小尺寸,它受到里层金属阻碍,因此金属层 1 内的拉应力还要加大,而金属层 2 内的压应力则扩展到金属层 2 和金属层 3 内,如图 6.47 (d) 所示。

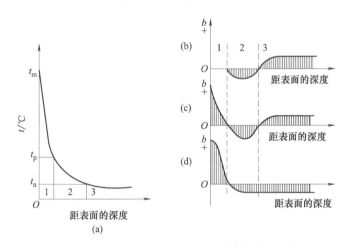

图 6.47 由于切削热在表层金属产生残余拉应力的分析图

③ 不同的金相组织具有不同的密度。

不同的金相组织具有不同的密度,如 $\rho_{马氏体}=7.75t/m^3$,$\rho_{奥氏体}=7.96t/m^3$,$\rho_{铁素体}=7.88t/m^3$,$\rho_{珠光体}=7.78t/m^3$。如果表面层金属产生了金相组织的变化,表层金属比体积的变化必然要受到与之相连的基体金属的阻碍,因而就有残余应力产生。譬如淬火钢原来的组织是马氏体,磨削时有可能产生回火烧伤转化为接近珠光体的托氏体或索氏体,表层金属密度由 $7.75t/m^3$ 增至 $7.78t/m^3$,比体积减小,但这种体积的减小,要受到基体金属的阻碍,不能自由收缩,因此就在表面层产生了残余拉应力,而里层金属产生了与之相平衡的残余压应力。

（2）零件主要工作表面最终工序加工方法的选择　零件主要工作表面最终工序加工方法的选择至关重要，因为最终工序在该工作表面的残余应力将直接影响机器零件的使用性能。

选择零件主要工作表面最终工序加工方法，须考虑该零件主要工作表面的具体工作条件和可能的破坏形式。

在交变载荷作用下，机器零件表面上的局部微观裂纹，会因拉应力作用使原生裂纹扩大，最后导致零件断裂。从提高零件抵抗疲劳破坏的角度考虑，该表面最终工序应选择能在表面产生残余压应力的加工方法。

各种加工方法在加工表面上残留的残余应力情况，参见表6.12。

表6.12　各种加工方法在工件表面上残留的残余应力

加工方法	残余应力符号	残余应力值 σ/MPa	残余应力层深度 h/mm
车削	一般情况下，表面受拉，里层受压；$v>500$m/min时，表面受压，里层受拉	200～800，刀具磨损后达1000	一般情况下，0.05～0.10；当用大负前角（$\gamma_0'=-30°$）车刀，v很大时，h可达0.65
磨削	一般情况下，表面受压，里层受拉	200～100	0.05～0.30
铣削	同车削	600～1500	
碳刚淬硬	表面受压，里层受拉	400～750	
钢珠滚压钢件	表面受压，里层受拉	700～800	
喷丸强化钢件	表面受压，里层受拉	1000～1200	
渗碳淬火	表面受压，里层受拉	1000～1100	
镀铬	表面受压，里层受拉	400	

参 考 文 献

[1] 徐鸿本. 机床夹具设计手册 [M]. 沈阳：辽宁科学技术出版社，2004.
[2] 李旦，邵东向，王杰. 机床专用夹具图册 [M]. 第 2 版. 哈尔滨：哈尔滨工业大学出版社，2005.
[3] 黄健求. 机械制造技术基础 [M]. 第 2 版. 北京：机械工业出版社，2011.
[4] 李益民. 机械制造工艺设计简明手册 [M]. 北京：机械工业出版社，2011.
[5] 黄鹤汀. 金属切削机床 [M]. 第 2 版. 北京：机械工业出版社，2011.
[6] 孙成通. 机械制造技术基础 [M]. 济南：山东人民出版社，2012.
[7] 张维纪. 金属切削原理及刀具 [M]. 第 3 版. 杭州：浙江大学出版社，2013.
[8] 张世昌，李旦，张冠伟. 机械制造技术基础 [M]. 北京：高等教育出版社，2014.
[9] 常同立，佟志忠. 机械制造工艺学 [M]. 第 2 版. 北京：中国水利水电出版社，2014.
[10] 张悦，李强，王伟. 机械制造技术基础 [M]. 北京：国防工业出版社，2014.
[11] 韩步愈. 金属切削原理与刀具 [M]. 第 3 版. 北京：机械工业出版社，2015.
[12] 王纪安. 工程材料与成形工艺基础 [M]. 北京：高等教育出版社，2015.
[13] 杨慧智，吴海宏. 工程材料及成形工艺基础 [M]. 第 4 版. 北京：机械工业出版社，2015.
[14] 朱焕池. 机械制造工艺学 [M]. 北京：机械工业出版社，2016.
[15] 吴拓. 现代机床夹具设计要点 [M]. 北京：化学工业出版社，2016.
[16] 陈日曜. 金属切削原理 [M]. 第 2 版. 北京：机械工业出版社，2016.
[17] 谢诚. 机床夹具设计与使用一本通 [M]. 北京：机械工业出版社，2017.
[18] 艾兴，肖诗纲. 切削用量简明手册 [M]. 第 3 版. 北京：机械工业出版社，2017.
[19] 王靖东. 机械制造技术基础. 第 2 版. 北京：机械工业出版社，2018.
[20] 杨建军，李长河. 金属切削机床设计 [M]. 北京：科学出版社，2019.